栄養管理と生命科学シリーズ

食品衛生学

第2版

後藤政幸 熊田薫 熊谷優子 編著

理工図書

編集者

後藤　政幸　　和洋女子大学　名誉教授

熊田　　薫　　茨城キリスト教大学 生活科学部　教授

熊谷　優子　　和洋女子大学　家政学部　教授

執筆者

今村　知明　　奈良県立医科大学 公衆衛生学講座　教授（2章）

神奈川芳行　　奈良県立医科大学 公衆衛生学講座　非常勤講師（2章）

熊谷　優子　　和洋女子大学　家政学部　教授（1章、5章）

熊田　　薫　　茨城キリスト教大学 生活科学部　教授（4章、6章）

後藤　政幸　　和洋女子大学　名誉教授（9章、11章、直前対策問題）

髙木　勝広　　松本大学大学院健康科学研究科　教授（3章、7章）

平原　嘉親　　摂南大学　農学部　准教授（8章）

平山　　誠　　国際 HACCP 同盟　リードインストラクター（10章）

はじめに

　今日、食の安全を揺るがすような問題が数多く起きている。具体的な被害が生じた事件、それには至らないまでも、ないがしろにするなら将来禍根を残すことが予想される性質の事件などが、現実の社会で生じている。それにともない、食の安全に対する関心も高まっている。食の安全や安心に対する考え方では的を得ているものもあるが、科学的根拠の希薄な内容のものも数多く見受けられる。このような状況の下で、食の安全を守るための科学・技術から制度や法律にいたるまでの内容を一冊の書物として提示しようとする試みが本書である。

　本書では、食の安全に関連する基本的な知識を、最新の知見と資料を盛込みながら、できるだけ分かりやすくかつ正確に伝えることを目標とした。そのために、食品衛生のさらに細分化された各分野の専門家が執筆にあたり、必要と思われる内容を過不足なく網羅することを目指した。また、本書は、管理栄養士課程に在学し、管理栄養士の国家試験に合格することを目標にしている方々を読者の中核に想定している。もちろん本書は、管理栄養士国家試験の合格のハウツー本でなくバランスの良い食品衛生の教科書を目指して執筆された。その意味では、現在栄養士・管理栄養士として活躍されている方をはじめとして食に関わる実務や職業に従事している方々にも参考にしていただけるのではないかと考えている。

　食の安全に関わる事柄は、時代の変化と共に変化している。統計は年々新たな情報が付け加わると共に、年々の変化が長期間では大きな変化になってくる。また、法と行政も時代に対応して変化してくる。たとえば、令和4年4月に民法上の成年年齢が20歳から18歳に引き下げられて、われわれの日常生活に大きな変化があった。食品衛生行政における大きな変化としては、食品衛生行政のうち食品衛生基準行政が、厚生労働省所管から消費者庁に移管されることになったことがある（令和6年4月）。これにより、食品衛生基準行政に係る事項は、権限が厚生労働大臣から内閣総理大臣に移管され、同時に両者の連携規定が設けられた。また、厚労省に設置されている薬事・食品衛生審議会は、薬事審議会に改組され、食品衛生基準に関する部分は、消費者庁にあらたに設置された食品衛生基準審議会に移管された。その他、食品衛生に関する法と行政についての詳細は、本書の該当箇所を参照していただきたい。

　さらに、本書は、管理栄養士国家試験の学習にも役に立つ内容としたいと考えて

いる。そのために、今回の出版にあたり食品衛生学を学ぶ多くの学生からの要望を念頭に置いて、問題に関してもいくつかの工夫をした。第1は、随所に例題を配置し学習者が本文の理解を確認できるようにした。また、管理栄養士国家試験の過去問を中心にした問題を章末に配置した。さらに、復習のための「直前対策文章問題」を作成し、付録の前ページに掲載した。食品衛生学の試験の直前対策として60分間程度で解答ができる内容に取りまとめてある。食品衛生学を理解すべき最低限の内容をまとめたものであると理解していただきたい。これらの新な試みに対して読者の率直な意見を伺うことができれば幸いである。

多くの学生がこの教科書によって実力を養い、管理栄養士国家試験に合格し、社会に出て大いに活躍していただければ、本書の編集者・執筆者にとってこの上ない喜びである。

2023年4月　　　　　　　　　　　　　　　編著者を代表して　熊田　薫

目　　次

第11章　遺伝子組換え食品（GMO）／259

直前対策文章問題／267

付　録／275

本書の利用法

　本書には内容を効果的に理解する目的で、随所に例題として5者択一の問題が配されています。教科書中の重要な箇所の文章を用いて作成したものであり、国家試験頻出箇所でもあります。

 1．まず第1に教科書を精読して下さい。

 2．例題問題を解答を見ないで解いて下さい。難しいと思いませんか。

 3．分からない時は問題文と関係のある本文の文章を探して下さい。必ずあなたが今解いている例題のごく前近辺に解答の文章があります。

 4．見つけたらよく読んで、再度、例題を解いてみて下さい。今度は簡単だと思いませんか。

 5．各例題を解くたびに、1から4の行為を繰り返してください。

第1章

食品衛生の概念

達成目標

　食品衛生とはどのような学問なのかを概観する。食の安全を守るためにはどのような知識や技術が必要とされるのかを理解することが目標となる。食の安全とは何か、食品衛生学という学問の範囲、他の隣接分野との関係を理解し、各章の学習への心づもり、あるいは道筋をつけていただきたい。

1 食の安全について

　食は人間の生命の維持に必要不可欠なものであるというだけではなく、健康で充実した生活の基礎として重要なものである。食の安全はさまざまな観点で論じられるが、食の安全に関係する「食」のリスクは大きく3つに分類することができる。1つ目は食料不足による飢餓で死亡するリスクであり、2つ目は食品の不健康な食べ方による不適切な栄養摂取リスクであり、3つ目は安全ではない食品の摂取による食中毒などの健康被害が発生するリスクである（図1.1）。

　1つ目のリスクは食料安全保障問題に関係するリスクである。「世界の安全保障と栄養の現状2023*1」によると、2022年の世界の栄養不足人口は約6億9,100万〜7億8,300万人と推定されている。国際連合食糧農業機関（The Food and Agriculture Organization of the United Nations : FAO）は食料安全保障（food security）を「すべての人が、いかなるときにも、活動的で健康的な生活に必要な食生活上のニーズと嗜好を満たすために、十分で安全かつ栄養ある食料を、物理的、社会的および経済的にも入手可能であるときに達成される状況（food security : A situation that exists when all people, at all time, have physical, social and economic access to sufficient, safe and nutritious food to meet their dietary needs and food preferences for an active and healthy life）」と定義しており、4つの要素（供給面（Food availability）、アクセス面（Food access）、利用面（Utilization）、安定面（Stability））を示している。持続可能な開発目標（SDGs）においても、17の目標のひとつとして2030年までに「飢餓をゼロに」することをあげ、日本を含む多くの国が誰もが十分に食べられる世界の実現を約束している。日本では、食料・

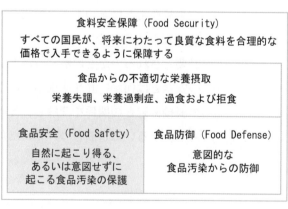

食料安全保障（Food Security）
すべての国民が、将来にわたって良質な食料を合理的な価格で入手できるように保障する

食品からの不適切な栄養摂取
栄養失調、栄養過剰症、過食および拒食

食品安全（Food Safety）	食品防御（Food Defense）
自然に起こり得る、あるいは意図せずに起こる食品汚染の保護	意図的な食品汚染からの防御

図1.1　食に安全について

農業・農村基本法で食料の安定供給の確保を明記し取り組んでいる。食品ロスなどが問題となり、十分な食料が確保されていると思われる日本であるが、食へのアクセスが脆弱な高齢者の増加や貧困家庭における子供の栄養問題があることを忘れてはならない。

　2つ目のリスクは食品の不健康な食べ方による不適切な栄養摂取リスクである。栄養の過剰摂取は肥満状態をもたらし、2型糖尿病の発症リスクや高血圧、動脈硬化などの発症リスクも高める。また、高齢者の低栄養はフレイル（加齢により心身が衰えた状態）からサルコペニア（筋肉量の低下）、ロコモティブシンドローム（骨や関節、筋肉の障害による歩行や日常生活に支障を来す）、さらには一人での生活が難しく要介護状態になるという負の連鎖の引き金になる。健康日本21（第二次）において健康寿命の延伸を目指している日本の取り組むべき課題である。また。低栄養の問題は高齢者だけの問題ではない。若い世代の不自然なダイエットや間食を中心とした不規則な食生活、ファストフードへの偏りにより、カロリーは充足しているにもかかわらず、たんぱく質やビタミン、ミネラルが不足するというケースもある。

　3つ目のリスクは食品中のハザード（危害要因）により食中毒などの健康被害が発生するリスクである。製造工程などにおいて管理可能なリスクと犯罪防止の観点で対処しなければならないリスクがある。

　前者のリスクの原因となるハザードは、食品中に自然に含まれているハザードである場合もあれば、腐敗や変敗などにより発生するハザードである場合もあり、また、食品の生産、流通・加工工程中に意図せずに発生してしまうハザードである場合もある。これらの食品中に含まれるハザードのリスクを分析し、生産、流通・加工工程を適切に管理することで、安全な食品を供給することができる。さらには消費者の家庭での取り扱いを適切に行うことで食品による健康被害を防止することができる。食品衛生学が対象としている部分である。

　後者のリスクはヒトへの健康被害を目的に外部から意図的にハザードを混入させることより発生するリスクである。このような事例には、例えば、米国で1984年に発生したレストランのサラダバーへのサルモネラ菌の混入事件がある。これは、選挙妨害を狙った宗教団体が起こした犯罪である。また、日本では2007年から2008年にかけて中国産冷凍餃子の高濃度殺虫剤（メタミドホス）混入事件が発生した。

*1: FAO, IFAD, UNICEF, WFP and WHO. 2023. The State of Food Security and Nutrition in the World 2023. Urbanization, agrifood systems transformation and healthy diets across the rural-urban continuum. Rome, FAO. https://doi.org/10.4060/cc3017en

この事件では中国の製造所の従業員が逮捕された。このような犯罪を防ぐために、米国では米国食品安全強化法（FSMA）第 106 条（Final Rule for Mitigation Strategies to Protect Food Against International Adulteration）に基づいて、「意図的な不良品からの食品防御のためのリスク低減の策定」を米国で流通させる食品を製造している製造施設に義務づけた。

　これら 3 つの観点は密接に関連し、食の安全という概念を形成している。

2　食品衛生の定義

　"食品衛生"は、食品衛生法第 4 条第 6 項で「この法律で食品衛生とは、食品、添加物、器具および容器包装を対象とする飲食に関する衛生をいう」と定義されている。また、食品衛生法は第 1 条で「この法律は、食品の安全性確保のために公衆衛生の見地から必要な規制その他の措置を講ずることにより、飲食に起因する衛生上の危害の発生を防止し、もって国民の健康の保護を図ることを目的とする」とその目的が示されている。公衆衛生は、1949 年に米国エール大学のウィンスロー博士により、「Public health is the science and art of preventing disease, prolonging life, and promoting physical and mental health and efficiency through organized community efforts for the sanitation of environment, the control of community infections, the education of the individual in the principles of personal hygiene, the organization of medical and nursing service for the early diagnosis and treatment of disease, and development of social machinery which will ensure to every individual in the community a standard of living adeluate for the maintenance of health.」と定義されている。要約すると、「公衆衛生は、組織化された地域社会の努力により、疾病の予防、寿命の延伸、肉体的・精神的健康と能率の増進を図る科学と技術である。具体的な努力の内容は、環境整備、感染予防、衛生教育、医療看護サービスの組織化、社会制度の改善である。」となる。つまり、食品衛生法における「食品衛生」は、「食品、添加物、器具および容器包装を対象とする飲食に関する衛生を確保し、飲食に起因する衛生上の危害の発生を防止し、国民の健康の保護を図る手段である」と説明することができる。

　日本における食品衛生の歴史を振り返ると、1955 年に発生した森永ヒ素ミルク事件後には食品添加物の規制が強化され、1968 年に発生したカネミ油症事件後には食品衛生管理者設置業種が拡大され、1988 年に発生した学校給食によるサルモネラ大規模食中毒事件では学校給食提供施設の食品衛生管理が強化され、1996 年に発生し

た学校給食における腸管出血性大腸菌による大規模食中毒事件では大量調理施設衛生管理マニュアルなどが策定された。このように、さまざまな食品による健康被害事例を踏まえ、食品による健康被害を防止するための食品衛生対策が強化されてきた。

　また、世界保健機関（World Health Organization：WHO）は、「食品衛生は、食べ物についてその生育、生産および製造から最終的な消費に至るすべての段階における安全性、健全性および完全性を確保するのに必要なあらゆる手段を意味する。(Food hygiene means all measures necessary for ensuring the safety, wholesomeness and soundness of food at all stage from its growth, production or manufacture until its final consumption.)」と定義している。日本では、国内での牛海綿状脳症に罹患した牛の発見や中国産冷凍ほうれん草などの輸入野菜からの基準値以上の残留農薬の検出など、食の安全を脅かす事例が多発したことから、食品安全体制を強化するために、2003年に食品安全基本法が制定された。食品安全基本法ではフードチェーン・アプローチとリスク分析手法を用いて食品安全を確保するという基本的な考え方が示され、関係省庁、食品取扱事業者、および消費者の役割が明記された。このように、法的にも日本の食品の安全確保体制にWHOの食品衛生の考え方が加えられた。

3 食品衛生と他の学問との関係

　食品衛生学は、他の学問分野と関連がある学問である。食品を汚染し、腐敗させる微生物の存在はよく知られているところであるが、微生物による食中毒や腐敗に関しては微生物学や感染症学と関連する。また、食品成分の変質による健康障害は食品学で学習することに関連する。食品による危害を防ぐ実践の観点からは、調理科学、給食管理学、食品製造学などと深く関連している。さらに、食品衛生の不備により発生する健康被害は、病理学、公衆栄養学、臨床栄養学などとの関連もすぐに想起することができる。また、食品衛生は個人のレベルに加えて、集団レベルでの対応が求められる。社会全体の健康を見据え、集団レベルでの健康問題を視野に入れた学問であるという観点では公衆衛生学の一分野と考えることもできる。このように、食品衛生学は、自然科学はもとより行動科学、心理学、さらには人類学などの社会科学とも関連が深い学問である。他の学問についてもあてはまることではあるが、食品衛生学を学ぶときには、常にさまざまな学問とのつながりを意識することが必要である。

第2章

食品衛生と食品衛生関連法規・食品衛生行政

達成目標

　食品の安全性と衛生状態を確保するため、多くの法律や組織が関与している。食品の安全性に関する基本理念を定めた食品安全基本法、食品やその容器・包装、添加物などの規格基準、表示項目などを定めた食品衛生法などの法規や、食品衛生に関係する行政組織とその役割について理解する。

1 食品衛生の対象と範囲

　食品衛生の目的は、「飲食に起因する危害」を防止することである。これには、食品や添加物のように、経口的に摂取する飲食物に起因する「飲食物に直接起因する危害」だけでなく、「飲食という行為に関連して生じる危害」も含まれる。そのため、食器や割ぽう具などの器具、包装紙、びん、缶などの容器包装などに起因するもの、さらに、食べ物ではないが、口に入れる可能性の高い乳幼児の玩具や野菜・食器などの洗剤も、その対象に含まれる。

2 食品の安全性確保に関するリスク分析

　国民やある集団が食品などによる危害にさらされる可能性がある場合、可能な範囲で事故を未然に防ぎ、リスクを最小限にするために、「**リスク分析**」（リスクアナリシス；Risk Analysis）が導入されている。リスク分析は、**リスク評価、リスク管理、リスクコミュニケーション**の3つの要素からなる。

(1) リスク評価（リスクアセスメント；Risk Assessment）

　危害要因特定、曝露評価、リスク判定の3段階からなる科学に基づいたプロセスのことであり、リスクは、食品中に有害化学物質や微生物などの危害が存在した結果として生じる健康への悪影響の確率と、その程度の関数として表される。

(2) リスク管理（リスクマネジメント；Risk Management）

　リスク評価とは別のプロセスで、リスク評価の結果や消費者の健康の保護、公正な貿易の確保など、関連する他の因子を関係者と協議・検討しながら食品の安全を確保するための政策を慎重に考慮するプロセスのことである。

(3) リスクコミュニケーション（Risk Communication）

　リスク分析の全過程において、リスク、リスク関連因子やリスク認知、リスク評価結果およびリスク管理決定の根拠の説明など、リスク評価者（食品安全委員会）、リスク管理者（厚生労働省・農林水産省・消費者庁）、消費者、産業界、学界その他の関係者間で行われる情報や意見の相互交換のことをリスクコミュニケーションという。行政によるリスクコミュニケーションの取り組みとしては、行政と消費者・事業者などとの意見交換会の開催、食品の安全確保の取り組みに関するホームページや政府広報などによる情報発信があげられる。また、規制の設定や改廃の際には、審議会の公開や意見提出手続（パブリック・コメントの募集）などにより、消費者

などからの意見を聞く機会も設けられている。

　リスク分析は常に新たな客観的学術情報を導入し、時代の要請・期待に応えられるものでなければならない。昨今の、複雑かつ多様化している食生活の変化に十分に対応できることが要求される。

　この状況下、消費者庁は、食品安全行政の総合調整を担う位置づけとなり、リスク管理・リスクコミュニケーションにおいて、より重要な役割を担っている。

3 食品衛生関連法規

　食品の安全性を確保するために食品安全基本法や食品衛生法等の法律が関係する。

3.1 食品安全基本法

　2001（平成13）年9月に日本国内で初めて牛海綿状脳症（BSE）を発症した牛が発見されたことを契機に、食品安全に関するさまざまな問題が表面化した。BSE問題に関する調査検討委員会の報告書を踏まえた、食品安全行政に関する関係閣僚会議において、「今後の食品安全行政のあり方について」（2002（平成14）年6月）が取りまとめられた。それに基づき、食品の安全性の確保に関する基本理念や、施策の策定に関する基本的な方針を定め、食品安全に関する施策を総合的に推進することを目的に、2003（平成15）年5月に食品安全基本法が成立した。概要を図2.1に示す。食品安全基本法では、**国民の健康への悪影響を未然に防止することを基本理念**とし、食品の安全性を確保するために、リスク分析手法を導入するとともに、食品の安全性確保のための措置を講ずる基本的認識や、食品供給行程の各段階における措置、**国・地方公共団体および食品関連事業者の責務や消費者の役割**が明記されている。

　例えば、食品の安全を確保するための国および地方自治体の責務として、①教育活動および広報活動を通じた食品衛生に関する正しい知識の普及、②食品衛生に関する情報の収集、整理、分析および提供、③食品衛生に関する研究の推進、④食品衛生に関する検査の能力の向上、⑤食品衛生の向上に関わる人材の養成および資質の向上を図るための必要な措置があげられている。また、食品衛生に関する施策が総合的かつ迅速に実施されるよう、関係各機関が相互に連携を図ることが求められている。さらに、食品衛生問題のグローバル化と対策技術の高度化に対応するために国の責務として、①情報収集等・研究・輸入食品などの検査に係る体制整備、②国際的な連携の確保、③地方自治体に対する技術的支援があげられている。施策の

目的（第1条）

食品の安全性の確保に関し、基本理念を定め、関係者の責務及び役割を明らかにするとともに、施策の策定に係る基本的な方針を定めることにより、食品の安全性の確保に関する施策を総合的に推進

基本理念（第3～5条）

①国民の健康の保障が最も重要であるという基本的認識の下に、食品の安全性の確保のために必要な措置が講じられること
②食品供給行程の各段階において、食品の安全性の確保のために必要な措置が適切に講じられること
③国際的動向及び国民の意見に配慮しつつ科学的知見に基づき、食品の安全性の確保のために必要な措置が講じられること

関係者の責務・役割（第6～9条）

○国の責務
基本理念にのっとり、食品の安全性の確保に関する施策を総合的に策定・実施する

○地方公共団体の責務
基本理念にのっとり、国との適切な役割分担を踏まえ、施策を策定・実施する

○食品関連事業者の責務
基本的理念にのっとり、
・食品の安全性の確保について一義的責任を有することを認識し、必要な措置を適切に講ずる
・正確かつ適切な情報の提供に努める
・国等が実施する施策に協力する

○消費者の役割
食品の安全性確保に関し知識と理解を深めるとともに、施策について意見を表明するように努めることによって、食品の安全性の確保に積極的な役割を果たす

施策の策定に係る基本的な方針（第11～21条）

①「食品健康影響評価※」の実施（リスク評価）
・施策の策定に当たっては、原則として食品健康影響評価を実施
・**緊急を要する場合**は、施策を暫定的に策定。その後遅滞なく、食品健康影響評価を実施
・評価は、その時点の水準の科学的知見に基づいて、客観的かつ中立公正に実施
※食品に係る生物学的・化学的・物理的な要因又は状態が食品が摂取されることにより人の健康に及ぼす影響を評価すること
②国民の食生活の状況等を考慮するとともに、食品健康影響評価結果に基づいた施策を策定（リスク管理）
③情報の提供、意見を述べる機会の付与その他の関係者相互間の情報及び意見の交換の促進（リスクコミュニケーション）

①緊急の事態への対処・発生の防止に関する体制の整備等
②関係行政機関の相互の密接な連携の下での施策の策定
③試験研究の体制の整備、研究開発の推進、研究者の養成等
④国の内外の情報の収集、整理、活用等
⑤表示制度の適切な運用の確保等
⑥教育・学習の振興及び広報活動の充実
⑦環境に及ぼす影響に配慮した施策の策定

措置の実施に関する基本的事項（21条）

○政府は、上記により講じられる措置の実施に関する基本的事項※を策定
○内閣総理大臣は食品安全委員会の意見を聴いて、基本的事項の案を作成
※食品健康影響評価の実施、**緊急事態等への対処**に関する事項等

食品安全委員会の設置（第22～38条）

①所掌事務など
・関係大臣の諮問に応じ、又は自ら食品健康影響評価を実施（リスク評価）
・食品健康影響評価の結果に基づき、関係大臣に勧告
・食品健康影響評価の結果に基づく施策の実施状況を監視し、関係大臣に勧告
・調査審議を行い、関係行政機関の長に意見を述べる（**緊急時**等）
・調査研究の実施
・関係者相互間の情報・意見の交換につき、自ら実施・関係行政機関の取り組みの調整（リスクコミュニケーション）
・試料提出の要求や**緊急時**の調査要請等
②組織等
・委員7名で構成（3名は非常勤）
・有識者から内閣総理大臣が両議院の同意を得て任命（任期3年）
・委員長は互選で常勤の委員から選出
・専門委員や事務局の設置

図 2.1　食品安全基本法の概要

策定に係る基本方針として、「食品健康影響評価」を実施し（**リスク評価**）、「食品健康影響評価」結果に基づいた施策を策定し（**リスク管理**）、関係者相互間の情報および意見の交換の促進（**リスクコミュニケーション**）がうたわれている。

例題 1　リスク分析と食品安全基本法に関する問題である。正しいのはどれか。1つ選べ。
1. リスク分析は、リスク評価、リスク管理、リスク試験の3つの要素からなる。
2. リスク評価は危害要因特定、曝露評価、危険防止の3段階からなる科学に基づいたプロセスのことである。
3. わが国のリスク評価者は食品ロス削減推進会議である。
4. わが国のリスク管理者は厚生労働省、農林水産省および消費者庁である。
5. 食品安全基本法は「国民の成人病罹患を未然に防止すること」を基本理念とする。

解説　1. リスク分析は、リスク評価、リスク管理、リスクコミュニケーションからなる。　2. リスク評価は危害要因特定、曝露評価、リスク判定の3段階からなる。　3. わが国のリスク評価者は食品安全委員会である。　5. 食品安全基本法は「国民の健康への悪影響を未然に防止すること」を基本理念とする。　　　　**解答 4**

3.2 食品衛生法

　食品衛生法は、1947（昭和22）年に食品の安全性を確保するために制定された食品衛生の根幹を形成する法律である。

　その目的は、「**食品の安全性の確保のために公衆衛生の見地から必要な規制その他の措置を講ずることにより、飲食に起因する衛生上の危害の発生を防止し、もつて国民の健康の保護を図ること**」（**食品衛生法第1条**）である。有害な食品の摂取による食品危害を防止するため、公衆衛生の見地から効果的な対策を確保するために定められた法律である。その対象には、食品だけでなく、食品添加物、器具・容器包装、おもちゃ、洗剤も含まれている。

　食品衛生法には、規格基準、表示基準、管理基準、施設基準など、販売用の食品、添加物の製造、加工、使用、調理、保存方法や成分について、基準や成分規定が定められている。規格基準が定められた食品などで、その規格基準に適合しないものは、販売などが禁止されている。さらに、主な監視体制（国内流通食品、輸入届、検査命令）や、違反事例に対する行政処分・罰則などが定められている。

　2018（平成30）年6月には、日本の食をとりまく環境変化や国際化などに対応し、

食品の安全を確保するため、広域的な食中毒事案への対策強化、事業者による衛生管理の向上、食品による健康被害情報などの把握や対応を的確に行うとともに、国際整合的な食品用器具などの衛生規制の整備、実態などに応じた営業許可・届出制度や食品リコール情報の報告制度の創設などを柱とした、食品衛生法の改正が行われた。

(1) 不衛生食品などの販売などの禁止

腐敗や変敗したものまたは未熟であるもの、有毒・有害な物質が含まれているか付着しているもの（その疑いがあるものも含む）、病原微生物により汚染されているもの（その疑いがあるものも含む）で、人の健康を損なうおそれがあるもの、不潔、異物の混入、添加などにより、人の健康を損なうおそれがある食品や添加物を、販売や販売に用いるために採取・製造・輸入・加工・使用・調理・貯蔵・陳列することが禁止されている。

(2) 病肉などの販売などの制限

豚丹毒や寄生虫病などの疾病にかかっている（その疑いあるものを含む）、またはへい死した家きん（鶏、あひる、七面鳥など）や獣畜（牛・馬・豚など）の肉、乳などは食品としての販売などが禁止されている。また、家きんや獣畜の肉、臓器、食肉製品などを輸入する際は、輸出国の政府機関による衛生証明書が必要となる。

(3) 食品添加物の安全確保

食品添加物は、食品の保存や風味、香りをつけるなどの目的で食品の製造・加工の工程で使用されるものである。食品添加物は、安全性が確認され、内閣総理大臣（消費者庁）が指定したものに限り、製造や使用、販売などが認められている。食品添加物は、指定添加物、既存添加物、天然香料、一般飲食物添加物など、いくつかの種類に分類されている。さらに、原則として食品に使用した添加物はすべて表示が義務づけられている。

(4) 食品などの規格および基準

販売用の食品、添加物の製造、加工、使用、調理、保存方法および成分について、基準や成分規格が定められている。規格基準が定められた食品などで、その規格基準に適合しないものは、販売などが禁止されている。

(5) 器具・容器包装、おもちゃなどの安全確保

合成樹脂製の器具や容器包装、ガラス製、陶磁器製およびホウロウ引きの器具や容器包装、ゴム製の器具や容器包装、金属缶については、個別に規格が設定されている。

油脂または脂肪性食品用の器具・容器包装にフタル酸ビス（2－エチルヘキシル）

（DEHP）を用いた塩化ビニル（PVC）の使用が禁止されるなど、一般規格などが設定されている。また、おもちゃには、フタル酸ビス、フタル酸ジイソノニル（DINP）を用いた塩化ビニル（PVC）の使用が禁止されている。洗浄剤では、ヒ素、重金属、メタノールなどの試験法、漂白剤・着色料などの規格および使用基準が設定されている。

(6) 表示の基準など

食品表示については、2013年に制定された食品表示法も踏まえて、適切に表示することが求められている。

内閣総理大臣は販売用の食品、添加物または規格基準の定められた器具、容器包装の表示については必要な基準を定めており、基準にあう表示がなければ販売などができない。

(7) 一般的な衛生管理体制

すべての食品営業者は、衛生的で安全な食品を消費者に提供する義務と責任がある。営業者や食品衛生責任者だけでなく、従事者までが一体となって、常に食品の安全性を確保できるように、自ら積極的に衛生管理を行うことが大切であり、一般的な衛生管理に関して、食品衛生法施行規則別表第17に次の内容が定められている。

① 食品衛生責任者などの選任	② 施設の衛生管理
③ 設備などの衛生管理	④ 使用水などの管理
⑤ ねずみおよび昆虫対策	⑥ 廃棄物および排水の取扱い
⑦ 食品または添加物を取り扱う者の衛生管理	⑧ 検食の実施
⑨ 情報の提供	⑩ 回収・廃棄
⑪ 運搬	⑫ 販売
⑬ 教育訓練	⑭ その他

(8) 食品中の残留農薬など

家畜や水産物などの疾病の予防や治療に用いられた動物用医薬品・飼料添加物・農薬（以下「動物用医薬品など」という）、環境汚染などに由来する有害化学物質が食品中に残留した場合、健康危害を発生させる可能性がある。そのため、畜産水産食品中の残留物質に対して、動物用医薬品は「医薬品、医療機器等の品質、有効性及び安全性の確保等に関する法律（薬機法）」で、飼料添加物は「飼料の安全性の確保及び品質の改善に関する法律」で、農薬は「農薬取締法」に基づき、生産段階での使用が規制されている。

さらに、科学的知見が得られた動物用医薬品などの食品中への残留基準は、食品衛生法に基づく食品規格のひとつとして設定されている。また、2003（平成15）年

5月の食品衛生法の一部改正を受け、2006（平成18）年5月より残留基準が設定されていない農薬などが一定の量（一律基準：0.01ppm）を超えて残留する食品の流通を原則禁止する「**ポジティブリスト制度**」が導入されている。制度導入時に暫定的に残留基準が設定された農薬などについては、平成18年以降、計画的に食品安全委員会において食品健康影響評価が行われた。2020（令和2）年12月現在、累計699品目の評価が依頼され、その結果を踏まえ491品目の基準が改正され、ポジティブリスト導入後に新規に残留基準が設定された農薬など（100品目）も含めると、760品目の残留基準が設定されている。今後も、食品健康影響評価により、残留基準の見直しが行われることとなっている。

例題2　食品衛生法に関する記述である。正しいのはどれか。1つ選べ。

1. 国民の健康の増進を図るための措置を講じ、もって国民保健の向上を図ることを目的としている。
2. 食品衛生法の対象におもちゃは含まれていない。
3. 家きんや獣畜の肉、臓器、食肉製品などを輸入する際は、輸出国の政府機関による輸出証明書が必要である。
4. 食品添加物は、安全性が確認され、農林水産大臣が指定したものに限り、製造や使用、販売などが認められている。
5. 2006年5月より残留基準が設定されていない農薬などが一定の量を超えて残留する食品の流通を原則禁止する「ポジティブリスト制度」が導入されている。

解説　1.問題の文章は健康増進法である。食品衛生法第1条では「食品の安全性の確保のために公衆衛生の見地から必要な規制その他の措置を講ずることにより、飲食に起因する衛生上の危害の発生を防止し、もって国民の健康の保護を図ること」としている。　2.食品だけでなく、食品添加物、器具・容器包装、おもちゃ、洗剤も含まれている。　3.衛生証明書が必要である。　4.内閣総理大臣（消費者庁）が指定したものに限る。　　　　　　　　　　　　　　　　　　　　　　　　**解答** 5

3.3 食品の製造過程の管理の高度化に関する臨時措置法（略称：HACCP支援法）

　HACCP（Hazard Analysis and Critical Control Point）の対象は、従来は、① 乳、② 乳製品、③ 清涼飲料、④ 食肉製品、⑤ 魚肉練り製品、⑥ 容器包装詰加圧加熱殺菌食品を取り扱う工場であったが、1998（平成10）年5月に制定されたHACCP支援法により、その他の食品においてもHACCPが取り入れられた。

　2018（平成 30）年 6 月の食品衛生法改正により、2021（令和 3）年 6 月以降、原則として、すべての食品等事業者に、一般の衛生管理に加え、「HACCP に沿った衛生管理」の実施が義務化され、大規模な企業は「HACCP に基づく衛生管理」、小規模営業者などは、「HACCP の考え方を取り入れた衛生管理」により、取り扱う食品の特性などに応じた衛生管理を実施することとなった。食品事業者自らが衛生管理計画および必要に応じた手順書を作成し、その実施状況の記録・保存・検証が必要となる。

　この食品衛生法改正を契機に、時限立法である HACCP 支援法は、2023（令和 5）年 6 月 30 日で終了した。

　なお、公衆衛生に与える影響が少ないと判断された以下の 4 つの業種は HACCP 義務化の対象外となっている。

① 食品または添加物の輸入業

② 食品または添加物の貯蔵または運搬のみをする営業（ただし、冷凍・冷蔵倉庫業は除く。）

③ 常温で長期間保存しても腐敗、変敗その他品質の劣化による食品衛生上の危害の発生の恐れがない包装食品の販売業

④ 器具・容器包装の輸入または販売業

3.4 食品表示法（図 2.2）

(1) 食品の表示について

　食品の表示に関する法律は、従来、食品衛生法（厚生労働省所管）、日本農林規格等に関する法律（JAS 法）（旧：農林物資の規格化及び品質表示の適正化に関する法律）（農林水産省所管）、健康増進法（厚生労働省所管）の 3 つの法律で規定されていたが、2009（平成 21）年に新たに内閣府消費者庁が設置されたことに伴い、食品衛生法による表示に関する業務が、厚生労働省から消費者庁に移管された。さらに、消費者にも事業者にも分かりやすい表示を目指し、2013（平成 25）年 6 月に食品表示法が公布された（平成 27 年 4 月 1 日施行）。同法に基づき、食品表示基準が制定され、5 年間の経過措置期間を経て、2020（令和 2）年 4 月 1 日から新たな食品表示制度が完全施行されている。

　食品表示基準で定められた表示が必要な項目は、以下のとおりである。

①名称（品名）　　②原材料名　　③添加物　　④アレルギー物質を含む旨

⑤遺伝子組換え食品である旨　　⑥保存方法

⑦消費期限または賞味期限　　⑧内容量または固形量および内容総量

⑨栄養成分（すべての一般用加工食品などに義務づけ）

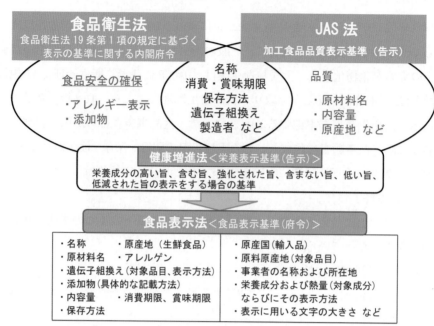

出典）消費者庁食品表示企画課「新しい食品表示制度について」平成27年7月

図2.2　食品衛生法・JAS法・健康増進法と食品表示法との関係

⑩食品関連事業者の氏名または名称および住所　⑪製造所または加工所の所在地

なお、食品の表示には、以下の機能が期待されている。

① 基準遵守促進機能

❖表示させることによる事業者に対する心理的効果

❖行政当局などが規格基準遵守の確認の際に利用する情報

② 消費者への情報伝達機能

❖表示事項に留意しなければ健康危害が生じるおそれがある場合の表示

❖公衆衛生の見地から、消費者が食品の内容を理解し、選択するための表示

③ 流通事業者などへの情報伝達機能

❖販売し、または営業上使用する際に留意すべき情報

❖製造者がつけた表示により、販売者が容易に消費者に情報提供できるようにする機能

(2) アレルギー表示制度について

　近年の食物アレルギー患者の増加を踏まえ、2001（平成13）年4月より、食品衛生法により、アレルギー表示が義務化された。アレルギー表示が必要な食品（特定原材料など）は、食物アレルギーのアレルギー症状の発症数、重篤度などを考慮して選定されており、現在では以下の通りとなっている（表2.1）。

表2.1 アレルギー表示が必要な食品（特定原材料）

規　定	特定原材料などの名称	理　由	表示の義務
食品表示基準（特定原材料）	えび*2、かに*2、くるみ*5、そば、小麦、卵、乳、落花生（ピーナッツ）	特に発症数、重篤度から勘案して表示する必要性の高いもの	表示義務
消費者庁次長通知（特定原材料に準ずるもの）	アーモンド*4、あわび、いか、いくら、オレンジ、カシューナッツ*3、キウイフルーツ、牛肉、ごま*3、さけ、さば、大豆、鶏肉、バナナ*1、豚肉、まつたけ、もも、やまいも、りんご、	症例数や重篤な症状を呈する者の数が継続して相当数みられるが、特定原材料に比べると少ないもの。特定原材料とするか否かについては、今後、引き続き調査を行うことが必要。	表示を奨励（任意表示）
	ゼラチン	牛肉・豚肉由来であることが多く、これらは特定原材料に準ずるものであるため、既に牛肉、豚肉としての表示が必要であるが、過去のパブリックコメント手続において「ゼラチン」としての単独の表示を行うことへの要望が多く、専門家からの指摘も多いため、独立の項目を立てている。	

*1 平成16年7月に新たに追加
*2 平成20年4月に推奨表示から義務表示に変更
*3 平成25年9月に新たに追加
*4 令和元年9月に新たに追加
*5 令和5年3月に推奨表示から義務表示に変更。2025（令和7）年3月31日まで経過措置

　なお、国際的には、コーデックスにおいて表示が求められている原材料は、次に示す8種類である。

① グルテンを含む穀類およびその製品　② 甲殻類およびその製品

③ 卵および卵製品　④ 魚および魚製品

⑤ ピーナツ、大豆およびその製品　⑥ 乳・乳製品（ラクトースを含むもの）

⑦ 木の実およびその製品　⑧ 亜硫酸塩を $10\mu g/kg$ 以上含む食品

＜アレルギー表示のルール＞

❖代替表記：特定原材料などと具体的な表示方法が異なるが、特定原材料などの表示と同一のものであると認められもの（例：「卵」と「玉子」や「たまご」など）の表示をもって特定原材料などの表示に代えることができる。

❖コンタミネーション：原材料として特定原材料などを使用していない食品を製造する場合でも、製造工程上の問題などによりコンタミネーションが発生することがあるため、他の製品の特定原材料などが製造ライン上で混入しないよう十分に洗浄

するなどの対策の実施を徹底するとともに、これらの対策の徹底を図ってもなおコンタミネーションの可能性が排除できない場合は、注意喚起表示を推奨している。

例：「本品製造工場では○○（特定原材料などの名称）を含む製品を生産しています。

❖**可能性表示の禁止**：「入っているかもしれない」といった可能性表示は認められていない。

例題3　食品表示法に関する記述である。正しいのはどれか。1つ選べ。

1. 食品表示基準の管轄省庁は厚生労働省である。
2. 一般用加工食品の栄養成分は任意表示である。
3. 遺伝子組換え食品である旨は、食品表示基準で表示が必要な項目である。
4. 落花生を原材料に含む食品は、アレルギーの表示は任意である。
5. さばを含む食品には、アレルギー表示が義務づけられている。

解説　1. 食品表示基準の管轄省庁は消費者庁である。　2. 一般用加工食品の栄養成分は、表示が必要な項目である。　4. 落花生はアレルギーの表示が義務づけられている。　5. さばを含む食品には、アレルギー表示は任意である。　　　**解答** 3

---

(3) 原料原産地表示

　日本は食料の約6割（カロリーベース）を海外からの輸入に頼っており、国内でつくられた加工食品でも、その原材料は国産とは限らず、外国産が使われているものが多い。さらにグローバル化に伴うフードチェーンの複雑化、さまざまな国の原材料を用いた加工食品の増加を踏まえ、2001（平成13）年に加工食品の原料原産地表示制度が一部の品目で義務化された。原料原産地情報は、消費者の関心の高いものでもあることから、加工食品の原材料についてもできる限り情報を提供し、食品選択に資する情報が得やすいよう環境を整えるため、2017年（平成29年）9月1日にすべての加工食品を対象とした「新たな加工食品の原料原産地表示制度」が制定された。これにより、原材料として表示されている重量割合上位1位の原料を、原則として国別重量順で表示されることとなり、2022（令和4）年3月末までの経過措置を経て義務化されている。

(4) 保健機能食品 （図2.3）

　保健機能食品には、国が定めた安全性や有効性に関する基準などに従って食品の機能が表示されている。従来からの「特定保健用食品」と「栄養機能食品」に、平成27年から「機能性表示食品」が追加され、3種類となっている。医薬品ではない

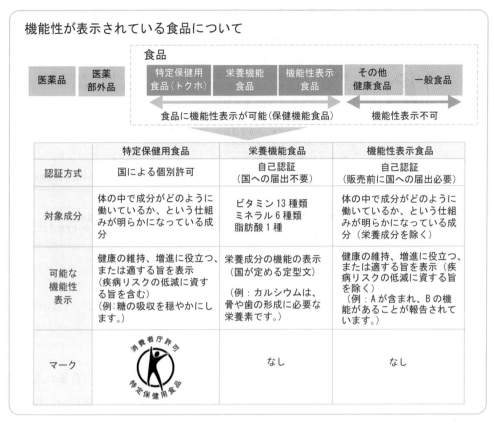

図2.3 保健機能性表示制度の概要

ため、疾病の治療や予防の目的で摂取するものではない。

　食品として販売される場合、健康の保持増進効果などに関し、著しく事実に相違する、著しく人を誤認させるような広告などを表示してはならないと定められている。また、虚偽・誇大広告などの禁止や、栄養機能食品にふさわしくない表示の禁止、保健機能食品における表示の規制強化など、適正な表示が行われるように指導されている。

1）特定保健用食品（トクホ）

　健康の維持増進に役立つことが科学的根拠に基づいて認められ、「コレステロールの吸収を抑える」などの表示が許可されている食品のことで、疾病リスク低減表示、規格基準型、再許可等がある（図2.4）。表示されている効果や安全性については国が審査を行い、食品ごとに消費者庁長官が許可している。

　2023（令和5）年6月現在、1,054商品が許可・承認されている。

2）栄養機能食品

　1日に必要なビタミン、ミネラルなどの特定の栄養成分の補給・補完のために利

特定保健用食品
食生活において特定の保健の目的で摂取をする者に対し、その摂取により当該保健の目的が期待できる旨の表示をする食品

特定保健用食品（疾病リスク低減表示）
関与成分の疾病リスク低減効果が医学的・栄養学的に確立されている場合、疾病リスク低減表示を認める特定保健用食品（現在は関与成分としてカルシウム及び葉酸がある）

特定保健用食品（規格基準型）
特定保健用食品としての許可実績が十分であるなど科学的根拠が蓄積されている関与成分について規格基準を定め、消費者委員会の個別審査なく、消費者庁において規格基準への適合性を審査し許可する特定保健用食品

特定保健用食品（再許可等）
既に許可を受けている食品について、商品名や風味等の軽微な変更等をした特定保健用食品

条件付き特定保健用食品
特定保健用食品の審査で要求している有効性の科学的根拠のレベルには届かないものの、一定の有効性が確認される食品を、限定的な科学的根拠である旨の表示をすることを条件として許可する特定保健用食品

出典）消費者庁　特定保健用食品について（caa.go.jp）

図 2.4　特定保健用食品

用でき、栄養成分の機能を表示することができる食品である（**表 2.2**）。既に科学的根拠が確認された栄養成分を一定の基準量含む食品であれば、特に届出などをしなくても、国が定めた表現によって機能性を表示することができる。

　栄養機能食品として販売するためには、1 日当たりの摂取目安量に含まれる当該栄養成分量が、定められた範囲内にあり、基準で定められた当該栄養成分の機能だけでなく注意喚起表示なども表示する必要がある。

表 2.2　機能の表示をすることができる栄養成分

脂　肪　酸（1 種類）	n-3 系脂肪酸
ミネラル類（6 種類）	亜鉛、カリウム※、カルシウム、鉄、銅、マグネシウム
ビタミン類（13 種類）	ナイアシン、パントテン酸、ビオチン、ビタミン A、ビタミン B₁、ビタミン B₂、ビタミン B₆、ビタミン B₁₂、ビタミン C、ビタミン D、ビタミン E、ビタミン K、葉酸

※錠剤、カプセル剤などの形状の加工食品にあっては、カリウムを除く。

3）機能性表示食品

　特定保健用食品（トクホ）、栄養機能食品とは異なる新しい食品の表示制度で、「おなかの調子を整えます」、「脂肪の吸収をおだやかにします」など、特定の保健の目的が期待できる（健康の維持および増進に役立つ）という食品の機能性を表示することができる食品のこと。事業者の責任において、科学的根拠に基づいた機能性を表示した食品で、販売前に安全性および機能性の根拠に関する情報などを消費者庁長官へ届け出る必要があるが、特定保健用食品とは異なり、消費者庁長官の個別の許可を受けたものではない。

(5) 特別用途食品（図2.5）

　国民栄養の改善を図る見地から、特に適正な使用が必要な者に用いる食品を対象とした食品で、2009（平成21）年4月から、新しく、①病者用食品（許可基準型、個別評価型）、②妊産婦・授乳婦用粉乳、③乳児用調整乳、④えん下困難者用食品の4つに区分されている。

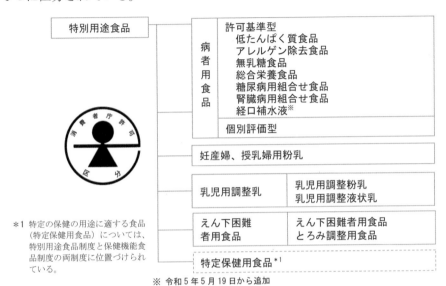

*1 特定の保健の用途に適する食品（特定保健用食品）については、特別用途食品制度と保健機能食品制度の両制度に位置づけられている。

※ 令和5年5月19日から追加

出典）消費者庁　特定用途食品とは（caa.go.jp）

図2.5　特別用途食品の区分

　例題4　保健機能食品、特別用途食品に関する記述である。正しいのはどれか。1つ選べ。

1. 保健機能食品は特定保健用食品、栄養機能食品、特別用途食品の3種類である。
2. 特定保健用食品は、販売前に国による許可は必要ではない。
3. 栄養機能食品では、栄養成分の機能の表示をする場合の規制はない。
4. 機能性表示食品は販売前に機能性の根拠に関する情報などを厚生労働大臣へ届け出る必要があるが、許可は要しない。
5. 特別用途食品は、病者用食品、妊産婦・授乳婦用粉乳、乳児用調整乳、えん下困難者用食品の4つに区分されている。

解説　（例題4は図2.3、図2.4、図2.5参照）　1. 保健機能食品は特定保健用食品、栄養機能食品、機能性表示食品の3種類である。　2. 特定保健用食品は国による個別許可が必要である。　3. 栄養機能食品では、栄養成分ごとに国が定める定型文が定められている。　4. 消費者庁長官へ届け出る必要がある。　　　**解答** 5

3.5 その他の食品衛生に関する法規

食品衛生関連法規には、健康増進法、薬機法、食鳥検査法、と畜場法、その他に感染症の予防及び感染症の患者に対する医療に関する法律（感染症法）、栄養士法、調理師法、製菓衛生師法、化製場等に関する法律、水道法、化学物資の審査及び製造などの規制に関する法律（化審法）、毒物及び劇物取締法などがある。

(1) 健康増進法

急速な高齢化の進展や疾病構造の変化に伴い、国民の健康の増進の重要性が著しく増大していることから、国民の健康の増進を総合的に推進するための基本的な事項を定めるとともに、国民の栄養の改善など健康の増進を図るための措置を講じることにより、国民保健の向上を図ることを目的とした法律である。

保健機能食品（特定保健用食品や栄養機能食品）や特別用途食品に関する表示基準などを、食品表示基準とあわせて定められている。

(2) 薬機法（医薬品、医療機器等の品質、有効性及び安全性の確保等に関する法律）

医薬品や医薬部外品、化粧品および医療機器の品質、有効性や安全性確保のための規制や、指定薬物の規制、医薬品・医療機器の研究開発を促進し、保健衛生の向上を図ることを目的とした法律である。食品との関係では、未承認の動物用医薬品の家畜への使用を禁止している。

(3) 食鳥検査法（食鳥処理の事業の規制及び食鳥検査に関する法律）

食鳥（鶏、あひる、七面鳥など）をと殺、その羽毛を除去、食鳥の内臓を摘出する食鳥処理場の設置やその衛生的な管理、食鳥の検査方法などについて定めた法律である。

(4) と畜場法

食用に供する目的で獣畜（牛、馬、豚、めん羊および山羊）をと殺、解体するためのと畜場の設置やその衛生的な管理、と畜検査員が行う検査などについて定めた法律である。

コラム「健康食品」について

健康の保持増進に資する食品として販売・利用されている食品を「健康食品」とよぶ。いわゆる「健康食品」については、明確な定義はないが、その有効性について国が制度化しているものは、「保健機能食品」とよばれる。なお、特定保健用食品、栄養機能食品および機能性表示食品以外の食品に食品のもつ効果や機能を表示することはできない。（食品表示基準第9条）

---

4 食品衛生行政の役割と組織

4.1 食品衛生行政の役割

　すべての国民が、憲法第 25 条で保障された「健康で文化的な最低限度の生活」を営むために、国は食品の安全性を確保し、積極的に必要な施策を実施することが不可欠である。そのために、市場原理だけによっては提供できないサービスの提供、民間活力が発揮できる枠組の構築、およびそのための財政や人的資源の確保などが、行政に求められる重要な機能である。

4.2 食品衛生行政と組織

　わが国の食品安全行政の基本となるのは、食品安全基本法である（図 2.1）。現在、食品に関するリスク評価を行う食品安全委員会と、リスク管理を行う厚生労働省と農林水産省、消費者庁、さらに地方自治体の食品安全に関する部局がそれぞれ連携して食品の安全確保に努めている（図 2.6）。

(1) 食品安全委員会

食品安全基本法に基づきリスク評価を行い、リスク管理を行う行政機関である厚生労働省や農林水産省への勧告や、リスク管理の実施状況をモニタリングしている。

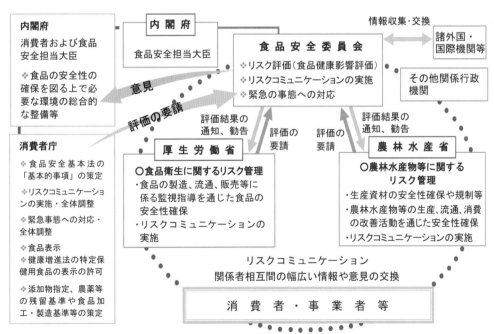

出典）食品安全委員会ホームページ（https://www.fsc.go.jp/iinkai/mission.html）より 一部改変

図 2.6　食品安全行政

　また、国内外の危害情報を一元的に収集・整理するとともに、国などが実施するリスクコミュニケーションを総合的にマネージメントしている。

　食品安全委員会は、毒性学、微生物学、有機化学（化学物質）、公衆衛生学、食品の生産・流通システム、消費者意識・消費行動、情報交流などの専門家7名の委員により構成されている。さらに、延べ200名程度の専門委員からなる専門調査会が設けられ、リスク評価を行っている。

(2) 厚生労働省

　1938（昭和13）年に厚生省衛生局が設置されて以来、数度の組織改正および2003（平成15）年7月の食品安全委員会の発足を受けて、「医薬食品局食品安全部」に改組された。その後、2015（平成27）年10月には、医薬・生活衛生局の一部局となり、生活衛生・食品企画課、食品基準審査課、食品監視安全課の3課と、検疫所業務管理室、輸入食品安全対策室、食中毒被害情報管理室の3室が、食品衛生法などに基づく食品に関するリスク管理を行っていたが、2020（令和2）年からの新型コロナウイルス感染症の水際対策を強化するため、2021（令和3）年9月には、検疫所業務管理室が検疫所業務課となった。

　2023（令和5）年5月の新型コロナウイルス感染症の感染症法第五類への移行を踏まえ、同年9月には、今後の感染症対応能力を強化するための組織再編が行われ、医薬・生活衛生局が医薬局に、健康局が健康・生活衛生局となり、新たに感染症対策部が発足した。医薬・生活衛生局の生活衛生・食品安全企画課は廃止され、食品基準審査課と監視安全課が健康・生活衛生局に移管され、検疫所業務課は感染症対策部の企画・検疫課に引き継がれた。

　また、生活衛生・食品安全企画課の業務のうち、「国際的な食品の安全性の確保に係るもの」は食品基準審査課に、「食品の安全に関するリスクコミュニケーション」は、食品監視安全課に引き継がれた。さらに、**2024（令和6）年度には、「食品衛生に関する規格・基準の策定」を行っている食品基準審査課は、消費者庁に移管された。**

　なお、輸入食品の監視業務は、全国32カ所の検疫所が担当している。

(3) 農林水産省

　一次生産（農作物・畜産物・水産物）から流通までを所管しており、食品安全基本法に基づき、厚生労働省とともにリスク管理を行っている。

　農薬取締法や飼料安全法などに基づき、地方農政局や消費技術センターなどが、農産・畜産・水産に関するリスク管理を行っている。

(4) 消費者庁・消費者委員会

　2009（平成21）年9月に消費者保護の視点から食品安全政策全般を監視する組織として発足した。消費者庁では、食品安全基本法に規定された基本的事項の策定や、食品の安全性確保に関する関係者相互間の情報や意見の交換に関する関係行政機関の調整を行う。

　食品の表示に関しては、食品表示規格課が食品表示法、食品衛生法、日本農林規格等に関する法律（JAS法）、健康増進法などの法律に基づく食品の表示基準の企画・立案や保健機能食品制度の企画・立案を、また食品表示対策課が不当景品類および不当表示防止法（景表法）の所管や、食品衛生法、JAS法、健康増進法等の表示対策の執行を行っている。

　2022（令和4）年9月2日には、新型コロナウイルス感染症対策本部において、「新型コロナウイルス感染症に関するこれまでの取組みを踏まえた次の感染症危機に備えるための対応の具体策」が決定された。そのなかで、食品安全行政の司令塔機能を担う消費者庁が、科学的知見に裏打ちされた食品安全に関する啓発の推進、販売現場におけるニーズ等の規格・基準策定に係る議論へのタイムリーな反映、国際食品基準（コーデックス）における国際的な議論に一体的に参画するため、**食品衛生基準行政が厚生労働省から消費者庁に移管されることとなった。これを受け、2024（令和6）年4月には、厚生労働省から食品基準審査課が消費者庁に移管され、**

　❖食品中の農薬の残留基準値設定

　❖食品添加物公定書作成

　❖指定添加物指定

　❖食品添加物の規格基準設定

等の「食品衛生に関する規格・基準の策定」のリスク管理も消費者庁が担当している。

(5) 地方自治体

　都道府県や保健所を設置する市町村などの地方自治体に食品安全に関する部局が設けられている。そのなかのひとつである保健所では、管内で製造され、流通する食品の収去検査、食品関係事業者の営業の許認可、衛生監視や指導、食中毒発生時の調査、違反業者に対する行政処分、食品衛生法や各自治体の条例に関する調査、違反に対する行政処分、事業者や住民に対する食品衛生に関する情報提供、教育・知識の普及および食品に関する苦情への対応・調査に関係する業務を行っている。

例題5　食品衛生行政に関する記述である。正しいのはどれか。1つ選べ。

1. 食品安全委員会は厚生労働省に設置されている。

2. わが国の食品安全行政の基本となるのは、健康増進法である。

3. 食品のリスク管理を行うのは、農林水産省である。

4. 食品のリスク評価を行うのは、厚生労働省である。

5. 食品衛生のリスク管理を行うのは、食品安全委員会である。

解説　（例題5は**図2.6**参照）　1. 食品安全委員会は、内閣府に設置されている。
2. わが国の食品安全行政の基本となるのは、食品安全基本法である。　4.食品のリスク評価を行うのは、食品安全委員会である。　5. 食品衛生のリスク管理を行うのは厚生労働省、農林水産省や消費者庁である。　　　　　　　　　　　　**解答**　3

---

5 食品衛生監視員と食品衛生管理者

5.1 食品衛生監視員（食品衛生法第30条）

　食品衛生監視員は、国の検疫所や地方自治体の保健所に所属し、食品の検査、食中毒の調査、食品製造業や飲食店の衛生監視、指導および教育を行っている。2013（平成25）年3月時点では、検疫所に399人、地方厚生局に51人、保健所に7,995人であった。2018（平成30）年3月末現在、全国の食品衛生監視員は8,405名である。

　食品衛生監視員には、営業の場所などへの立入権、食品や添加物などの検査権ならびに収去権が与えられている。2003（平成15）年の食品衛生法改正により、国の指針に基づいて都道府県などが食品衛生監視計画を策定し、地域の実情に応じて重点的に、かつ効率的に監視指導が実施されている。2013（平成25）年度の営業許可の取り消し、営業の禁停止、その他あわせて行政処分件数は2,647件、告発件数は1件であった。　この他に、卸売市場の検査所での衛生監視や、厚生労働省や都道府県・政令指定都市、中核市、保健所設置市などで、食品衛生行政に関する業務を担当している監視員もいる。

　検疫所に配属される食品衛生監視員は厚生労働大臣が、保健所に配属される食品衛生監視員は都道府県知事や保健所設置市の市長などが任命する。

5.2 食品衛生管理者（食品衛生法第48条）

　乳製品、添加物および食肉製品製造業など、製造または加工の過程において、特に衛生上の考慮を必要とする食品の製造・加工を行う営業者は、その製造工程など

を衛生的に管理させるために、その施設ごとに専任の食品衛生管理者を置かなければならない（表2.3）。

表2.3　食品衛生管理者が必要な施設など

次の食品・添加物の製造又は加工を行う施設には、食品衛生管理者を置く必要がある（食品衛生法施行令第13条）。

■全粉乳（その容量が1,400グラム以下である缶に収められるものに限る）

■加糖粉乳　■調整粉乳　■食肉製品　■魚肉ハム

■魚肉ソーセージ　■放射線照射食品

■食用油脂（脱色または脱臭の過程を経て製造されるものに限る）

■マーガリン　■ショートニング

■添加物（食品衛生法第11条第1項の規定により規格が定められたものに限る）

食品衛生管理者は、管理すべき食品や添加物が、食品衛生法などの関連法令に違反しないように食品や添加物の製造・加工に従事する者を監督する義務がある。また、法令違反や食品衛生上の危害の発生を防止するために、衛生管理の方法をはじめとする食品衛生に関する事項について、必要な注意をし、必要に応じ営業者に対して意見を述べなければならない。

例題6　食品衛生監視員および食品衛生管理者に関する記述である。<u>誤っている</u>のはどれか。1つ選べ。

1. 検疫所に配属される食品衛生監視員は、厚生労働大臣が任命する。
2. 保健所に配属される食品衛生監視員を任命するのは都道府県知事だけである。
3. 放射線照射食品を製造する施設には食品衛生管理者を置かなければならない。

解説　2. 保健所に配属される食品衛生監視員は都道府県知事、保健所設置市や特別区の長が任命する。　3. 表2.3 参照　　　　　　　　　　　　　　　**解答** 2

---

6 食中毒対策

食中毒による患者数は、平成20年以降毎年1〜2.5万人で推移している。近年はノロウイルスやカンピロバクターによる患者が増加傾向にある。また、清涼飲料水への異物混入、ミニマム・アクセス米[*1]による事故、乳・乳製品へのメラミン添加事件[*2]、家庭での調理品（フグ食中毒）による死亡事故など、食の安全を脅かす事件が相次いで発生している。

＊1　**ミニマム・アクセス米による事故**：2008（平成20）年、最低輸入機会の制度で購入された米が貯蔵・保管の不備によりカビが発生した事故。

＊2　**メラミン添加事件**：2008（平成20）年、中国で発生した牛乳にたんぱく質偽和材としてメラミンが不法添加された事件。

　食中毒が疑われる患者を診断した医師には、24 時間以内に最寄りの保健所長への届出義務が課せられている。保健所長は、原因を究明して調査票を作成し、その結果を都道府県知事宛に報告する。知事は、それを厚生労働省に提出することになっている。1996（平成 8）年の腸管出血性大腸菌 O157 の発生を受け、食中毒予防のための「家庭用衛生管理マニュアル」と「大量調理施設衛生管理マニュアル」が作成され、予防対策が充実されている。

　また、近年の冬場のノロウイルスによる食中毒患者の増加を踏まえて、2007（平成 19）年 10 月には、薬事・食品衛生審議会食品衛生分科会食中毒部会において「ノロウイルス食中毒対策（提言）」が取りまとめられている。

　さらに、2008（平成 20）年に千葉県・兵庫県の広域で発生した中国産冷凍ギョウザの農薬混入食中毒事件や、2013（平成 25）年 12 月の冷凍食品への農薬混入事件を踏まえて、情報の集約・一元化体制の強化や緊急時の速報体制の強化が図られるとともに、食品防御の取り組みの重要性が認識されている。

7 輸入食品の安全確保対策

　日本の食糧需給における輸入食品の割合は、エネルギーベースで約 60％を占めている。 わが国と異なる生産条件や規制の下で製造・加工された輸入食品の安全性を確保するために、「輸入食品監視指導計画」が策定されている。

　食品衛生法に基づく輸入食品監視指導は、輸入届出書の審査、保税地域[*3]での立ち入り検査、サンプリング、化学的・微生物学的検査などにより実施している。2018（平成 30）年度の輸入食品届出件数は約 250 万件であるが、その内の約 8.3％にあたる約 20.7 万件について検査を実施している。

7.1 食品の安全確保のための国際的動向

　わが国は、量としても、種類としても多くの食料を諸外国から輸入している。しかし、食品の規格基準や表示基準などの規格認証制度は、各国の食習慣や社会経済情勢などの違いがあり統一されていない。したがって、食品の輸出入に伴う経済摩擦を回避するために、食品に関する基準の整合化が必要とされている。それらの食品に関する国際的な規格などを策定するために、FAO/WHO 合同食品規格計画（コーデックス）が設置されている。

---

*3 **保税地域**：輸入品に対して、税関での許可がおりていない貨物を保管しておく場所。

(1)　コーデックス（FAO/WHO 合同食品規格計画）

　コーデックス委員会（Codex Alimentarius Commission：CAC）は、FAO/WHO 合同食品規格計画の実施機関として、1963（昭和 38）年に国際連合食糧農業機関（Food and Agriculture Organization of the United Nations：FAO）および世界保健機関（World Health Organization：WHO）が合同で設立した国際政府間組織である。事務局は FAO 本部内（ローマ）にあり、2023（令和 5）年 3 月現在、188 カ国、1 加盟機関（EU）が加盟している。日本は 1966（昭和 41）年から加盟している。

　コーデックス委員会は、国際食品規格の策定を通じて、消費者の健康を保護するとともに、公正な食品の貿易を確保することを目的としている。

　コーデックス委員会には、執行委員会、10 の一般問題部会、12 の個別食品部会（7 部会は休会中）、1 つの特別部会、6 つの地域調整部会が設置されている。部会は、参加国の中から選ばれたホスト国が運営しており、会議は通常ホスト国で開催される。コーデックス総会は、毎年 1 回開催され、各種の委員会や部会などで決定された規格・基準などの最終的な採択が行われる。

(2)　世界貿易機関（World Trade Organization：WTO）

　国家間の貿易に関する交渉は、1944（昭和 19）年に発足した GATT（General agreement on Tariffs and Trade；ガット：関税および貿易に関する一般協定）ウルグアイラウンドで話し合われてきたが、1995（平成 7）年には自由貿易を推進することを目的に WTO が設立され、農産物を含む食品もその対象となった。しかし、SPS 協定（Agreement on the Application of Sanitary and Phytosanitary Measures；衛生植物検疫措置の適用に関する協定）による各国の食品に関する衛生基準の差が農産物の貿易障壁となっていた。そのため、コーデックス委員会が策定した食品規格は、世界貿易機関（World Trade Organization：WTO）の多角的貿易協定の下で、国際的な制度調和を図るものとして位置づけられている。

8　食品を取り巻く新たな課題と取り組み

　前回の改正から 15 年が経過し、食を取り巻く環境の変化や国際化などに対応して食品の安全を確保するため、2018（平成 30）年の食品衛生法改正においては、次のような課題に対応するための改正が行われた。

(1)　大規模または広域的に及ぶ「食中毒」への対策強化

　大規模または広域的な食中毒の発生・拡大防止などのため、国や都道府県などが相互に連携・協力を行うこととするとともに、厚生労働大臣が、関係者で構成する

「広域連携協議会」を設置することとなった。大規模または広域食中毒発生時には、この協議会を活用して迅速に対応する。

(2) HACCP（ハサップ）に沿った衛生管理の制度化

原則として、すべての食品等事業者に、一般衛生管理に加え、HACCP に沿った衛生管理の実施を求めることとなった（第2章 3.3 食品の過程の高度化に関する臨時措置法 参照）。

(3) 特別の食品による「健康被害情報の届け出」の義務化

ホルモン様作用[*4]のある成分など特別の注意を必要とする成分を含む食品については、製造管理が適切でなく含有量が均一でないこと、科学的根拠に基づかない摂取目安量が設定されていることなどにより健康影響が生じたケースがある。食品による健康被害情報の収集が制度化されていないため、必要な情報収集が困難であり、健康被害の発生・拡大を防止するための食品衛生法を適用するための根拠が不足していたことから、健康被害の発生を未然に防止するために、健康被害が発生した場合、事業者から行政への健康被害情報の届出が義務化された。

(4)「食品用器具・容器包装」にポジティブリスト制度を導入

食品用器具と容器包装について、安全性や規制の国際整合性の確保のため、規格が定まっていない原材料を使用した器具・容器包装の販売などの禁止などを行い、安全性を評価した物質のみ使用可能とするポジティブリスト制度が導入された。

(5)「営業許可制度」の見直し、「営業届出制度」の創設

HACCP に沿った衛生管理の制度化に伴い、営業許可の対象業種以外の食品等事業者の所在などを把握できるよう、営業の届出制度が創設された。営業許可について、食中毒などのリスクや食品産業の実態に応じたものとするため、34業種から32業種に見直しが行われた。具体的には、新たに漬物製造業、水産食品製造業、液卵製造業などが許可対象となり、現行の許可業種のうち、リスクが低いと考えられる乳類販売業、氷雪販売業、食肉販売業・魚介類販売業の一部は届出の対象に変更された。

(6) 食品などの「自主回収（リコール）情報」の行政への報告の義務化

危害性のある異物混入などによる回収告知件数が、2011年の554件から2017年には、750件に増加していることから、事業者による食品などのリコール情報を行政が確実に把握し、的確な監視指導や消費者への情報提供につなげ、食品による健康被害の発生を防止するため、営業者が食品などのリコールを行う場合の自治体への報告や、自治体を通じて国へ報告する仕組みが構築され、リコール情報の報告が義務化された。

届出された情報は一覧化してホームページ[*5]などで公表される。

(7)「輸出入」食品の安全証明の充実

　輸出国において検査や管理が適切に行われた旨を確認し、輸入食品の安全性確保のため、輸入される食肉の HACCP に基づく衛生管理や、乳・乳製品および水産食品の衛生証明書の添付が輸入要件となった。

　また、食品の輸出のための衛生証明書発行に関する事務については、農林水産物および食品の輸出の促進に関する法律（令和元年法律第 57 号）に定められた。

例題 7　2018（平成 30）年の食品衛生法改正に関する記述である。正しいのはどれか。2つ選べ。

1. 農林水産大臣は、大規模食中毒発生時には「広域連携協議会」を設置・活用して迅速に対応することとなった。
2. 食品等事業者すべてに、一般衛生管理に加え、HACCP に沿った衛生管理の実施を求めることとなった。
3. 健康被害が発生した場合、事業者から行政への健康被害情報の届出が努力義務となった。
4. 食品用器具・容器包装にネガティブリスト制度が導入された。
5. 営業許可業種以外の食品等事業者の所在などを把握できるよう、営業の申請制度が創設された。
6. 営業者に対し食品などのリコール情報の報告が義務化された。
7. 輸入される食肉や乳・乳製品、水産食品の品質証明書の添付が輸入要件となった。

解説　1. 農林水産大臣→厚生労働大臣　2. 食品等事業者すべてに HACCP に沿った衛生管理の実施が求められるようになった。具体的には、大規模企業には「HACCP に基づく衛生管理」、小規模営業者等には「HACCP の考えを取り入れた衛生管理」の実施となった　3. 届出が義務化された。　4. ネガティブリスト制度→ポジティブリスト制度　5. 申請制度→届出制度　7. 品質証明書→衛生証明書　　**解答** 2、6

＊4 **ホルモン様作用**：ごく微量で体の機能を調整する内分泌物質と同じような影響を及ぼすこと。
＊5　厚生労働省　自主回収報告制度（リコール）に関する情報
https://www.mhlw.go.jp/stf/seisakunitsuite/bunya/kenkou_iryou/shokuhin/kigu/index_00011.html
厚生労働省　公開回収事案検索
https://ifas.mhlw.go.jp/faspub/IO_S020501.do?_Action_=a_backAction

章末問題

1　食品安全委員会に関する記述である。正しいのはどれか。1つ選べ。

1. 農林水産省に設置されている。
2. 食品衛生法により設置されている。
3. 食品に含まれる有害物質のリスク管理を行う。
4. 食品添加物の1日摂取許容量（ADI）を設定する。
5. リスクコミュニケーションには参加しない。

（第 35 回国家試験）

解説　1. 内閣府に設置されている。　2. 食品安全基本法により設置されている。　3. 食品に含まれる有害物質のリスク管理を行うのは、農林水産省や厚生労働省、消費者庁である。食品安全委員会は、規制や指導などのリスク管理を行う関係行政機関から独立して、科学的知見に基づき客観的かつ中立公正にリスク評価を行う。　4. ADI（1日摂取許容量）は、ヒトが毎日一生涯にわたって摂取しても健康に悪影響がないと判断される量で、「1日当たりの体重1 kgに対する量（mg/kg体重/日）」で表される。
5. 食品安全委員会の事務局には、リスクコミュニケーション官が任命されており、リスク管理機関である厚生労働省、消費者庁、農林水産省とともにリスクコミュニケーションに参加する。　　　　　解答 4

2　特別用途食品および保健機能食品に関する記述である。最も適当なのはどれか。1つ選べ。

1. 特別用途食品（総合栄養食品）は、健康な成人を対象としている。
2. 特定保健用食品（規格基準型）では、申請者が関与成分の疾病リスク低減効果を医学的・栄養学的に示さなければならない。
3. 栄養機能食品では、申請者が消費者庁長官に届け出た表現により栄養成分の機能を表示できる。
4. 機能性表示食品では、申請者は最終製品に関する研究レビュー（システマティックレビュー）で機能性の評価を行うことができる。
5. 機能性表示食品は、特別用途食品の1つである。

（第 35 回国家試験）

解説　1. 特別用途食品（総合栄養食品）は、病者用食品（許可基準型、個別評価型）、妊産婦・授乳婦用粉乳、乳児用調整乳、えん下困難者用食品の4つに分類され、健康な成人のみを対象としているのではない。　2. 申請者が関与成分の疾病リスク低減効果を医学的・栄養学的に示さなければならないのは、特定保健用食品（疾病リスク低減表示）である。特定保健用食品には、特定保健用食品、特定保健用食品（疾病リスク低減表示）、特定保健用食品（規格基準型）、特定保健用食品（再許可等）の4種類があり、それぞれ基準が異なる。　3. 栄養機能食品では、栄養成分ごとに表現が定められている。例えば、ビタミンAであれば「ビタミンAは、夜間の視力維持を助けるとともに、皮膚や粘膜の健康維持を助ける栄養素です。」というような表現がある。　4. 機能性表示食品では、申請者は最終製品に関する研究レビュー（システマティックレビュー）で機能性の評価を行うことができる。　5. 機能性表示食品は、特別用途食品の1つではない。特別用途食品は、病者用食品（許可基準型、個別評価型）、妊産婦・授乳婦用粉乳、乳児用調整乳、えん下困難者用食品の4つに分類される。広義では特定保健用食品も特別用途食品に含まれる。　　　　　解答 4

3　食品衛生行政に関する記述である。正しいのはどれか。2つ選べ。
1.　保健所に配置される食品衛生監視員は、厚生労働大臣が任命する。
2.　検疫所は、食中毒が発生した場合に原因究明の調査を行う。
3.　検疫所は、輸入食品の衛生監視を担当している。
4.　内閣総理大臣（消費者庁）は、食品中の農薬の残留基準を定める。
5.　食品安全委員会は、厚生労働省に設置されている。　　　　　　（第 33 回国家試験一部改変）

解説　1.　保健所の食品衛生監視員は、都道府県知事、保健所設置市や特別区の長により任命される。厚生労働大臣によって任命された食品衛生監視員は、国家公務員として検疫所や地方厚生局に配属される。
2.　食中毒が発生した場合に原因究明の調査を行うのは保健所である。検疫所では、主に船舶や航空機により、海外から国内への感染症の侵入を防止する（水際対策）のために検疫を行っている。また、海外渡航者に対する健康相談なども行っている。　　3.　検疫所は、輸入食品の衛生監視を担当している。
4.　食品中の農薬の残留基準を定めるのは、内閣総理大臣（消費者庁）である。消費者庁は、食品の表示基準も定めている。　　5.　食品安全委員会は、内閣府に設置されている。　　　　　　解答 3.4

4　食品衛生行政に関する記述である。正しいのはどれか。1つ選べ。
1.　食品のリスク評価は、農林水産省が行う。
2.　食品のリスク管理は、食品安全委員会が行う。
3.　食品添加物の ADI（1 日摂取許容量）は、厚生労働省が設定する。
4.　指定添加物は、内閣総理大臣（消費者庁）が指定する。
5.　食品中の農薬の残留基準は、厚生労働大臣が設定する。　　　　（第 32 回国家試験一部改変）

解説　1.　食品のリスク評価は、食品安全委員会が行う。　　2.　食品のリスク管理は、厚生労働省、農林水産省や消費者庁が行う。　　3.　食品添加物の ADI（1 日摂取許容量）は、食品安全委員会が設定する。
5.　食品中の農薬の残留基準は、食品安全委員会での評価に基づき、内閣総理大臣（消費者庁）が設定する。　　　　　　解答 4

5　食品衛生関連法規に関する記述である。正しいのはどれか。1つ選べ。
1,　食品安全委員会は、食品衛生法により設置された。
2.　食品衛生監視員を任命するのは、農林水産大臣である。
3.　食品添加物公定書を作成するのは、内閣総理大臣である。
4.　食品衛生推進員は、国が委嘱する。
5.　管理栄養士免許は、食品衛生管理者の任用資格である。　　　　（第 29 回国家試験一部改変）

解説　1.　食品安全委員会は、食品安全基本法に基づいて設置された、食品安全行政を行う機関である。
2.　食品衛生監視員を任命するのは厚生労働大臣である。　　3.　食品添加物公定書は、食品添加物の規格基準および表示の基準をまとめて収載したもので、内閣総理大臣が作成する。　　4.　食品衛生推進員は、都道府県や市、特別区の長が委嘱する公務員である。　　5.　任用資格とは特定の職業・職位に任用されるための資格であるが、管理栄養士免許は厚生労働大臣より免許を受けた国家資格である。　　　　解答 3

6　食品衛生法に関する記述である。正しいのはどれか。1つ選べ。

1. 国民の健康の増進を図るための措置を講じ、もって国民保健の向上を図ることを目的としている。
2. 新開発食品の販売を禁止することができるのは、農林水産大臣である。
3. 食品または添加物の規格・基準を定めることができるのは、内閣総理大臣（消費者庁）である。
4. 輸入された食品について、登録検査機関の行う検査を命じることができるのは、都道府県知事である。
5. 食品とは、医薬品・医薬部外品を含むすべての飲食物をいう。　　　　（第28回国家試験一部改変）

解説　1. 食品衛生法の目的は、「公衆衛生上の見地から必要な規則その他の措置を講ずることにより、飲食に起因する衛生上の危害の発生を防止し、もつて国民の健康の保護を図ること」である。「国民の健康の増進を図るための措置を講じ、もって国民保健の向上を図ること」を目的としているのは「健康増進法」である。　　2. 新開発食品の販売を禁止することができるのは、厚生労働大臣である。　　4. 輸入された食品に対して、登録検査機関の行う検査を命じることができるのは、検疫所を管轄する立場にある厚生労働大臣である。　　5. 医薬品や医薬部外品は、食品衛生法では食品に含まれず、医薬品や医薬部外品については薬事法で定められている。　　　　　　　　　　　　　　　　　　　解答 3

第**3**章

微生物学の基礎

達成目標

　微生物による食品成分の変化や食中毒原因物質による食中毒の発症を理解するためには、微生物の基礎的な事柄を学習しなければならない。広く、微生物の種類とそれらの基本的な性質を学ぶ。

1　微生物とは

　微生物とは言葉通りに理解すれば微小な生物ということである。英語の microbe も同様な意味である。どの程度の微小なものをさすかというと肉眼では観察することができないものをさすのが普通である。人間の目の能力を基準としているのであるから、客観的・科学的なものではなく、人間の基準でつけられた名称といえる。したがって、微生物のなかには、細菌や古細菌などの原核生物、酵母や糸状菌、担子菌、単細胞の藻類や原生動物などの真核生物、さらにウイルスなどが含まれることになる。その意味では、生物学的には非常に多様な生物達が含まれることになる。カビとキノコはその大きさから、微生物と微生物とはいいがたいものに分けることになるが、両者は真菌の仲間であり、生物分類学的にはかなり近いものである。原虫は微生物であるが、寄生虫としても扱われる。しかし、寄生虫のなかには長さが 10 m に達するものもある。さらに、プリオンは感染性のたんぱく質であり生物とはいえないが、食べ物を媒介して感染する可能性があるので便宜上ここで言及することとした。本書では、寄生虫およびプリオンも食品衛生の観点から取り扱うことになるが、それは微生物という言葉に捉われるよりは、食品衛生上の観点から必要性があると考えられるからである。

　生物の分類は、古代ギリシアの哲学者アリストテレスによって始められた。その後、さまざまな分類法が提案されてきたが、近代の分類学はリンネによってその基礎が置かれた。現代では遺伝子解析の手法を用いた系統進化に基づく分類法が採用されている。今日、一般的に用いられている生物の分類体系では、生物は大きく、真正細菌（Bacteria）、古細菌（Archaea）および真核生物（Eucarya）の 3 つのドメインに分けられる。図 3.1 にC. R. Woese（ウーズ）による系統進化の系統樹を示した。

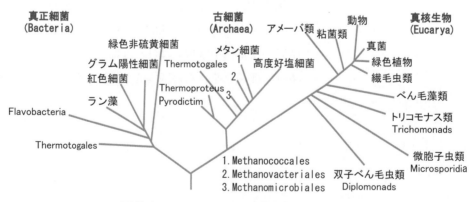

図 3.1　C. R. Woese による生物界の系統樹

　真正細菌（Bacteria）と古細菌（Archaea）は、すべて微生物といえる。真核生物（Eucarya）は、動物、緑色植物の大部分および真菌の一部を除いて、多くの生物が微生物に入ることになる。なお、古細菌は病原性がないので、本書で"細菌"と表現されるものは特にことわりのない限り真正細菌（Bacteria）を意味する。

　なお、ウイルスは、遺伝子をもつが、細胞を構成単位としない・単独では自己増殖しないなど生物とはいえない特性ももち、進化の系統樹にうまく組み込むことができないので、図3.1には示されていない。

2 細菌（Bacteria）

2.1 細菌の形と大きさ（形態）

　細菌は単一の細胞からなり、その形は球状の球菌、棒状の桿菌、らせん状のらせん菌に大別される（写真3.1）。

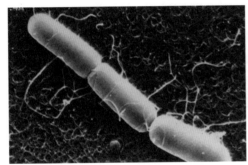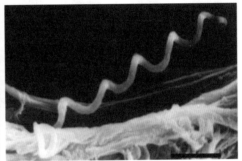

(a) 桿菌 （天児和暢氏提供）　　　　(b) らせん菌 （小西久典氏提供）

写真 3.1　細菌の形

　一般的に細胞の大きさは 1〜5 μm 程度である。球菌は直径が 1 μm 前後、桿菌は長径 2×4 μm、らせん菌は長さ 10〜13 μm のものが多い。また、細菌にはひとつひとつの細胞の並び方（細胞配列）があり、例えば、球菌では細胞配列の違いによって、単球菌、双球菌、四連球菌、連鎖球菌、ぶどう状球菌などに分けられる（写真3.2）。

　細菌はグラム染色法[*1]によって、青紫色に染まるグラム陽性菌と赤色に染まるグラム陰性菌に分類することができ、これは細菌の基本的な性質のひとつである。染色性の違いは、細胞の表層部の構造や化学組成の違いによるものである。

　＊1　**グラム染色法**：1884 年に Gram（グラム；デンマークの医師）が考案した細菌の染色法で、細菌を分類するうえで最も重要なもののひとつとなっている。これは細菌をスライドガラス上に熱固定した後、クリスタル紫とルゴール液（定着液；ヨウ素溶液）で染色し、次にエチルアルコールで短時間脱色処理する方法である。グラム陽性菌は、脱色に対して抵抗性があり、濃い青紫色に染まったままであるが、グラム陰性菌は完全に脱色される。その後、サフラニン染色を行う。グラム陰性菌はサフラニン（赤色）に染まる。この染色性は細胞壁のペプチドグリカン層の厚さの差を反映している。

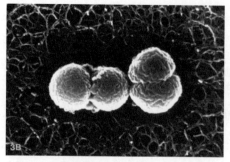

双球菌 (天児和暢氏提供)

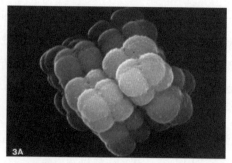

4連ないし8連球菌 (天児和暢氏提供)

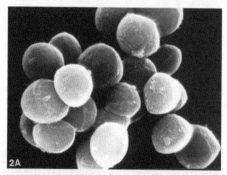

ぶどう状球菌 (天児和暢氏提供)

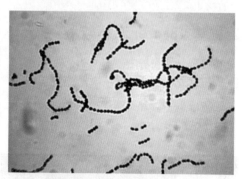

連鎖球菌 (学校法人北里研究所提供)

写真3.2　球菌の形態

例題1　細菌の形態に関する記述である。<u>誤っている</u>のはどれか。1つ選べ。

1. 細菌は単細胞の生物で、肉眼ではみることができない。

2. 細菌の形は球菌、桿菌、らせん菌に大別される。

3. 一般的に細胞の大きさは1～5μm程度である。

4. 球菌では細胞配列の違いによって、単球菌、双球菌、四連球菌、連鎖球菌、ぶどう状球菌などに分けられる。

5. グラム染色法によって、赤色に染まるグラム陽性菌と青紫色に染まるグラム陰性菌に分類できる。

解説　5. 赤色に染まるのがグラム陰性菌、青紫色がグラム陽性菌である。　解答 5

2.2 細菌の構造

　細菌の一般的な構造を図3.2に示した。このうち細胞壁、細胞膜、核はほとんどの細菌に共通であるが、その他の器官は細菌の種類により、もつものともたないものがある。

　動物細胞と比較して細菌の細胞内構造は非常に単純にみえるが、エネルギー代謝

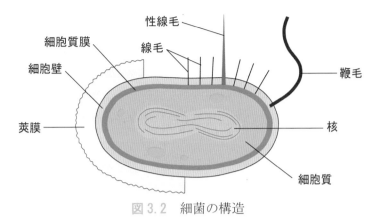

図3.2　細菌の構造

など生物としての必要なシステムを備え、また細菌特有の表層構造といくつかの構造物が存在する。

(1) 細胞壁 (cell wall)

　細菌細胞の表層に存在する細胞壁は、細菌の一定の形と硬さを保っている。細胞は内部の浸透圧（5〜25気圧）が高く、細胞壁は、この圧から菌体を保護し、また生存に不利になる物質（外敵）の侵入を防ぐ機能をもつ。

　細胞壁の基本構造は、グラム陽性菌とグラム陰性菌とでは大きく異なる（図3.3）。いずれのタイプの細菌にも共通して存在するのが、ペプチドグリカンとよばれる糖とアミノ酸からなる化合物で、繰り返し構造を形成し、層を成している。このペプチドグリカン層が細胞壁に硬さを与えて、菌体を保護している。

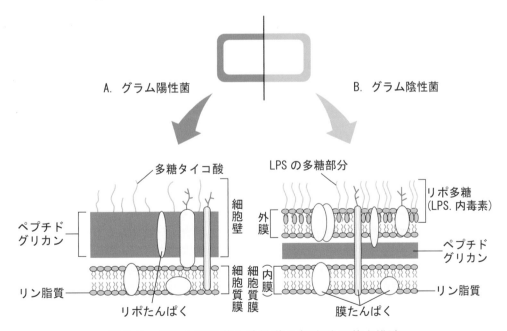

図3.3　グラム陽性菌と陰性菌の細胞壁の基本構造

　グラム陽性菌の細胞壁は、ペプチドグリカン層が厚く（10〜100 nm；nm = 10^{-9} m）、さらに多糖体やタイコ酸が存在する。グラム陰性菌では、ペプチドグリカン層が薄く（2〜10 nm）、さらにその外側には外膜とよばれる細胞膜に似た構造がある。その成分のひとつであるリポ多糖（lipopolysaccharide：LPS）は、菌体のO抗原となり、内毒素としての作用をもっている。またO抗原の多糖体部分は菌株の血清学的分類に利用されている。

　グラム陽性菌であるぶどう球菌のペプチドグリカンの厚さは20 nmであるが、グラム陰性菌の大腸菌では薄く8 nm程度である。

(2) 細胞質膜 (cytoplasmic membrane)

　細胞壁の内側にある細胞質膜は、細胞質を包む半透性の膜である。高等動物を含むすべての細胞に存在し、脂質2重層とたんぱく質からなる。細胞質膜には、細菌に必要なエネルギーの生産や栄養物質の輸送など生命活動に必要な酵素系が局在しており、栄養物質の取り込みや老廃物の排出も細胞質膜を通して行われる。

(3) 細胞質 (cytoplasm)

　細胞質は原形質ともよばれ、細胞壁および細胞質膜に包まれた細胞内物質である。細胞の最も重要な部分で、細胞内代謝が行われている場所である。たんぱく質合成を行うリボソーム（ribosome）、栄養物を蓄積した各種の顆粒、核（核様体）などが存在する。ここに核外遺伝子であるプラスミド（plasmid）をもつ細菌も存在する。プラスミドには、細菌の接合性、毒素産生能、薬剤耐性などをつかさどる遺伝情報を含む場合が多い。

例題2　細菌の構造に関する記述である。<u>誤っている</u>のはどれか。1つ選べ。

1. 細胞壁は細菌の一定の形と硬さを保っている。
2. 細胞壁は内部の浸透圧から細胞質膜を保護し、また外敵からの侵入を防ぐ機能をもつ。
3. グラム陰性菌の細胞壁成分の1つであるペプチドグリカンはO抗原となり、菌株の血清学的分類に利用されている。
4. 細胞質膜は、細胞質を包む半透性の膜である。
5. 細胞質は原形質ともよばれ、細胞壁および細胞質膜に包まれた細胞内物質である。

解説　3. O抗原は、グラム陰性菌の細胞壁成分の1つであるリポ多糖である。

　　　　　　　　　　　　　　　　　　　　　　　　　　　　　　　　解答 3

(4) 核 （nucleus）

　細菌は高等生物のように核膜に包まれた核をもたないため、2本鎖DNAと数種類のたんぱく質が結合し、核様体とよばれる複合体を形成する。

(5) 鞭毛 （flagellum）

　鞭毛は細菌の運動器官である。鞭毛は細胞壁から突出したらせん状の繊維で、菌体の周囲に1本あるいは数十本もつものもあり、鞭毛を動かして遊泳する。鞭毛の直径は種により異なるが20〜30nmで、長さは数μmに及ぶ。鞭毛を有する細菌は、高層培地（軟寒天）中や表面の濡れた寒天培地上を移動することができるので、容易に鑑別することが可能である。

　細菌の種類により鞭毛の有無や数、存在位置が異なり、単毛性、両毛性、束毛性、周毛性などがあり、菌種の分類にしばしば利用される（図3.4）。

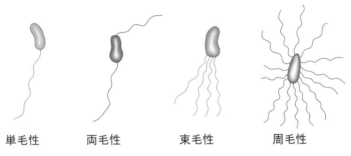

単毛性　　　両毛性　　　束毛性　　　周毛性

図 3.4　鞭毛の数と位置

　黄色ぶどう球菌は鞭毛をもたない無毛菌、腸炎ビブリオは菌体の長径の一端に鞭毛をもつ単毛菌、カンピロバクターは長径の両端に鞭毛をもつ両毛菌、サルモネラに代表される多くの腸内細菌は、菌体全周囲にわたって鞭毛がある周毛菌である。

　鞭毛はたんぱく質からできており H[*2]抗原ともいわれる。H抗原は菌種内の細かい分類（血清学的分類）に利用されている。

　例題3　細菌の構造に関する記述である。誤っているのはどれか。1つ選べ。

1. 細菌は核膜に包まれた核をもつ。
2. 核はDNAを主体とする核たんぱく質からなる。
3. 鞭毛は細菌の運動器官で、動かして遊泳する。
4. 細菌の種類により鞭毛の有無や数、存在位置が異なる。
5. 鞭毛はたんぱく質からできているため、よい抗原となり、H抗原ともいわれる。

解答　1. 細菌は高等動物のような核膜に包まれた核をもたない。　　　　　　**解答** 1

(6) 線毛 (fimbria または pilus)

　線毛とは、鞭毛より短い直線状の線維状の構造物で、菌体の周辺から外に向けて生えている。線毛は、しばしば宿主の組織表面に付着するのに役立っており、病原性とも関係が深い。

　腸管・泌尿器系で病原性を示す多くの病原細菌は、この線毛で上皮細胞に付着し、そこで増殖することにより感染を成立させる。さらに線毛には性線毛とよばれるものがあり、細菌と細菌の接合に関与し、この接合によりプラスミドを伝達させるのに役立つ。

(7) 莢膜 (capsule) と粘質層 (slime layer)

　細胞壁の外側に高分子物質からなる粘液状の構造物で、細胞壁との粘性の境界が鮮明なものを莢膜とよび、不明確に取り囲んでいるものを粘質層という。細菌にとって必ずしも不可欠なものではなく、もたないものも多い。この莢膜の主成分は、多糖体やポリペプチドで構成されている。例えば、肺炎球菌の莢膜は多糖体、炭疽菌の莢膜はペプチド、納豆菌の莢膜は多糖体とペプチドで構成されている。

　莢膜は、リゾチーム（溶菌酵素）による酵素作用や白血球などによる食作用から逃れる働き（抗食菌作用）があるので、これを有する病原菌の病原性はより強くなる。細菌の病原性や食細胞に対する抵抗性を決める重要な因子といえる。莢膜には弱いながら抗原性があり K[*3]抗原とよばれ、血清学的分類に利用されている。

(8) 芽胞 (spore)

　芽胞は、グラム陽性桿菌の一部にみられる細菌の耐久型（休眠型）構造である。一部の細菌は栄養不足や乾燥状態など発育環境が悪くなると、生命の維持をはかるために芽胞を菌体内に形成する。発育環境が回復すると、芽胞が発芽し、増殖を再開する。再び発育環境が悪くなると菌体内に芽胞を形成し、発育環境の回復を待つ。休眠型の芽胞に対して、通常の増殖型の細胞は栄養型細胞とよばれる。芽胞が形成される菌体内の位置や大きさは菌種に特徴があるので、菌種の鑑別に用いられることもある（図3.5）。

　芽胞の内部は生体成分が極端に濃縮された状態になっており、内部の水分

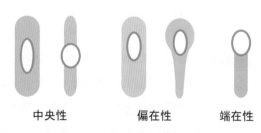

中央性　　　　　　偏在性　　　　端在性

図3.5　芽胞の位置や形の例

　＊2　H はドイツ語のHauch に由来する。Hauch はガラスに息を吹きかけたときに白く曇る様子を意味する。鞭毛をもつ細菌がその運動性により培地全体に広がった様子に似ているため、Hauch とよんだ。
　＊3　K はドイツ語の Kapselantigen に由来する。

含量が 30％程度と少ない。芽胞は厚い殻で覆われており、内部への水の侵入を防いでいる。このため熱、乾燥、消毒薬、紫外線などに対し抵抗性が非常に強い。

　芽胞をつくる細菌は自然界に多種類存在するが、そのなかで病原性があるのはバシラス属とクロストリジウム属の 2 属で、食中毒細菌ではボツリヌス菌、ウェルシュ菌、セレウス菌がある。芽胞の熱抵抗性は食品衛生的にも重要で、例えば、多くの微生物が死滅する 100 ℃の煮沸処理でも食中毒細菌のボツリヌス A 型菌の芽胞は残存し、食中毒を引き起こす場合がある。芽胞を完全に殺滅するには高圧蒸気滅菌器を用いて、121 ℃（2 気圧）で 15〜20 分間の加熱処理が必要である。

例題 4　細菌の構造に関する記述である。<u>誤っている</u>のはどれか。1 つ選べ。

1. 線毛とは、鞭毛より短い直線状の線維である。
2. 線毛は、しばしば宿主の組織表面に付着するのに役立っており、病原性とも関係が深い。
3. 線毛には性線毛とよばれるものがあり、細菌と細菌の接合に関与している。
4. 莢膜は、主に脂質で構成されている。
5. 莢膜には弱いながら抗原性があり K 抗原とよばれる。

解説　4. 莢膜は、多糖体やポリペプチドで構成されている。　　　　　　解答 4

例題 5　細菌の芽胞に関する記述である。<u>誤っている</u>のはどれか。1 つ選べ。

1. 芽胞は、グラム陽性桿菌の一部にみられる細菌の耐久型（休眠型）細胞で、内生胞子ともよばれる。
2. 芽胞は細菌にとって発育環境が回復すると、菌体内に形成される。
3. 休眠型の芽胞に対して、通常の増殖型の細胞は栄養型細胞とよばれる。
4. 芽胞が形成される菌体内の位置や大きさは菌種に特徴があるので、菌種の鑑別に用いられることもある。
5. 芽胞は熱、乾燥、消毒剤、紫外線などに対して、非常に抵抗力が強い。

解説　2. 芽胞は細菌にとって発育環境が悪くなると、菌体内に形成される。解答 2

2.3 細菌の命名法

　微生物を含めウイルスを除くあらゆる生物は、図 3.1 に示した系統樹に分類される。生物分類の基本単位を種（species）という。これは、系統樹の先端部分に相当

する位置にある。近縁の種をいくつかまとめて属（genus）とする。さらに、近縁の属をまとめて科（family）という。同様にして目（order）、綱（class）、門（division）、界（kingdom）、ドメイン（domain）となる。生物学における分類は進化の過程を反映するという理念のもとに行われる。

　細菌の学名も他の生物と同様、分類学の原則に従って命名する。具体的な命名法は、属名と種名をラテン語で並べて記載する二名式命名法（二名法）である。この方式は Carl von Linne（カール・フォン・リンネ）が最初に採用した方式であるが、今日の学問上の命名法もこの方式による。

　例えば、和名の大腸菌の学名は、*Escherichia coli* と記載する。*Escherichia* が属名、*coli* が種名である。全体をイタリック体で書き、属名の初めの文字は大文字、それ以外の文字は小文字で記載する。また、前後関係から属名が明らかな場合 *E. coli* というように属名を頭文字で表記し、省略形であることを明らかにするためにピリオドを打つことができる。

　なお、大腸菌のより上位の分類は、腸内細菌科（Enterobacteriaceae）、腸内細菌目（Enterobacteriales）、γプロテオバクテリア綱（Gammaproteobacteria）、プロテオバクテリア門（Proteobacteria）、真正細菌ドメイン（Bacteria）である。これらの上位分類は、本書でも必要に応じて言及される。

2.4　細菌の増殖に影響する因子

　食品衛生で対象となる微生物は細菌がほとんどである。腐敗の進行や食中毒の発生は細菌の増殖に依存するので、ここでは主として、細菌の増殖に影響する因子について述べる。

(1) 栄養素

　細菌が増殖するためには、種々の栄養素が必要である。自然界には有機物を必要とせず無機物だけで増殖できる独立栄養細菌もいるが、食品と関係がある細菌（腐敗菌や食中毒原因菌など）は有機物を栄養源とする従属栄養細菌である。炭素源としてグルコースなどの糖質、窒素源としてたんぱく質やペプトン、アミノ酸を必要とする。その他、微量のビタミンや無機塩類（ナトリウム、カリウム、マグネシウム、リン酸など）なども要求し、これらは酵素の働きを高め、細胞内の浸透圧の調節などにも必要である。したがって、食品は細菌にとっても重要な栄養源である。

(2) 水分

　他のすべての生物と同様に、細菌にとっても水は必要不可欠である。細菌がどれくらい水を必要とするかは食品衛生上重要で、その指標として**水分活性**（water activity：Aw）がある。

　食品中の水には、たんぱく質や糖質などの食品成分と固く結合して束縛された状態の結合水と、束縛されていない自由水の2種類がある。**細菌にとって、増殖のために利用できるのは自由水だけである**ため、食品中の自由水の割合が重要となり、これを水分活性（Aw）として表す。食品の水分活性は、純水の水分活性を P_0、その食品の水分活性を P としたとき $AW = P/P_0$ で表される。

　純水の水分活性は 1.0 である。**細菌の多くが水分活性 0.90 以下では増殖できない**のに対し、酵母やカビはさらに低い水分活性でも増殖できるものがある。**一般的に酵母では水分活性 0.88 以上、カビでは水分活性 0.7 程度**である。水分活性が 0.5 以下になると大部分の微生物は増殖できない。

(3) 温度

　細菌の増殖には一定の温度が必要である。**増殖に最も適した温度を至適（最適）増殖温度**といい、細菌の種類により異なる。増殖可能な最低温度と最高温度は、至適増殖温度を境に一定の幅（増殖温度域）があるが、至適温度からそれらに近づくほど増殖速度はゆるやかになる。細菌は至適増殖温度によって、高温細菌、中温細菌、低温細菌に大別される（図 3.6）。食中毒菌をはじめ、病原菌の多くは、ヒトの体温である 37 ℃付近が至適温度の中温細菌である。しかし、エルシニア・エンテロコリチカ、ボツリヌス E 型菌など、冷蔵庫内の温度である 4 ℃でも徐々にではあるが増殖可能な食中毒菌もいる。**一般的に低温保存は食中毒予防に有効であるが、死滅しているのではないので冷蔵庫内の食品が安全だとはいいきれない。**

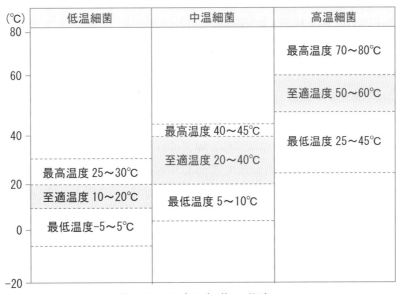

図 3.6　温度と細菌の増殖

> **例題6**　細菌の増殖に影響する因子に関する記述である。<u>誤っている</u>のはどれか。
> 1つ選べ。
>
> 1. 増殖に影響する因子には、栄養素、水分、温度、酸素、pH、塩分がある。
> 2. 水分活性が0.9以下になると大部分の微生物は増殖できない。
> 3. 増殖に最も適した温度を至適発育温度という。
> 4. 細菌は至適発育温度によって、高温細菌、中温細菌、低温細菌に大別される。
> 5. 食中毒菌の多くは、ヒトの体温である37℃付近が至適発育温度である。

> **解説**　2. 水分活性が0.5以下になると大部分の微生物は増殖できない。　　**解答**　2

(4) 酸素

　細菌は酸素の有無や濃度によって増殖に影響を受ける。細菌は、増殖に必ず酸素を必要とする好気性菌、反対に酸素があると増殖できない嫌気性菌、酸素があってもなくても増殖できる通性嫌気性菌に分けられる。好気性菌のなかには、通常の空気の酸素濃度よりも微量の酸素濃度の条件で、最適な増殖を示すものがある。このような細菌を微好気性菌とよぶ。

　① 好気性菌：酸素がないと増殖できない。

　　（例）緑膿菌、枯草菌など

　② 嫌気性菌：酸素があると増殖できない。

　　（例）ボツリヌス菌、ウェルシュ菌など

　③ 通性嫌気性菌：酸素があってもなくても増殖できる。

　　（例）サルモネラ属菌、大腸菌など

　④ 微好気性菌：酸素が微量存在するときだけ増殖できる。

　　（例）カンピロバクター（最適酸素濃度は5%である。）

(5) pH（水素イオン濃度）

　細菌が生活する環境には必ず水が存在するので、細菌の増殖はpH（水素イオン濃度）による影響を受ける。温度同様、細菌には至適（最適）発育pHがあり、菌種により異なる。多くの細菌の至適増殖pHは中性ないし微アルカリ性であり、特にヒトの病原菌では、ヒトの血液のpH付近（pH7.4前後）で最もよく増殖する。腸炎ビブリオやコレラ菌は海水のpHと同等のpH8付近の弱アルカリ性で旺盛に増殖する。また、一般にカビや酵母の至適pHは酸性側5.0～6.0である。

　増殖が可能なpHは、至適増殖pHを境に一定の幅（増殖pH域）があり、至適pHから遠ざかるほど増殖速度はゆるやかになる。一般的な食品は弱酸性（pH6～7）であ

るので、多くの細菌にとって増殖可能な範囲である。

(6) 塩分濃度

　細菌内部にはある程度浸透圧があるため、外部環境の塩分濃度は生存や増殖に重要である。多くの細菌では食塩濃度 0.85〜0.90％が増殖に適している。

　腸炎ビブリオは食塩のない環境下では生存できず、2〜3％の食塩存在下でよく増殖する。これらの細菌を好塩菌といい、多くの海洋細菌にみられる。一方、増殖においては通常の食塩濃度（0.85〜0.90％）を至適とするが、8〜10％の高濃度においてもある程度増殖可能な細菌がいる。これらの細菌を耐塩菌といい、代表的なものにぶどう球菌がある。

例題 7　細菌の増殖に影響する因子に関する記述である。<u>誤っている</u>のはどれか。1つ選べ。

1. 細菌は偏性好気性菌、偏性嫌気性菌、通性嫌気性菌に分けられる。
2. 微量の酸素濃度にしたときに、最良の増殖をしめす細菌を微好気性菌とよぶ。
3. 細菌には至適発育 pH があり、菌種により異なる。
4. 細菌内部にはある程度浸透圧があるため、外部環境の塩分濃度は生存や増殖に重要である。
5. 腸炎ビブリオのような海洋細菌は、耐塩菌である。

解説　5. 腸炎ビブリオのような海洋細菌は、好塩菌である。　　　　解答 5

2.5 細菌の増殖

　細菌は 2 分裂により増殖する。培養条件を最適にした場合、1 個の細菌細胞が 2 個の細菌細胞になるまでに必要とする時間を世代時間（generation time）とよび、この値は細菌の種類により異なる。

　最適条件下では大腸菌やボツリヌス菌など多くの細菌の世代時間は約 20〜30 分間である。**腸炎ビブリオの世代時間は約 10 分と非常に短く**、増殖するスピードが非常に速い。一方、結核菌のように増殖が遅い菌では、1 回の分裂に 10 数時間以上かかる。

　細菌の種類によって世代時間に相違があるとはいえ、細菌細胞 1 個を培地に接種すれば、最初の世代（第 1 世代：新しい娘細胞が形成されたときから、その娘細胞が分裂するまで）で 2 個（2^1）、次の世代（第 2 世代）では 4 個（2^2）、そして第 3 世代では 8 個（2^3）というように増殖していき、n 世代後の菌の数は 2^n 個となる。腸

炎ビブリオを例に細菌数の計算をしてみる。1個の細胞が4時間後どれだけの細菌数になるか。世代時間を10分とした場合、4時間で24回分裂することになるので、腸炎ビブリオは1,000万個以上（2^{24}個）に達する計算になる。これは食中毒を起こす細菌量をはるかに超えるものである。

　細菌が新たな液体培地に接種され、最適な条件下で培養されたときの増殖の様子を、縦軸に細菌数（対数値）、横軸に培養時間をとり、グラフ化すると図3.7のような特徴的な曲線が得られる。これを細菌の増殖曲線という。

　細菌細胞の増殖は、次の4つの段階に分けられる。

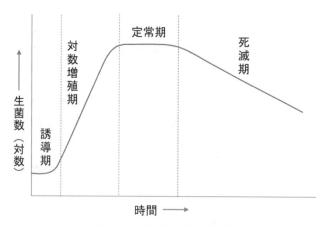

図3.7　細菌の増殖曲線

(1) 誘導期

　細菌が液体培地に摂取されても、初めの間は分裂が起こらず細菌細胞の数は一定に保たれている。この時期は細胞が新しい環境で増殖をするための準備期間で、細胞の発育が観察される（通常の大きさの2〜3倍に成長している）。細胞内では、核たんぱくを大量に蓄積したり、酵素を産生して分裂、増殖の準備をしている。

(2) 対数増殖期

　細菌の世代時間が一定してくる時期である。細菌細胞数が対数的（指数関数的）に増加していく時期である。限られた栄養と空間の条件下では、細菌の増殖により、生育環境中の栄養素の不足、細菌の代謝産物（酸やアルコールなどの排泄物）の蓄積、細菌細胞の密度過剰などにより、死滅する細菌が現れはじめる。その結果、見かけ上分裂速度が徐々にゆるやかになり、対数増殖期から定常期に移行していく。

(3) 定常期（静止期）

　一部の細胞は増殖しているが、上記の理由により同数の細胞が死滅するため、グラフを描くと増減がない休止状態にみえる時期である。

(4) 死滅期

生育環境がさらに悪化し、生きている細菌の細胞数（生菌数）は次第に減少する。

3 真菌（fungus）

真菌は真核生物に分類され、一般にカビ、酵母、キノコなどとよばれているものの総称である。真菌は真核細胞なので、原核細胞の細菌とは細胞の基本構造が異なり、細菌細胞よりも大きく、すべて従属栄養である。真核生物は核膜に囲まれた核をもち、細胞質内ではミトコンドリア、小胞体などの細胞内顆粒成分が発達している。

3.1 真菌の形態

真菌は、細胞の形状により酵母型と菌糸型の2つに大別される。酵母型は主に球形あるいは卵形の単細胞で直径は3～5μm、出芽によって増殖し、細胞が細長く伸びて仮性菌糸を形成するものもある。菌糸型は、菌糸とよばれる直径2～10μm、数μm～数十μmの糸状の細胞を形成する。菌糸型真菌の増殖は胞子が発芽し、その一端が伸長し始め、細長い糸状の細胞（菌糸）を形成するところから始まる（図3.8）。菌糸はさらに伸長し、またところどころで枝分かれ（分枝）が起こり、それらが複雑に絡み合って菌糸のかたまりをつくる。このかたまりを菌糸体とよぶ。日常観察するカビはこの菌糸体である。

病原真菌のなかには、条件によって菌糸型と酵母型の2つの形態をとるものがある。このような真菌を2形性真菌という。

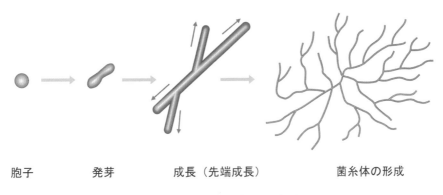

| 胞子 | 発芽 | 成長（先端成長） | 菌糸体の形成 |

図3.8　菌糸型真菌の増殖

例題8　真菌に関する記述である。<u>誤っている</u>のはどれか。1つ選べ。

1. 真菌とは、一般にカビ、酵母、寄生虫などとよばれているものの総称である。

2. 真菌はすべて従属栄養である。

3. 真菌は、細胞のような形の酵母型と菌糸型の二つに大別される。

4. 酵母型はおもに球形あるいは卵形の単細胞である。

5. 菌糸型は、菌糸とよばれる細長い糸状の細胞を形成する。

解説　1. 真菌とは、一般にカビ、酵母、キノコなどとよばれているものの総称である。　　　　　　　　　　　　　　　　　　　　　　　　　　　　　　**解答** 1

4　ウイルス（virus）

　ウイルスは大きさや構造、核酸の種類、増殖形式などの点で細菌とは大きく異なる。ウイルスは約100年前、細菌ろ過器を通り抜ける、細菌より微小なろ過性病原体として発見された（ウイルス virus の語源は、ラテン語の毒 venom に由来する）。大きさはきわめて小さく、直径は20〜300 nm 程度で、電子顕微鏡を用いなければ観察できない。ウイルスは、化学的には核酸とたんぱく質のみからなる高分子物質である。遺伝物質として DNA か RNA のどちらか一方をもつことから、DNA ウイルスまたは RNA ウイルスに2大別される。

　ウイルス自体は、生物としての活性（増殖する能力）がない。しかし、動物や植物などの生きた細胞の中に侵入できれば、自己の核酸の情報にもとづいて、自己と同じウイルス粒子を、その細胞内で大量に複製することができる。無生物は複製することはないから、ウイルスは生物という側面もある。すなわち、ウイルスは生きた細胞に寄生し、その細胞内でのみ生物としての活性を示す、条件つきの生物といえる。

　ウイルスは寄生する細胞（宿主）の種類によって、動物ウイルス、植物ウイルスおよび細菌ウイルス（バクテリオファージまたはファージ）などに分けられる。ヒトの病原ウイルスの場合、感染経路や臓器親和性、疾患などに基づいて分類することもある。

例題9　ウィルスに関する記述である。正しいのはどれか。 1つ選べ。

1. ウィルスは大きさがきわめて小さく、光学顕微鏡でないと観察できない。
2. ウィルスは、化学的には核酸と脂肪のみからなる高分子物質である。
3. ウィルスは、DNA ウィルスまたは RNA ウィルスに二大別される。
4. ウィルスは、自力で増殖することができる生物である。
5. ウィルスは、生きた細胞に寄生すると自己増殖能を失う。

解説　1. ウィルスは大きさがきわめて小さく、電子顕微鏡でないと観察できない。
2. ウィルスは、化学的には核酸とたんぱく質のみからなる高分子物質である。
4. ウィルス自体は、自力で増殖する能力がない非生物である。　5. ウィルスは生きた細胞に寄生し、その細胞内でのみ生物としての活性を示す。　　　　解答 3

5 プリオン (prion)

　プリオンとは、1982（昭和57）年、米国の Stanley Ben Prusiner（プルシナー）が発見した感染性を有するたんぱく質粒子で、proteinaceous infectious particle（たんぱく質性感染性粒子）に由来する。プリオンは動物やヒトに遅発性で致命的な海綿状脳症を起こし、このような疾患はプリオン病とよばれる。ヒトでは、パプアニューギニアのフォア族で流行していた震えや運動失調を起こすクールー（kuru；原地語の「全身のふるえ」に由来）病や、痴呆から死に至るクロイツフェルト・ヤコブ（Creutzfeldt-Jakob）病の原因となる感染因子として知られている。動物では、ヒツジのスクレイピー（scrapie）、牛海綿状脳症（BSE）などの原因となる。

　プリオンは、ウイルスとは異なり核酸をもたず、分子量およそ3万の単純たんぱく質である。プリオンたんぱく質には正常なものと異常なものがある。正常なプリオンたんぱく質は主に神経細胞膜上に存在し、脳や神経の働きを支えていると考えられている。

　病気を引き起こすのは異常プリオンたんぱく質で、これは正常プリオンたんぱく質が異常な形（立体構造の変化）になったものである。異常プリオンたんぱく質は、伝達性海綿状脳症で中枢神経系細胞に蓄積することが確認されており、それらの疾患の原因物質であると考えられている。

　何らかの原因で、異常プリオンたんぱく質が哺乳動物の体内に取り込まれると、脳・脊髄などに分布する正常プリオンたんぱく質と結びついて、正常なたんぱく質を異常化してしまう。その結果、異常プリオンたんぱく質が脳内に増えていき、神

経細胞の変性・脱落により脳組織に空胞が生じ、スポンジ状になると考えられる。この他にも正常プリオンたんぱく質を作り出すための遺伝子が突然変異を起こすこともプリオン病の原因のひとつと考えられている。

　プリオンは無生物であるが、感染性の病原体としての取り扱いが求められている。異常プリオンたんぱく質を不活化するには、134℃、20分間の高圧蒸気滅菌が必要との国際基準（WHO Infection Control Guidelines for transmissible Spongiform）が設けられている。

例題 10　プリオンに関する記述である。誤っているのはどれか。1つ選べ。

1. プリオンは、感染性を有するたんぱく質粒子である。
2. プリオンは、動物やヒトに遅発性で致命的な海綿状脳症を起こす。
3. クロイツフェルト・ヤコブ病やヒツジのスクレイピーの原因である。
4. プリオンは無生物であるが、感染性の病原体として取り扱いが求められている。
5. プリオンを不活化するには、100℃、20分間の高圧蒸気滅菌が必要との国際基準が設けられている。

解説　5. プリオンの不活化には、134℃、20分の高圧蒸気滅菌が必要である。　解答　5

章末問題

1　微生物に関する記述である。誤っているのはどれか。1つ選べ。

1. クロストリジウム属細菌は、水分活性 0.9 以上で増殖できる。
2. バシラス属細菌は、10％の食塩濃度で生育できる。
3. 通性嫌気性菌は、酸素の有無に関係なく生育できる。
4. 偏性嫌気性菌は、酸素の存在下で増殖できる。
5. 好気性菌は、光がなくても生育できる。

（第31回国家試験）

解説　1. クロストリジウム属細菌は、水分活性 0.9 以上で増殖できる。水分活性（Aw）は、微生物が利用できる食品中の自由水の割合を示すもので、この値が 1.0 に近いほど、微生物が増殖しやすいことを表す。微生物が増殖するために必要な最低の水分活性（Aw）は、一般に細菌は 0.9、酵母は 0.85、カビは 0.75 程度である。　2. 細菌には増殖が可能な浸透圧の範囲がある。細菌はある程度の浸透圧には適応できるが、その範囲を超えると増殖できなくなる。細菌のうち、食塩がなくても増殖し、かつ高浸透圧（8〜10％の食塩濃度）でも増殖できるものがあり、それらを耐塩性菌という。ブドウ球菌やバシラス属細菌は 10％の食塩濃度で増殖することができる。　3. 通性嫌気性菌は、酸素の有無に関係なく（あってもなくても）生育できる。　4. ボツリヌス菌などの偏性嫌気性菌は、酸素が存在すると増殖できない。5. 好気性菌は、光がなくても生育できる。光は、細菌の増殖に特に影響しない。　解答　4

第4章

食中毒

達成目標

　食中毒の発生を予防することは、食に携わるものにとって必須の課題である。食中毒統計、食中毒の発生状況、主な食中毒の種類、食中毒の発生メカニズムおよび予防について理解する。

1 食中毒の概念

1.1 食中毒とは

　食中毒を厳格に定義することは容易ではない。学問背景や発生機序により異なる場合があり、また時代や状況によっても違った意味に使われることもある。しかし、今日の日本では、飲食に起因する健康障害（Foodborne Disease）を食中毒と考えるのが一般的になってきている。

　かつて日本では、食中毒をより狭く捉える傾向にあった。すなわち、比較的少量の菌量で発症すると考えられていたコレラや赤痢は、経口伝染病として食中毒とは別個に扱い、発症するのに大量の菌が必要であるサルモネラや腸炎ビブリオによる場合を食中毒と考えていたのである。しかし、このような考え方には発症するのに要する菌量に関して明確な境界を設定することが困難であるということ、同じ菌による疾病でも、菌株の種類、ヒトの感受性の違いがあるなどの問題がある。

　過去、「伝染病予防法」が有効であった時代には、法的にも行政上も食中毒と経口伝染病の取り扱いが異なっていた。しかし、1999（平成 11）年に本法は廃止され、「感染症法」（感染症の予防及び感染症の患者に対する医療に関する法律）に引き継がれた。「感染症法」が施行されたことにより、このような区別もなくなり、食中毒病因物質としてコレラ菌や赤痢菌が追加されたのである。

　このように、食中毒病因物質（原因菌）の範囲が広くなると別な困難が生じる。同一の病原菌による疾病が「飲食に起因して発生した場合」は、食中毒であり、「飲食に起因しなかった場合」は、食中毒とはいえないことになるからである。例えば、今日、ノロウイルスによる胃腸炎は大きな広がりをみせているが、それが飲食に起因したものであるか、あるいはヒトからヒトなど飲食以外の経路で感染が広がったものか明確にならない場合がある。

　食中毒の定義に関する問題は、微生物によるものに限らない。自然毒でも、発がん性など慢性の毒性を示すものによる場合、カビ毒、特に慢性の毒性を示すカビ毒をどのように扱うかなどの点は議論があるところである。

　以上述べたように、食中毒の定義づけは困難な面があるが、本書では端的に「飲食に起因する健康障害」と定義しておくことにして、必要に応じて修正を行うこととする。

1.2 食中毒病因物質の分類

　前述のように「食中毒」を明確に定義することは困難であるが、行政上は食品衛生法に基づいて食中毒の病因物質が決められており、これらの病因物質は、一定の観点から特徴づけることが可能である。

　表 4.1 に食中毒統計に用いられる食中毒病因物質の分類を示した。この表の ①～⑯ は細菌性食中毒とよばれる。細菌性食中毒は、感染型食中毒と毒素型食中毒に分けることができる。さらに、感染型食中毒を感染侵入型と生体内毒素型（感染毒素型；中間型）に分けることもある。**感染侵入型**は、細菌が食品とともに消化管の組織や細胞に侵入して発病するもの、**生体内毒素型**は、食品とともに取り込まれた細菌が消化管内で増殖し毒素を生産することにより発病するものである。また、**毒素型食中毒**は食品中で増殖した細菌が毒素を産生し、この毒素を含む食品を摂取したヒトが発病するものをいう。したがって、毒素型の食中毒は、生きた細菌が食品とともに消化管内に入ることが、発病のための必要条件ではないことになる。このように、細菌性食中毒は、概念としては比較的明瞭に分類されるのであるが、実際のところ区分があいまいになる場合も多い。⑰、⑱ はウイルス性食中毒に分類され、①～⑱ とあわせて微生物性食中毒と考えることができる。また、㉑、㉒ をまとめて自然毒食中毒という。

表 4.1　食中毒病因物質の分類

微生物性食中毒	①サルモネラ属菌　②ぶどう球菌　③ボツリヌス菌　④腸炎ビブリオ　⑤腸管出血性大腸炎　⑥その他の病原大腸菌　⑦ウェルシュ菌　⑧セレウス菌　⑨エルシニア・エンテロコリチカ　⑩コレラ菌　⑪カンピロバクター・ジュジュニ/コリ　⑫ナグビブリオ　⑬赤痢菌　⑭チフス菌　⑮パラチフス A 菌	
	⑯その他の細菌	エロモナス・ヒドロフィラ、エロモナス・ソブリア、プレシオモナス・シゲロイデス、ビブリオ・フルビアリス、リステリア・モノサイトゲネス等
	⑰ノロウイルス	小型球形ウイルスからノロウイルスに変更　2003（平成 15）年
	⑱その他のウイルス	A 型肝炎ウイルス等
	⑲寄生虫	クドア、サルコシスティス、アニサキス、その他の寄生虫
	⑳化学物質	メタノール、ヒスタミン、ヒ素、鉛、カドミウム、銅、アンチモン等の無機物、ヒ酸石灰等の無機化合物、有機水銀、ホルマリン、パラチオン等
自然毒食中毒	㉑植物性自然毒	麦角成分（エルゴタミン）、馬鈴薯芽毒成分（ソラニン）、生銀杏および生梅の有毒成分（シアン）、彼岸花毒成分（リコリン）、毒うつぎ成分（コリアミルチン）、朝鮮朝顔毒成分（アトロピン、ヒヨスチアミン、スコポラミン）、とりかぶとおよびやまとりかぶとの毒成分（アコニチン）、毒きのこの毒成分（ムスカリン、アマニチン、ファリン、ランプテロール等、やまごぼうの根毒成分（フィトラッカトキシン）、ヒルガオ科植物種子（ファルビチン）、その他植物に自然に含まれる毒成分
	㉒動物性自然毒	ふぐ毒（テトロドトキシン）、シガテラ毒、麻痺性貝毒（PSP）、下痢性貝毒（DSP）、テトラミン、神経性貝毒（NSP）、ドウモイ酸、その他動物に自然に含まれる毒成分
	㉓その他	クリプトスポリジウム、サイクロスポラ、アニサキス等

2 食中毒統計

2.1 食中毒患者数・事件数・死者数の年次推移

　1958（昭和33）年から2020（令和2）年までの食中毒の患者数および死者数の年次推移を図4.1に示した。患者数は、年毎のばらつきはあるものの全体としては減少傾向にあり、年間2万人前後発生している。2017から2021年までの4年間は連続して2万人を下まわっていた。さらに2022年は1万人を下まわった。今後この傾向がどのように変化するのかが注目される。昔から多くの人に恐れられたコレラや赤痢などのいわゆる経口感染症（現在は食中毒にも分類されていることは前述のとおりである）が、戦後その発生数が激減したこととは対照的である。例えば、1955（昭和30）年に赤痢は80,654人の患者が発生したが、2018（平成30）年には99人にまで減少している。食中毒患者数が多い年は、大規模な食中毒事件が発生した年に一致することが多い。例えば、1955（昭和30）年には、63,745人と統計上最も多数の患者が発生したが、この年には粉ミルクに混入したヒ素による事件で12,344人の乳児患者が発生している。

　一方、死者数は大幅に減少している。1955（昭和30）年の食中毒による死者数は554人であったが、近年では10人を超えることは少なく10人未満の年が多くなっており、2017（平成29）年から2020（令和2）年は3人、2021年は2人、22年は5人であった。

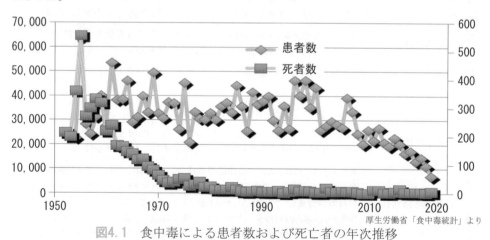

厚生労働省「食中毒統計」より

図4.1　食中毒による患者数および死亡者の年次推移

　図4.2に事件数および1事件当たりの患者数の年次推移を示した。事件数は1992（平成21）年くらいまでは減少傾向にあり、これに対応するように1事件当たりの患者数は増加傾向にあった。この理由として、家庭以外の施設の大規模化があると

推測できる。レストラン、旅館、学校や企業の給食施設の大規模化により事件数自体は減少したが、一度食中毒が起きると多くの人が罹患することになったためと考えられる。1996（平成 8）年以降の事件数の急速な増加とこれに対応するような 1 事件当たりの患者数の急速な減少、さらに、2000（平成 12）年頃からの事件数と 1 事件当たり患者数の再度の逆転現象がみられる。

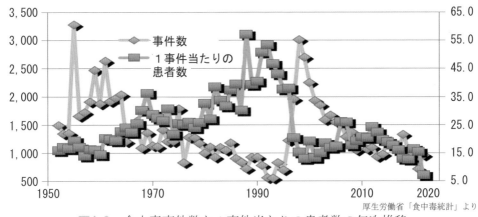

厚生労働省「食中毒統計」より

図4.2　食中毒事件数と 1 事件当たりの患者数の年次推移

2.2 病因物質

　表 4.2 に 2021（令和 3）年および 2022（令和 4）年における病因物質別の食中毒事件・患者・死者数を示した。患者数で最も多い病因物質はノロウイルスであった。2022 年のノロウイルス患者数の全患者数に対する割合は約 32%を占めていた。事件数ではアニサキスが最も多く、2022 年の事件数は 566 件であった。近年アニサキスの食中毒件数が増加傾向にあるが、これは 2012（平成 24）年の食品衛生法の改正によりアニサキス被害の報告が義務づけられたこと、および日本人は冷凍後解凍した魚類より冷凍過程を経ない生魚をより好むことによるものと思われる。

　細菌とウイルスを含め微生物が原因となる食中毒は、2022（令和 4）年は患者数で全体の約 83%、事件数で全体の約 33%であった。このように、微生物による食中毒が圧倒的に多い状況は 2022（平成 4）年に特有な現象ではなく、長年にわたり変わっていない。さらに、寄生虫には微生物と考えられる種類もあるので、この点を考慮するとこの傾向はより強くなる。

　表 4.3 に 2011（平成 23）年以降の 1 位から 3 位を占める病因物質を示した。以前はサルモネラ属や腸炎ビブリオが患者数の第 1 位を占めることが多かったが、近年ではノロウイルスが圧倒的に多くの患者を出している。ノロウイルスは 1998（平成 10）年、1999 年（平成 11）年に患者数で第 3 位、1999 年（平成 11）年に事件数で第 3 位に入っていたが、これは新しく食中毒統計に収載されるようになったためであり、

表4.2　2021年および2022年における病因物質別食中毒発生状況

原　因　物　質	2021（令和3）年			2022（令和4）年		
	事件数	患者数	死者数	事件数	患者数	死者数
総　　　　　　　数	717	11,080	2	962	6,856	5
細　　　　　　　菌	230	5,638	1	258	3,545	1
サルモネラ属菌	8	318	1	22	698	－
ぶどう球菌	18	285	－	15	231	－
ボツリヌス菌	1	4	－	1	1	－
腸炎ビブリオ	－	－	－	－	－	－
腸管出血性大腸菌（VT産生）	9	42	－	8	78	1
その他の病原大腸菌	5	2,258	－	2	200	－
ウェルシュ菌	30	1,916	－	22	1,467	－
セレウス菌	5	51	－	3	48	－
エルシニア・エンテロコリチカ	－	－	－	－	－	－
カンピロバクター・ジェジュニ/コリ	154	764	－	185	822	－
ナグビブリオ	－	－	－	－	－	－
コレラ菌	－	－	－	－	－	－
赤痢菌	－	－	－	－	－	－
チフス菌	－	－	－	－	－	－
パラチフスA菌	－	－	－	－	－	－
その他の細菌	－	－	－	－	－	－
ウ　イ　ル　ス	72	4,733	－	63	2,175	－
ノロウイルス	72	4,733	－	63	2,175	－
その他のウイルス	－	－	－	－	－	－
寄　生　虫	348	368	－	577	669	－
クドア	4	14	－	11	91	－
サルコシスティス	－	－	－	－	－	－
アニサキス	344	354	－	566	578	－
その他の寄生虫	－	－	－	－	－	－
化　学　物　質	9	98	－	2	148	－
自　　　然　　　毒	45	88	1	50	172	4
植物性自然毒	27	62	1	34	151	3
動物性自然毒	18	26	－	16	21	1
そ　の　他	1	5	－	3	45	－
不　　　　　　明	12	150	－	9	102	－

厚生労働省「食中毒統計」より

これ以前からこのウイルスを原因とした食中毒は相当数存在していたと推定される。

　2001（平成13）年にはノロウイルスによる患者数が第1位となり2019（令和元）年まで続いている。2020（令和2）年はその他の病原性大腸菌が第1位となりノロウイルスは2位であったが、2021（令和3）、2022（令和4）年はノロウイルスが1位となっている。なお、食品衛生法施行規則の改正（平成24年12月28日公布、平成25年1月1日施行）により寄生虫の欄が追加された。

　クドア（*Kudoa septempunctata*；クドア・セプテンプンクタータ）およびサルコシスティス（*Sarcocystis fayeri*；サルコシスティス・フェアリー）は、ヒトに対

表 4.3　上位を占める病因物質の年次推移

		2011 年	2012 年	2013 年	2014 年
患者数	1 位	ノロウイルス(8,619)	ノロウイルス(17,632)	ノロウイルス(12,672)	ノロウイルス(10,506)
	2 位	サルモネラ属菌(3,068)	カンピロバクター(1,834)	カンピロバクター(1,551)	ウェルシュ菌(2,373)
	3 位	ウェルシュ菌(2,784)	ウェルシュ菌(1,597)	その他の病原大腸菌(1,007)	カンピロバクター(1,893)
事件数	1 位	カンピロバクター(336)	ノロウイルス(416)	ノロウイルス(328)	カンピロバクター(306)
	2 位	ノロウイルス(296)	カンピロバクター(266)	カンピロバクター(227)	ノロウイルス(293)
	3 位	サルモネラ属菌(67)	植物性自然毒(70)	アニサキス(88)	アニサキス(79)
死者数	1 位	腸管出血性大腸菌(7)	腸管出血性大腸菌(8)	植物性自然毒(1)	動物性自然毒(1)
	2 位	サルモネラ属菌(3)	植物性自然毒(2)		植物性自然毒(1)
	3 位	動物性自然毒(1)	動物性自然毒(1)		

		2015 年	2016 年	2017 年	2018 年
患者数	1 位	ノロウイルス(14,876)	ノロウイルス(11,397)	ノロウイルス(8,496)	ノロウイルス(8,475)
	2 位	カンピロバクター(2,089)	カンピロバクター(3,272)	カンピロバクター(2,315)	ウェルシュ菌(2,319)
	3 位	サルモネラ属菌(1918)	ウェルシュ菌(1,411)	ウェルシュ菌(1,220)	カンピロバクター(1,995)
事件数	1 位	ノロウイルス(481)	ノロウイルス(354)	カンピロバクター(320)	アニサキス(468)
	2 位	カンピロバクター(318)	カンピロバクター(339)	アニサキス(230)	カンピロバクター(319)
	3 位	アニサキス(127)	アニサキス(124)	ノロウイルス(214)	ノロウイルス(256)
死者数	1 位	動物性自然毒(2)	腸管出血性大腸菌(10)	ボツリヌス菌(1)	植物性自然毒(3)
	2 位	植物性自然毒(2)	植物性自然毒(4)	腸管出血性大腸菌(1)	
	3 位	その他(2)		植物性自然毒(1)	

		2019 年	2020 年	2021 年	2022 年
患者数	1 位	ノロウイルス(6,889)	その他の病原大腸菌(6,284)	ノロウイルス(4,733)	ノロウイルス(2,175)
	2 位	カンピロバクター(1,937)	ノロウイルス(3,701)	その他の病原大腸菌(2,258)	ウェルシュ菌(1,467)
	3 位	ウェルシュ菌(1,166)	ウェルシュ菌(1,288)	ウェルシュ菌(1,916)	カンピロバクター(822)
事件数	1 位	アニサキス(328)	アニサキス(386)	アニサキス(344)	アニサキス(566)
	2 位	カンピロバクター(286)	カンピロバクター(182)	カンピロバクター(154)	カンピロバクター(185)
	3 位	ノロウイルス(212)	ノロウイルス(99)	ノロウイルス(72)	ノロウイルス(63)
死者数	1 位	植物性自然毒(2)	植物性自然毒(2)	サルモネラ属菌(1)	植物性自然毒(3)
	2 位	動物性自然毒(1)	動物性自然毒(1)	植物性自然毒(1)	腸管出血性大腸菌(1)
	3 位				動物性自然毒(1)

厚生労働省「食中毒統計」より

しては無害と考えられていたが、近年有症事例が報告されるようになっている。ク
ドアはヒラメ、マグロ、エビなどに寄生している。2010（平成 22）年 10 月には 113
名の患者が発症する事件が起きている。サルコシスティスはウマ、ウシ、ブタ、ヒ
ツジ、ヤギなどの筋肉に寄生している。馬刺しに存在したと思われるサルコシステ
ィスを原因とした有症事例の報告がある。
　クドアおよびサルコシスティスを含む食品を生食することで低い頻度ではあるが、

発症することがある。その場合、食後4〜8時間程度で下痢、嘔吐、胃部の不快感などの症状が表れるが、軽症であり、すみやかに回復し後遺症もないとされている。

　アニサキスはアニサキス科およびシュードテラノーバ科の線虫をさす。アニサキス症については第5章4.1(1) 2) 参照。

2.3　原因食品

　2021（令和3）年および2022（令和4）年の原因食品別の食中毒発生状況を**表4.4**に示した。複合調理食品は2種以上の原料が混合した食品のことである。原因食品として複合調理食品と記載された場合は、2種以上の原料のいずれが原因であるか判明しなかった場合である。不明、食事特定、食品特定および複合調理食品の合計は2022（令和4）年の場合、患者数で5,515人、事件数で506件であり、全体に対する割合はそれぞれ、約80％および約53％であった。原因が具体的な食品に至るまで判明したものは少ないといえる。このような傾向は2022（令和4）年に限らない

表4.4　2021年および2022年における原因食品別食中毒発生状況

原　因　食　品	2021（令和3）年			2022（令和4）年		
	事件数	患者数	死者数	事件数	患者数	死者数
総　　　　　数	717	11,080	2	962	6,856	5
魚　介　類	223	335	−	384	745	1
貝　　　類	2	8	−	5	52	−
ふ　　ぐ	13	19	−	10	11	1
そ　の　他	208	308	−	369	682	−
魚　介　加　工　品	2	24	−	4	4	−
魚肉練り製品	−	−	−	−	−	−
そ　の　他	2	24	−	4	4	−
肉類及びその加工品	31	158	−	29	227	1
卵類及びその加工品	−	−	−	2	113	−
乳類及びその加工品	1	1,896	−	−	−	−
穀類及びその加工品	1	29	−	2	27	−
野菜及びその加工品	29	212	2	35	225	3
豆　　　類	−	−	−	−	−	−
きのこ類	12	42	−	9	27	−
そ　の　他	17	170	2	26	198	3
菓　子　類	5	106	−	−	−	−
複合調理食品	41	1,039	−	50	2,060	−
そ　の　他	202	6,773	−	209	3,131	−
食品特定	11	116	−	15	444	−
食事特定	191	6,657	−	194	2,687	−
不　　　　明	182	508	−	247	324	−

厚生労働省「中毒統計」より

一般的な傾向である。ただし、原因食品が乳類およびその加工品であると特定された大規模な食中毒事件が起きた 2000（平成 12）年では、患者数に関する判明率が約 47% と大きく上昇している。

2.4 原因施設

2021（令和 3）年および 2022（令和 4）年の原因施設別の食中毒発生状況を表 4.5 に示した。原因食品とは異なり患者数でみた判明率は非常に高く、事件数でみても

表 4.5　2019年および2020年における原因施設別食中毒発生状況

施　設　名			2021（令和3）年			2022（令和4）年		
			事件数	患者数	死者数	事件数	患者数	死者数
総　　　　　数			717	11,080	2	962	6,856	5
原因施設判明			516	10,390	2	673	6,487	4
家　　　　　庭			106	156	1	130	183	2
事　業　場　総数			31	1,189	1	25	949	－
	給食施設	事業所等	5	438	－	2	66	－
		保育所	5	191	－	7	211	－
		老人ホーム	17	505	1	12	622	－
	寄　宿　舎		2	44	－	1	23	－
	そ　の　他		2	11	－	3	27	－
学　　校　　総数			10	542	－	13	393	－
	給食施設	単独調理場 幼稚園	1	12	－	1	21	－
		単独調理場 小学校	－	－	－	0	0	－
		単独調理場 中学校	－	－	－	0	0	－
		単独調理場 その他	－	－	－	2	56	－
		共同調理場	－	－	－	1	143	－
		そ　の　他	1	54	－	2	57	－
	寄　宿　舎		6	390	－	3	51	－
	そ　の　他		2	86	－	4	65	－
病　　院　　総数			5	283	－	2	43	－
	給食施設		4	273	－	2	43	－
	寄宿舎		－	－	－	0	0	－
	その他		1	10	－	0	0	－
旅　　　　　館			12	386	－	8	245	－
飲　食　店			283	2,646	－	380	3,106	1
販　売　店			40	44	－	87	154	1
製　造　所			10	2,127	－	3	12	－
仕　出　屋			16	3,010	－	20	1,323	－
採　取　場　所			1	3	－	0	0	－
そ　の　他			2	4	－	5	79	－
不　　　　　明			201	690	－	289	369	1

厚生労働省「食中毒統計」より

比較的判明率は高い。そのうちで患者数および事件数ともに**飲食店**が最も多い。2022（令和4）年の場合、原因施設判明数に対する割合は、患者数で約48%、事件数で約56%が**飲食店**であった。患者数では仕出屋が飲食店に次いで多かった。また、病院、学校、保育所、老人ホームでの発生は、事件数はそれほど多くないが、患者数は比較的多かった。これらの施設は、年少者、高齢者、疾病のある者など、身体的には弱い者が多く居る施設であり、重大な結果が生じる場合もあるので注意する必要がある。2002（平成14）年に腸管出血性大腸菌による死者9人が発生した施設は、病院関連の給食施設であった。

2.5 発生季節

　月別の食中毒患者数を図4.3に示した。かつては8月を中心とした夏場に多く発生していたが、現在では年間を通して発生している。特に、12、1、2月の寒い時期にも相当数発生している。2022（令和4）年12月の食中毒患者数は551人であった。そのうち198人がノロウイルス食中毒患者であった。なお2020年（令和2年）6月と8月には患者数が例年になく多く発生していた。6月には埼玉県の飲食店で、患者数2,958人にのぼる食中毒事件が発生したためであると考えられる。原因食品は海藻サラダ、病因物質は病原大腸菌O7H4であった。また、同年8月には東京都の仕出屋で、患者数2,548人にのぼる食中毒事件が発生したためであると考えられる。病因物質は毒素原性大腸菌O25（LT産生）、原因食品は不明であった。

　それぞれの病因物質をみると発生頻度に季節的な特徴があるものも多く存在する。例えば、腸炎ビブリオ食中毒は、原因となる細菌の生態学的特徴から夏季に多発する傾向にあるが、ノロウイルスは冬季に多発する傾向がある。また、キノコ以外の植物性自然毒による食中毒は春期、キノコによる食中毒は秋に多く発生する傾向にある。しかし、全体をみるとある程度平均化しており年間を通して発生している。［最新の食中毒発生の状況については厚生労働省のホームページ（http://www.mhlw.go.jp/topics/syokuchu/index.html）から情報を入手することができる］

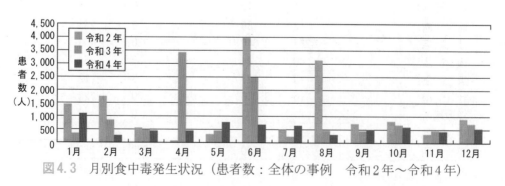

図4.3　月別食中毒発生状況（患者数：全体の事例　令和2年〜令和4年）

例題1　1950年代から2020年までの間の食中毒の年次推移に関する記述である。適当なものはどれか。1つ選べ。

1. 患者数、死者数とも顕著な減少や増加は認められない。
2. 患者数は大きく減少したが、死者は増加した。
3. 死者数は顕著に減少したが、これに比べ患者数は大きく減少してはいない。
4. 事件数の顕著な減少が認められる。
5. 1事件当たりの患者数が増加すると、全体の患者数も増加する傾向が認められる。

解説　食中毒の患者数や事件数は、この70年の間にいろいろな推移を示している。患者数が大幅に減ったとは評価できない。事件数や1事件当たりの患者数は、変動を示しているが、一貫した傾向は認められない。これに対し、死者数は大きく減少したと考えてよい。

解答 3

例題2　食中毒病因物質のうち近年増加している寄生虫はどれか。1つ選べ。

1. ノロウイルス　　2. クドア・セプテンプンクタータ
3. サルコシスティス・フェアリー　　4. アニサキス　　5. カンピロバクター

解説　ノロウイルス（ウイルス）やカンピロバクー（細菌）食中毒は、以前から患者数、事件数とも多く発生している。クドア、サルコシスティス、およびアニサキスは、食中毒統計上は比較的最近追加されたものである（以前は、その他に含まれていた）。そのうち、アニサキスによる食中毒事件数は、多く確認されるようになってきている。

解答 4

3 細菌性食中毒

　かつてはコレラなどの経口伝染病は食中毒に含められていなかったが、現在では食中毒としても取り扱い食中毒事件票にも記載され、食中毒統計に掲載されている。コレラ菌、赤痢菌、チフス菌などによる疾病は、食中毒としての側面と感染症としての側面を併せ持つ。それぞれに焦点をあて各項で解説する方法もあるが、煩雑になりまた重複する部分が多くなるため、本書では、従来から食中毒原因細菌として扱われてきたものをここで解説し、従来感染症として扱われてきた、コレラ、赤痢およびチフスを第5章食品媒介感染症で解説する。しかし、これは便宜的なものであることを強調しておく。

3.1 サルモネラ属菌（*Salmonella*）

　サルモネラ属菌（写真4.1）は、腸内細菌科（*Enterobacteriaceae*）のサルモネラ（*Salmonella*）属の細菌である。グラム陰性の通性嫌気性、無芽胞桿菌で、多くは周毛性鞭毛により運動するが、鞭毛をもたず運動性がないものもある。増殖至適温度は30〜37℃、熱に対する抵抗は概して弱く、60℃、20分の加熱で死滅するが、たんぱく質性食品中ではさらに高温で長時間の加熱を必要とする。

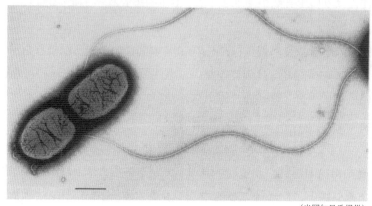

（光岡知足氏提供）

写真4.1　サルモネラ属菌

(1) 種類と歴史

　サルモネラ属に分類される細菌としては、1880（明治13）年に腸チフス菌が最初に発見され、1885（明治18）年にはSalmonとSmithが豚コレラ（当時の名称、現名称は豚熱、CSF）のブタからサルモネラ菌を分離した。このときは豚コレラの原因菌であると考えられたが、後に豚コレラの原因となるウイルスは別にあることが証明された。なお、豚コレラは家畜伝染病予防法の改正により豚熱に名称が変更された。

　その後、1888（明治21）年に牛肉を原因食品として患者59人が発病し、1人が死亡した事件で、ドイツのGärtner（ゲルトナー）が死亡者と牛肉からサルモネラ菌の検出に成功し、サルモネラによる食中毒を最初に明らかにした。その後、欧米などで、肉類によるサルモネラ食中毒の発生が多数みられた。

　わが国でも、1936（昭和11）年に、浜松の中学校の運動会に配られた大福餅によって、患者2,201人、死者45人にも及ぶ大規模なサルモネラ食中毒が発生して注目された。1972（昭和47）年6月20日から24日にかけて、東京都青梅、立川、小平地区の幼稚園と同じ地区のすし店2店舗からサルモネラ食中毒が発生した。これは、仕出し惣菜屋で製造した卵焼きを原因食品としたものであり、患者数は1,112人に達した。その後、1988（昭和63）年6月27日に、北海道で、錦糸卵を原因食品としたサルモネラ食中毒が発生した。患者数は10,476人で、当時日本の食中毒史上、1

件における患者数が最大の事件として注目された。

　現在でも、サルモネラ食中毒に対し、各種の予防対策が試みられているにもかかわらず、発生件数が減少する傾向は認められない。特に、1991（平成3）年から1997（平成9）年まではサルモネラ食中毒は、患者数では1位、事件数では1位または2位となっている。それ以降もサルモネラ食中毒は多少減る傾向にあるが、今日まで多数の患者、多くの事件が発生し続けている。

(2) 分類

　サルモネラ属菌の分類は歴史的に複雑な変遷があり、現在でも古い分類による呼称がしばしば慣用的に使われている。原核生物の標準的な分類書であるバージーズ・マニュアル（Bergey's Manual of Systematic Bacteriology）によれば、サルモネラ属の細菌は、現在、*Salmonella enterica* と *S. bongori* の1属2種に分類されており、さらに *S. enterica* は6亜種（subspecies）に分類される。このうち食中毒の原因となるのは、大部分が *Salmonella enterica* subsp. *enterica* に属する細菌である。

　かつては、サルモネラ属の種の分類は血清型によって行なわれ、それぞれの血清型ごとに異なる種としていたが、このような分類には分類学上の合理性がないうえ、新種（新血清型）が次々と発見され2,000種を越える血清型が記載されるに至った。そこで1984（昭和59）年国際腸内細菌委員会において、*Salmonella choleraesuis* 1種とし、その下に6亜種を設けることとされた。その後、さらにいくらかの変遷の末に上述のように分類されることとなった。

　しかし、従来からの血清型による表現も多くの文献にみられ、また実用上便利なこともあるので、本書では血清型による標記も用いる。例えば、食中毒の原因菌としてよく知られているネズミチフス菌は、バージーズ・マニュアルに従えば、*Salmonella enterica* subsp. *enterica* serovar Typhimurium と標記すべきであるが（分類学上の属、種、亜種はイタリック体、subsp. および serovar はそれぞれ亜種、血清型を意味する）、混乱のない場合は *Salmonella* Typhimurium と標記する。昔から食中毒をヒトに発生させる血清型としてよく知られているものとして、*S.* Typhimurium（ネズミチフス菌）の他に、*S.* Enteritidis などがある。

　サルモネラの仲間には、ヒトに食中毒を起こす菌以外のものも存在する。チフス菌（*S.* Typhi）およびパラチフスA菌（*S.* Paratyphi A）は、感染症法では三類感染症である腸チフスおよびパラチフスの病原体である。本書では、これらの疾病に関しては第5章食品媒介感染症の項で詳しく解説する。また、ウマ流産菌（*S.* Abortusequi）や家禽チフス菌（*S.* Gallinarum）などは、ヒトへの病原性はなく、特定の動物にのみ病原性を示す。

(3) 原因食品

　サルモネラは、各種の**家畜、家禽、ペット、野生動物の腸管内に生息し**、河川・下水などの自然界にも広範囲に分布している。ヘビ、トカゲ、カエルなどの変温動物やハトなどが、サルモネラを高率に保菌していることが知られ、これらの生物と自然環境のサルモネラ汚染には関連があるものと考えられる。

　サルモネラ食中毒の原因食品は、保菌動物の肉類を加工した食品である焼き鳥、レバ刺し、焼き肉などが多い。これらは生で食べたり、十分な加熱をしない場合が多く、菌が生き残ることによる。また、生卵および半加熱状態で使用する食品である錦糸卵、自家製マヨネーズ、ババロア、ティラミスなどでしばしば食中毒が起きている。また、調理器具やヒトを介して2次汚染が発生すると食品は多種になる。

　市販生食肉の調査によると、サルモネラ菌は、鶏肉から最も高率に検出され、豚肉や牛肉からも検出されている。鶏卵がサルモネラ菌により汚染される経路は2通りある。ひとつは卵殻の汚染である。ニワトリの卵は、総排泄腔から生み出されるが、この総排泄腔は糞便や尿の通り道でもあるので、卵殻はサルモネラ菌をはじめ各種の細菌によって汚染される。しかし、近年では、鶏卵の出荷時に洗浄消毒が行われるので、卵殻の汚染は著しく減少している。近年、注目されるようになったもうひとつの鶏卵の汚染に、ニワトリの体内における卵形成時の卵殻内汚染がある。サルモネラ菌に感染したニワトリでは、菌が卵巣や卵管に侵入し、卵がつくられるときに既に卵内にサルモネラ菌が侵入していることがある。また、輸入冷凍卵や乾燥卵およびウズラ卵のサルモネラ汚染も認められるので注意しなければならない。

　鶏卵の取り扱いについての具体的な注意点について、1992（平成4）年7月厚生省（現厚生労働省）の通知**「卵およびその加工品の衛生対策について」**から4項目を抜粋する。

① 破卵およびヒビ割れ卵は細菌の汚染を受けやすいので、速やかに冷蔵するとともに長期間経過しないうちに加熱して使用、加工すること。

② 液卵は加熱殺菌したものを使用するか、または加工もしくは調理の過程で加熱殺菌すること。液卵の保存および流通にあたっては、冷蔵または冷凍すること。

③ 正常殻つき卵は新鮮なうちに使用すること。やむを得ず長期間保存する場合は冷蔵保存すること。

④ 生卵、半生卵およびこれらを含む食品は、室温に長時間置かないこと。

　また、液卵については、1993（平成5）年8月に**「液卵の製造等に関わる衛生確保について」**という通知が厚生省（現厚労省）から出されている。さらに、1999（平成11）年には食品衛生法施行規則の改訂により**生卵については賞味期限の表示が義**

務づけられた。鶏卵を使用する場合は、これらの基準を遵守することが重要である。

(4) 症状

　サルモネラ食中毒の潜伏時間は、最も早い場合で1時間、遅いもので80時間、通常12〜24時間であり、患者の約80％は24時間以内に発症している。症状は下痢、腹痛、嘔気、嘔吐、発熱である。発熱患者の多くが38〜40℃で、40℃以上の高熱の場合もめずらしくない。下痢は水様性のものが多いが、粘液や粘血便を示す重症患者もみられ、赤痢様の症状を示すこともある。1週間以内に回復するのが普通であるが、**幼児が感染した場合、敗血症や髄膜炎を起こすことがある**。回復に伴い菌は患者の腸管から排除されるのが普通であるが、時には長期にわたり保菌者となる場合がある。この場合は、回復した後にも感染源となることがある。

(5) 予防

　予防法の第一は加熱である。加熱できない食品の場合は、冷蔵を確実にしてできるだけ速やかに使用することが重要である。2次汚染を避けるためには、調理器具を分けて使用する、確実に殺菌する、手指を洗浄消毒する、などが必要である。

　サルモネラ菌を保菌したペットのイヌ、ネコ、カメなども感染源となることがあるので、これらの動物に接触した場合には、手を十分に洗浄した後に食物を口にするなどの注意が必要である。

例題3　サルモネラ属菌による食中毒に関する記述である。正しいのはどれか。1つ選べ。
1. サルモネラ菌は、豚熱（旧称豚コレラ）の原因菌でもある。
2. 今日サルモネラ属の種の分類は、血清型によって行われている。
3. サルモネラ食中毒の原因食品の多くは魚介類である。
4. サルモネラ菌は、卵の卵殻内汚染を起こすことがある。
5. サルモネラ食中毒は、神経症状が特徴的である。

解説　1. 豚熱はウイルスによる疾病であり、人は罹患しない。　2. 血清型による分類はかつて行われていたが、今日では行われていない。科学的な合理性がないからである。　3. 2次汚染で魚介類が原因になることがあるとしても、主要なものとはいえない。1次汚染としては肉類が最も多く、また、生卵や錦糸卵、ババロア、ティラミスなどでも起きている。　4. サルモネラ菌を保菌している鶏の卵殻外および卵殻内汚染はよく知られている。このことは鶏卵の期限表示にも反映されている。5. サルモネラ食中毒の主な症状は、胃腸炎である。　　　　　　　　**解答** 4

3.2 腸炎ビブリオ（*Vibrio parahaemolyticus*）

(1) 原因菌

　腸炎ビブリオ食中毒の原因菌は腸炎ビブリオ（*Vibrio parahaemolyticus*）である。この菌は、ビブリオ科（*Vibrionaceae*）ビブリオ属のグラム陰性通性嫌気性無芽胞桿菌で、液体中では1本の鞭毛をもつが、固形培地などに付着すると周毛を生じる。増殖に塩分を必要とし0.5～8.0%の食塩の存在下で増殖し、至適塩分濃度は2～4%である。**増殖至適温度は35～37℃であり、増殖可能な最高温度は42～44℃である。また、10℃以下では増殖できない。**最適条件下における世代時間は約8分であり、最も増殖速度の速い細菌のひとつである。60℃以上の温度下では、10分以内に死滅する。また、pH 4.0以下では急速に死滅する。

　本菌は、1950（昭和25）年大阪で発生したシラス干し食中毒事件（患者272人、死者20人）において、藤野恒三郎らによって発見された。その後、1955（昭和30）年に横浜で病院給食のキュウリ漬けによる食中毒（患者120人）や、1960（昭和35）年に東京、千葉、神奈川で多発したアジによる食中毒などで検出され注目を集めた。研究が進展することによって、本菌による食中毒は日本においてはきわめて重要な食中毒原因菌であることが判明し、1992（平成4）年頃まで統計上日本で発生する食中毒の患者数の第1位を占めていた。日本人は、海産魚介類を多く食べること、また生食することなどから、日本では多数の患者が発生したが、海産魚介類をそれほど多く食べない欧米での発生は比較的少ない。

(2) 原因食品

　腸炎ビブリオは、主として夏の沿岸海域から検出されており、海水温度が15℃以上になると、沿岸の海水表面から高率に検出される。また、海水温度が低くなると、検出率は低くなる。原因食品としては、海産魚介類およびその加工品が圧倒的に多い。これは腸炎ビブリオが好塩性の海水細菌の一種であることに由来する。しかし、包丁、まな板をはじめとする調理器具類が魚介類から2次的に汚染され、弁当、漬物、サラダ類あるいは惣菜類などに含まれる穀類、野菜類が原因食品となることもある。

(3) 症状

　腸炎ビブリオ食中毒は、8～20時間の潜伏期の後、急性胃腸炎として発症する。症状としては、下痢、発熱、腹痛、悪心、嘔吐が主である。下痢便の性状は水様便、粘液便、血便、粘血便などまちまちで、血便や粘血便の患者の場合、赤痢と誤診されることがある。下痢回数は1日5回以上と多く、下痢または軟便が通常4～7日継続する。発熱は39℃以下のことが多く、多くの場合、2日以内に平熱に戻る。本症

患者は、胃腸症状に加えて循環器障害がみられることがまれにある。これは耐熱性溶血毒の心臓毒性によるものである。腸炎ビブリオは、血液寒天培地（我妻培地）上で溶血を示す神奈川現象陽性株と、溶血を示さない神奈川現象陰性株に分けることができ、神奈川現象陽性株が耐熱性溶血毒産生株であることが分かっている。また、神奈川現象陽性株の多くが病原性を示し、陰性株の多くが病原性を示さないことから、病原性の腸炎ビブリオのスクリーニングに神奈川現象が用いられる。ただし、神奈川現象陽性と病原性が完全に一致するわけではなく、陽性であっても病原性を示さない株や陰性であっても病原性を示す株もある。

(4) 予防

予防対策としては加熱が非常に有効である。海産魚介類を生食する場合は新鮮なうちにできるだけ早く喫食することが大切である。保管するときは10℃以下の低温で保存し、確実な温度管理をすることが必要である。2次汚染を防ぐには、まな板や包丁を確実に殺菌するとともに、生の海産魚介類に使用する調理器具と他の食品用のものを区別して使用するなどの注意が必要である。生の海産魚介類に触れた手を洗わずに他の食品を扱うことも避けなければならない。

例題4　腸炎ビブリオに関する記述である。正しいのはどれか。1つ選べ。

1. 0℃以下でも増殖できる。
2. 増殖に塩分を必要としない。
3. 増殖速度は、食中毒菌のなかでは比較的遅い。
4. 腸炎ビブリオ食中毒は、日本で一番患者数が多い細菌性食中毒原因菌である。
5. 腸炎ビブリオ食中毒は、海産魚介類を原因食品とする場合が多い。

解説　1. 増殖至適温度は35～37℃であり、10℃以下では増殖できない。　2. 増殖に塩分を必要とし、至適塩分濃度は2～4％である。　3. 増殖速度は非常に早く、至適条件下では8分で分裂して2倍になる。　4. かつては発生数が非常に多く、致死率も高い時代があったが、現在では発生数も致死率も非常に低くなっている。
5. 腸炎ビブリオは海洋性細菌なので、海産魚介類が原因となる場合が多い。2次汚染が起これば多様な食品が原因となることは、他の食中毒と同様である。　**解答** 5

3.3 病原性大腸菌（下痢原性大腸菌）

大腸菌（*Escherichia coli*）（写真4.2）は、腸内細菌科のグラム陰性通性嫌気性無芽胞桿菌であり、多くは周毛性の鞭毛をもち運動性を有する。乳糖を分解し、酸

とガスを生成する。元来、ヒトや動物の消化管の常在菌のひとつであるので、食中毒の原因菌であるとは考えられていなかった。しかし、1940（昭和15）年代半ばに、イギリスの乳幼児の下痢症に際して、原因菌となる大腸菌が検出される例がたびたび報告され、その重要性が認識されるようになった。血清型分類法*¹の確立とともに、一定の型の菌が乳幼児に下痢症を起こすことが明確になってきた。また、乳幼児だけではなく、成人にも下痢や胃腸炎を起こすこと、食中毒の原因になることが明らかになった。その後、初めに発見されたものとは異なる病原性を示す大腸菌が複数発見され、現在までのところ、ヒトに下痢を起こす大腸菌としては、病原性の違いにより次の5種類が知られている。

(1) 腸管病原性大腸菌（狭義）（enteropathogenic *E. coli* ; EPEC）

(2) 腸管組織侵入性大腸菌（enteroinvasive *E. coli* ; EIEC）

(3) 腸管毒素原性大腸菌（enterotoxigenic *E. coli* : ETEC）

(4) 腸管出血性大腸菌（enterohemorrhagic *E. coli* ; EHEC）

(5) 腸管付着性大腸菌（enteroaggregative *E. coli* ; EAEC）

　なお、わが国の食中毒統計では腸管出血性大腸菌（EHEC）以外の病原大腸菌を区別せずまとめて「その他の病原性大腸菌」としている。

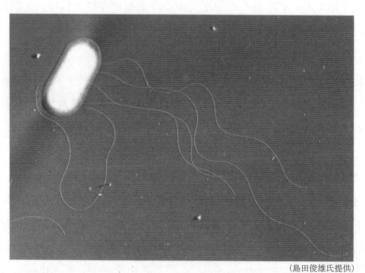

（島田俊雄氏提供）

写真 4.2　大腸菌

---

　*1 **血清型分類法**：細菌に存在する抗原の違いに基づいて、より詳細な区別をする方法である。O抗原やH抗原が知られている。O抗原はグラム陰性桿菌の細胞壁に存在するリポ多糖体（LPS）のことであり、H抗原は鞭毛抗原を示す。抗原には多数の種類があり、発見の順にO1、O2…やH1、H2…と名づけられる。また、大腸菌に限らずグラム陰性桿菌に存在する抗原であるので、ビブリオやコレラ菌でもしばしば血清型による分類が行われる。なお、サルモネラ属菌についてはO1、O2…とは名づけられずEnteritidisなどの名称でよばれる。

(1) 腸管病原性大腸菌（狭義）(enteropathogenic *E.coli*; EPEC)

　乳幼児に腸炎を起こすが、易熱性エンテロトキシン（LT、60℃、10分の加熱で失活する）や耐熱性エンテロトキシン（ST、100℃、30分の加熱で失活しない）は産生せず、侵襲性もない大腸菌である。

　症状は、粘液便を含む下痢、倦怠感、発熱、腹痛、悪心、嘔吐などが主で、サルモネラ食中毒症に類似している。粘膜の炎症が軽度に認められ、微小絨毛の破壊もみられる。また、上皮細胞への菌の侵入が認められることがあるが、細胞内での菌の増殖は認められない点で EIEC とは異なっている。乳幼児に感染することが多く、その場合は急速な脱水がみられるなど一般に症状は重篤である。

(2) 腸管組織侵入性大腸菌（enteroinvasive *E.coli*; EIEC)

　細菌性赤痢と類似した症状を起こす大腸菌で、腸粘膜細胞に侵入する性質をもっている。潜伏期は2日程度で、腹痛、発熱、血便ないしは膿粘血便、しぶり腹など臨床的には赤痢症状を呈する。EIEC は EPEC と異なり、乳幼児に感染することはまれであり、学童や成人への感染が報告されている。感染部位は大腸で、潰瘍も認められる。細胞内に侵入後、増殖しその細胞を死に至らせる。

(3) 腸管毒素原性大腸菌（enterotoxigenic *E.coli*: ETEC)

　1968（昭和43）年頃から、大腸菌しか分離されなかったにもかかわらず、コレラと区別し難い下痢症が、インドなどアジア各国で確認された。その後、原因菌が大腸菌であることが証明された。この大腸菌は2種類のエンテロトキシンを産生する。ひとつは60℃、10分の加熱で失活する易熱性の毒素（LT：heat labile enterotoxin）であり、他のひとつは100℃、30分の加熱では失活しない耐熱性毒素（ST：heat stable enterotoxin）とである。

　ETEC には、コレラ毒素に類似している LT のみを産生するもの、ST のみを産生するもの、両方の毒素を産生するものがある。それぞれの菌のヒトに対する病原性は類似しており、コレラ様の下痢を起こす。感染すると、コレラの場合と同様に菌は小腸上部で増殖し、$10^7 \sim 10^9$ 個/mL に達するとともに水様性の下痢を主徴とする急性胃腸炎症状を示す。発病の初期に嘔吐がみられることもある。腹痛は軽度あるいは中等度である。一般に発熱はないかあっても 38℃程度である。発病までの潜伏期間は1〜2日である。

　下痢は軽症の場合は1回のみのこともあるがコレラ様の激しい症状を示すこともある。下痢の持続時間は約30時間以内で、コレラに比べて短い場合が多い。治療の基本は対症療法であり、特に重要なのは脱水を防ぐために水分を補給することである。抗生物質を使用する場合には、薬剤耐性に注意しなければならない。アジアの

コレラ流行地域では抗生物質のテトラサイクリンが多用されており、ETEC について
はテトラサイクリン耐性菌が多い。

　いわゆる熱帯・亜熱帯地方を旅行する人がよく罹患する旅行者下痢症の主な原因
菌のひとつに ETEC があり、熱帯・亜熱帯の開発途上国では特に重要な菌である。ま
た水や食物による集団発生のあることが認められている。

(4) 腸管出血性大腸菌 (enterohemorrhagic *E.coli*；EHEC)

　1982（昭和57）年にアメリカのミシガン州とオレゴン州で、ハンバーガーを原因
食とする広域の食中毒事件が発生し、患者から血清型 O157 をもつ大腸菌が分離され
た。症状としては血便と激しい腹痛が特徴であった。また、重症例では**溶血性尿毒
症**が認められた。分離された大腸菌の血清型は O157：H7 であった。この事件以降、
同様の症状を示す事例が発見されるようになった。さらに、この血清型以外にも同
様の症状を示す大腸菌が分離されている。例えば、O26：H11、O104：H21、O111：H-
（鞭毛をもたないので H 抗原がない）O128：H2 などの血清型の大腸菌があることが
知られている。

　日本では、1984（昭和 59）年に東京都内の小学校で発生したのが最初の中毒例で
ある。社会的な注目を集めたのは 1990（平成 2）年であった。この年の 9 月から 11
月にかけて、浦和市の幼稚園において、園児、職員、家族など 319 人が出血性大腸
炎を発症し、21 人が溶血性尿毒症症候群や脳症を併発、2 人の園児が死亡した。こ
の食中毒事件において血清型 O157：H7 の大腸菌が検出された。

　1984 年（昭和 59）年から 1995（平成 7）年までに 12 件の集団発生が認められて
いる。患者数の合計は 1,397 人、1 事件当たりの患者数平均 116 人、死者 4 人で散
発例は 413 例が報告されている。

　1996（平成 8）年には、岡山県で 5 月に発生したのを発端として、少なくとも 22
件の集団発生があった。特に、大阪府堺市での集団事例では、患者数は、集団発生
およびその 2 次感染を含めて最終的に 9,523 人に達し、死者も 3 人出たが、本菌に
よるものとしては世界最大規模の集団食中毒事件であった。このような状況下にあ
って、感染力の強さ、症状の重篤さ、流行の広さなどから 1996（平成 8）年 8 月 6
日に伝染病予防法における指定伝染病に指定された。現行の「感染症法」において
は、コレラ、細菌性赤痢、腸チフス、パラチフスとともに 三類感染症に指定されて
いる。

　1997（平成 9）年以降は 1996（平成 8）年のような集団発生ではないものの、全国
で頻発している。また、後述するように、本菌はヒトからヒトへの感染もあり、単
なる食中毒として考えるべきではない。

1）原因食品

　原因となる食品は、本菌に汚染された**牛肉**などの肉類とその加工品が多い。特に挽肉や内臓肉が原因となる場合が多いが、野菜や果物が原因となることもある。今までに原因となった食品としては、肉類の他にカツオブシサラダやポテトサラダなどのサラダ類、マヨネーズ、飲料水、カニサンドイッチ、メロンなど多岐にわたる。大腸菌は本来動物の腸内に生息する細菌であるが2次汚染が起これば、どのような食品でも原因となり得る。食品を取り扱う施設においては、特に注意すべき食中毒であるといえよう。

2）症状

　潜伏期は長く、平均4〜8日であり長い場合は14日である。感染時の菌数が少ないほど潜伏期は長くなる傾向にある。症状の始まりは、下痢、吐き気、嘔吐、腹痛などの胃腸炎症状である。その後、典型的な例では、激しい腹痛と血便に移行する。便は初め水様性であるが、血液が混じりやがて鮮血便となる。便中に白血球は出現しない（赤痢、EIECでは出現する）。感染部位は大腸である。嘔吐は一過性である。

　また、溶血性尿毒症症候群（HUS：hemolytic uremic syndrome）とよばれる一連の症状を呈することがある。**溶血性貧血**、**腎障害**、**血小板減少**が3大徴候である。腎症は、軽症の場合徐々に回復していくが、重症例では、貧尿が持続し、高血圧を伴った進行性腎不全へと進展していく。さらに、痙攣と意識障害、片麻痺、脳神経障害などの脳症を呈することもある。従来の例では2〜7％の患者がHUSになるといわれている。HUSを起こした場合、約3分の1の患者で腎臓機能障害が長期にわたって残り、人工透析を続けることを余儀なくされる場合もある。

　感染力は、他の食中毒に比べると非常に強く、数百個程度あるいはそれ以下の細菌数でも感染が成立するといわれている。通常の食中毒では100万個程度であることからも感染力の強さが分かる。したがって、食品や水による感染以外に、ヒトからヒトへの直接感染が起こり、潜伏期の平均日数が4〜8日と長い。潜伏期が長いために、原因食品を確定することが困難になりがちである。さらに、集団発生の場合でも潜伏期にばらつきがあるため、集団食中毒であることに気がつくのが遅れることもある。現在、給食施設などの大量調理施設では、**検査用の食品（検食）の保存期間は14日以上**と定められているが、これは1996（平成8）年に堺市で起きたEHEC食中毒事件を契機としたものである。

3）病原性

　EHECは、Vero毒素（ベロ毒素：VT）を産生する（EHECを「ベロ毒素産生大腸菌」、「VTEC」とよぶこともある）。Vero毒素は、志賀毒素（STX）を産生する赤痢菌の毒

素に類似の毒素で、アフリカミドリザルの腎臓由来の Vero 細胞に対する毒性から名づけられた。この毒素により、HUS などの重大な障害が引き起こされると考えられている。

4) 予防と治療

　腸管出血性大腸菌は、熱や酸に対して他の大腸菌より強いという報告があるが75℃、1分で死滅するので十分加熱することにより予防は可能である。しかし、ハンバーグなどは中心温度を 75℃で1分加熱すると食品として美味しさが若干損なわれる。未加熱で喫食するイクラや生野菜でも食中毒が起きた例もみられている。その他、十分な手洗い、食材の洗浄、調理器具などの洗浄殺菌は他の食中毒の予防の場合と同様に重要である。治療は、安静、水分補給、消化しやすい食事などが基本である。食事を経口的に摂れない場合は輸液を行う。抗菌剤の使用は慎重に行う必要がある。

(5) 腸管付着性大腸菌 (entero aggregative *E.coli*；EAEC)

　1985（昭和60）年にアメリカで発見された新しい病原性原性大腸菌で、エンテロトキシン、志賀様毒素、細胞内侵入性は、いずれも証明されないが、特異的な粘着因子により細胞に付着する。小児の下痢と関係があるとされているが、下痢を起こす機構などは不明な点が多い。

　例題5　病原性大腸菌（下痢原性大腸菌）に関する記述である。正しいのはどれか。1つ選べ。
1. 腸管病原性大腸菌（EPEC）はコレラに類似の症状を引き起こす。
2. 腸管組織侵入性大腸菌（EIEC）は、腸粘膜細胞に侵入する。
3. 細胞組織侵入性大腸菌（EIEC）は、サルモネラ食中毒に類似の症状を引き起こす。
4. 腸管毒素原性大腸菌（ETEC）は、赤痢に類似した症状を呈する。
5. 腸管毒素原性大腸菌（ETEC）による感染症は、感染症法（感染症の予防および感染症の患者に対する医療に関する法律）の三類感染症である。

　解説　1. EPECはサルモネラ食中毒に類似の症状を引き起こす。　3. EIECは、赤痢に類似の症状を引き起こす。　4. ETECは、コレラに類似した症状を呈する。
5. 三類感染症はEHECである。三類感染症として他にはコレラ、細菌性赤痢、腸チフス、パラチフスが指定されている。　　　　　　　　　　　　　　　　**解答**　2

例題6　腸管出血性大腸菌（EHEC）に関する記述である。誤っているのはどれか。
1つ選べ。

1. 原因となる食品は、さばなどの魚介類とその加工品である。

2. 溶血性尿毒症症候群（HUS）とよばれる症状を呈することがある。

3. 潜伏期は平均4〜8日である。

4. ベロ毒素を産生する。

5. 75℃、1分で死滅する。

解説　1. 原因となる食品は、牛肉などの肉類とその加工品である。　　　解答　1

3.4 カンピロバクター（*Campylobacter jejuni/coli*）

(1) 原因菌

　カンピロバクターによる下痢症としては、1938（昭和13）年にアメリカで発生した牛乳による感染例があった。この事例では、重症患者の血液からは原因菌と思われる細菌が検出されたが、下痢便からの菌検出が不成功に終わった。カンピロバクターが下痢患者糞便から最初に検出されたのは、1972（昭和47）年、ベルギーのDekeyserらによってである。その後、ButzlerやSkirrowらによって分離培地が考案改善され、効率的な検出が可能となった。Skirrowは自らの考案した培地を用いて、下痢患者糞便の7.1％から本菌を検出し、下痢症の起因菌としての重要性を指摘した。それ以降、世界各国で下痢症起因菌として、サルモネラ属菌と同等もしくはそれ以上に重要であることが認識されることになった。

　カンピロバクターはグラム陰性のらせん型の細菌であり、両端に鞭毛をもつ。この菌は微好気性細菌であり、完全な好気的あるいは嫌気的な条件では増殖ができず、酸素濃度が3〜15％で増殖する。ヒトの下痢症との関連があるのは、カンピロバクター・ジェジュニ（*C. jejuni*）とカンピロバクター・コリ（*C. coli*）である。食中毒統計では両者をまとめてカンピロバクター食中毒とよぶ。カンピロバクターの増殖温度域は31〜46℃であり、25℃以下では増殖できない。カンピロバクター・ジェジュニ/コリは、微好気性菌であるために、大気中の酸素濃度（約21％）では増殖できない。また、カンピロバクターは、乾燥に弱い。

(2) 原因食品

　カンピロバクター食中毒が注目されはじめた当初は、ほとんど散発例を中心に検索が進められていた。集団発生が注目されたのは、1978（昭和53）年5月末から6月にかけて、アメリカのバーモント州で発生した水系感染例で、住民の約19％にあ

たる 3,000 名が罹患する大規模な集団下痢症であった。

　日本では、1979（昭和 54）年 1 月に、東京都の保育園で、園児 93 人中 36 人が下痢、腹痛、発熱を呈した事例が最初である。その後、各都道府県において、集団発生、散発発生ともに多いことが分かってきた。食中毒統計では、患者数の上位を占めることが多く、2017（平成 29）年はノロウイルスに次いで第 2 位、2018（平成 30）年はノロウイルス、ウェルシュ菌に次いで第 3 位であり、事件数では 2004（平成 16）年以降、カンピロバクターは上位 1 位、2 位のいずれかである。

　カンピロバクターは、家畜、家禽、ペット類および野鳥などに広く分布している。これらの動物が保菌しているカンピロバクターが、ヒトの感染源として直接または間接的に関連しているものと思われる。市販の鶏肉のカンピロバクター汚染率は高い。それに比べて、牛肉、豚肉の汚染率は低い。市販鶏肉の汚染率が高いのは食鳥肉処理場の取り扱いに問題があるものと考えられる。

(3) 症状

　カンピロバクター食中毒は、ときには約 1 週間の長期にわたって患者の発生がみられ、赤痢やインフルエンザの流行に類似している。潜伏期は長く、2～5 日間である。カンピロバクター食中毒の初期段階では、風邪様疾患と疑われる場合が多い。主症状は、下痢、腹痛、発熱、頭痛、吐き気、倦怠感などであり、下痢は水様性で 1 日数回から数十回に及ぶ。合併症として四肢の筋力低下、歩行困難などを主徴と**するギラン・バレー症候群**を起こすことがある。小児の症状は一般に成人より軽いが、しばしば再発あるいは長期化し、便に血液が混じることが特徴である。

例題 7　カンピロバクター（*Campylobacter*）に関する記述である。正しいのはどれか。1 つ選べ。

1. 発症するには通常、100 万個の菌摂取が必要である。
2. グラム陽性偏性嫌気性桿菌である。
3. 潜伏期間は短く、大分部は原因食品摂取後 24 時間以内に発症する。
4. 食中毒は、魚介類を原因食品とする場合が多い。
5. 合併症として筋力低下、歩行困難などを主徴とするギラン・バレー症候群を起こすことがある。

解説　1. 少量感染が成立する。　2. カンピロバクターはグラム陰性微好気性らせん菌である。　3. 潜伏期は長く、2～5 日間である。　4. 肉類（特に鶏肉）が原因食となる場合が多い。　　　　　　　　　　　　　　　　　　　　**解答** 5

3.5 黄色ぶどう球菌（*Staphylococcus aureus*）

(1) 原因菌

　黄色ぶどう球菌（*Staphylococcus aureus*）（写真4.3)はぶどう球菌科ぶどう球菌属の細菌であり、土壌や動物など自然界に広く分布している。また、ヒトの皮膚や鼻腔などにも存在している常在菌である。本菌は**グラム陽性の通性嫌気性球菌**であり、**食塩が15%程度においても増殖可能である**。ヒトや動物の**化膿性疾患**、あるいは敗血症の原因菌のひとつでもある。また、毒素ショック症候群や院内感染を引き起こすことも知られている。抗生物質のメチシリンに抵抗性を獲得したとして名づけられた**メチシリン耐性黄色ぶどう球菌**（Methicilline resistant *Staphylococcus aures*；MRSA）は薬剤耐性をもっており、病院などで大きな問題となっている。

　ぶどう球菌属の細菌としては、黄色ぶどう球菌、表皮ぶどう球菌（*S. epidermidis*）、腐生ぶどう球菌（*S. saprophyticus*）などの種が知られているが、細菌性食中毒の原因菌は黄色ぶどう球菌である。黄色ぶどう球菌は、マンニットを分解し、コアグラーゼ（血漿凝固酵素）陽性で黄色色素を産生する。ぶどう球菌食中毒は、毒素型の代表的な食中毒で、黄色ぶどう球菌（*S. aureus*）の産生するエンテロトキシン（enterotoxin；腸管毒）を含んだ食品を摂取することによって起こる。エンテロトキシンは、たんぱく質であり数種類の毒素型が認められている。このうち、A型毒素による食中毒が最も多く発生している。黄色ぶどう球菌のエンテロトキシンは耐熱性で、100℃、30分加熱でも不活性化されない。したがって、食品中でひとたびエンテロトキシンが産生されると、通常の調理程度の加熱では失活しない。黄色ぶどう球菌が食品を汚染したとしても、そこで増殖し、毒素を産生しなければ、食中毒が発生する危険性はない。**エンテロトキシンは40〜45℃前後で最も産生されやすく、10℃より低温では産生が抑制される**。

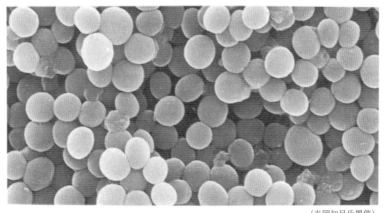

（光岡知足氏提供）

写真4.3　黄色ぶどう球菌

(2) 原因食品

　黄色ぶどう球菌は、環境の変化に対して耐性が強く、乾燥した環境下でも、比較的長期間生存できる。ヒトや動物の鼻粘膜、咽頭および毛髪などに広く分布する他、粉じんに付着していることがある。食中毒は、エンテロトキシンが産生された食品を食べて発生する。**食品はきわめて多彩であり、にぎりめし、ポテトサラダ**、折り詰め弁当、すし、もち、菓子、豆腐、牛乳その他乳製品、加工食品（ハム、ソーセージ、さつま揚げ、その他の魚介類加工品）などがある。

(3) 症状

　本菌による食中毒の潜伏期間は、1〜5時間程度で、平均約3時間である。発症は急激で、はじめ唾液分泌増加、次いで吐き気、嘔吐、腹痛、下痢などが主症状となる。特に**嘔吐**は必発症状である。エンテロトキシンは脳の嘔吐中枢に作用して嘔吐を起こすと考えられている。また、下痢は水様性便が多く、まれに発熱や悪寒などを伴う場合もある。本食中毒の集団発生の発病率は約30％とされ、発生の有無や症状の軽重は、エンテロトキシン量と個人の感受性が関係している。食中毒としての臨床経過は、通常短時日で、早いものでは数時間、長くとも2〜3日で治癒する。予後も良好である。死亡は、乳幼児、老人、基礎疾患を有するものにごくまれにみられる。

(4) 予防

　既に述べたようにエンテロトキシンは耐熱性であるため、加熱によって確実に予防することは不可能である。したがって、菌が付着しないようにすること、菌が増殖しないようにすること、仮に菌が存在してもエンテロトキシンが産生される前に殺菌することが重要である。菌自体は熱に耐性をもたないのでエンテロトキシン産生以前に殺菌することは効果がある。また、10℃より低温ではエンテロトキシン産生は抑制されることから、食品の低温保存は食中毒予防に有効である。

　2000（平成12年）年6月末から7月にかけてY乳業の牛乳および乳製品による食中毒事件が起きた。本菌による食中毒事件としては近年にない大規模な事件であった。製品の牛乳そのものからは生菌が検出されなかったが、耐熱性の毒素エンテロトキシンA型が検出された。厚生省（現厚労省）の発表によると最終的な届出人数は13,420人となっている。最近では、黄色ぶどう球菌による食中毒は減少傾向である。食中毒統計によれば2018（平成30）年の患者数は405人であった。集団発生に対しても、常に注意を払う必要がある。

例題8　黄色ぶどう球菌（*Staphylococcus aureus*）に関する記述である。正しいのはどれか。1つ選べ。

1. 本菌による食中毒以外の疾病は知られていない。
2. 感染型の食中毒である。
3. 必発症状に嘔吐がある。
4. 本菌食中毒の予後には、さまざまな後遺症状が起きる場合が多い。
5. 本菌は耐熱性で100℃30分の加熱に耐えるが、本菌が産生する毒素は熱に比較的弱い。

解説　1. 本菌はヒトや動物の化膿性疾患、あるいは敗血症の原因菌のひとつでもある。　2. 本菌による食中毒は、典型的な毒素型である。　4. 後遺症は少なく、予後は良好である。　5. 菌自体は熱に耐性をもたないが、産生する毒素エンテロトキシンは耐熱性であり、100℃、30分加熱でも不活化されない。　　　　　　　　　　解答　3

3.6　セレウス菌（*Bacillus cereus*）

　セレウス菌食中毒は、従来日本では発生が少なく、北部・東部ヨーロッパ諸国で多く発生していた。1955（昭和30）年に、ノルウェーのHauge（ハウゲ）によって本菌と食中毒の因果関係が明確にされた。

　日本では、1960（昭和35年）年に、岡山の小学校で給食用脱脂粉乳によって発生した食中毒が最初である。この事件では、小学校5校において354人の患者が発生した。その後、本菌による食中毒が注目されるに至って、わが国においても相当数の事例が報告されている。

(1) 原因菌

　セレウス菌（*Bacillus cereus*）は、芽胞を形成するグラム陽性の通性嫌気性の桿菌であり、10～48℃で増殖可能である。多くは周毛性の鞭毛をもち運動性がある。通性嫌気性であるが好気的な環境での方が増殖速度は速い。増殖至適温度は30℃で、増殖可能なpHは4.9～9.3である。芽胞は100℃、30分、および105℃、5分の加熱に耐える。

　セレウス菌食中毒はその臨床症状によって、嘔吐型と下痢型とに分けられる。嘔吐型食中毒は食品中に産生された嘔吐毒（セレウリド）による毒素型の食中毒である。嘔吐毒は熱や酸に安定であるので、食品中で毒素が産生された場合これを摂取して発症すると考えられる。下痢型の中毒は分子量5万前後のエンテロトキシンによる感染毒素型の食中毒である。エンテロトキシンは熱や酸で容易に不活性となる。

(2) 原因食品

　セレウス菌は、土壌、汚水など広く自然界に分布しているので、食品を汚染する機会がきわめて多い。土壌中では芽胞として存在し、食品に付着すると食品中で栄養型となり増殖する。セレウス菌の芽胞に汚染された食品が、加熱処理された場合には、耐熱性芽胞が生残する。その後、増殖可能な環境条件になると発芽し増殖する。

　具体的な原因食品は、嘔吐型と下痢型で異なる。**嘔吐型の原因食品**は、チャーハン、ピラフ、オムライスなど**米飯**によるものやパスタなどでんぷんを多く含む食品であり、**下痢型の原因食品は肉類、シチュー、スープ、バニラソース**などが多い。

(3) 症状

　嘔吐型の潜伏期間は 1 〜 5 時間で、吐き気、嘔吐が主症状であり、黄色ぶどう球菌食中毒と類似していて毒素型の食中毒の特徴を示す。下痢型は、潜伏期が 8 〜 12 時間で、下痢、腹痛を主症状とし、ウェルシュ菌食中毒に類似している。両型ともに症状は一般に軽く、ほとんど 1 〜 2 日で回復し、予後は良好である。セレウス菌食中毒で死亡することはまれであるが、嘔吐型の場合、吐物が気管支に詰まり死に至った例がある。

　例題 9　　セレウス菌に関する記述である。正しいのはどれか。1 つ選べ。
 1. グラム陰性芽胞形成菌である。
 2. 主に動物の腸内に常在している。
 3. 嘔吐型の食中毒原因食品は、チャーハン、ピラフ、パスタなど米飯によるものが多い。
 4. 下痢型の食中毒原因食品は、白菜、きゃべつなど野菜類が多い。
 5. セレウス菌食中毒による致死率は高く約 20 ％である。

　解説　1. グラム陽性芽胞形成桿菌である。　　2. 土壌、汚水など広く自然界に分布している。　　4. 下痢型の食中毒原因食品は、肉類、シチュー、バニラソースなどが多い。　　5. セレウス菌による食中毒で死亡することはごくまれである。　　　**解答 3**

3.7 ボツリヌス菌（*Clostridium botulinum*）

　ボツリヌス食中毒自体は、ヨーロッパにおいて 1000 年以上も前から知られていた。ボツリヌス中毒（botulism）はラテン語でソーセージを意味する "botulus" に由来する。今日ではこの食中毒は、有芽胞偏性嫌気性菌であるボツリヌス菌（*Clostridium botulinum*）の産生する毒素によるものであることが知られている。1895 年にベル

ギーで発生した生ハムによる食中毒事件において、Van Ermengem（ヴァン・エルメンゲム）が嫌気性の芽胞形成菌を分離したのが最初である。

　アメリカでは第一次世界大戦の頃から、特にカリフォルニア州に多発した。これは野菜・果実缶詰製造時の不十分な加熱殺菌が原因であった。その後、安全な缶詰食品の製造基準が確立され、ボツリヌス中毒は発生しなくなった。

　日本では1952（昭和27）年に北海道のいずしでのE型菌による食中毒で初めて報告されている。

(1) 原因菌

　ボツリヌス菌は、グラム陽性の有芽胞偏性嫌気性桿菌である。ボツリヌス菌の産生するボツリヌス毒素は単純たんぱく質でその抗原性によって、A〜Gの7型に分けられている。このうちヒトに食中毒を起こすのは、主にA、B、E型毒素産生菌である。ボツリヌス菌自体は、生物学的性状と遺伝学的特性からI群からIV群に分類されている。

　ボツリヌス菌の芽胞は一般に耐熱性である。AおよびB型毒素産生菌の芽胞は、特に耐熱性が高く、死滅させるには100℃、6時間、あるいは120℃、4分以上の加熱が必要である。しかし、E型毒素産生菌の芽胞は80℃、30分の加熱で死滅する。また増殖至適温度はA、B型毒素産生菌では37〜39℃、E型毒素産生菌では28〜32℃、また増殖最低温度はA、B型毒素産生菌が10℃、E型毒素産生菌が3℃と低温である。したがって、E型毒素産生菌は冷蔵庫内でも増殖でき、低温下においても、毒素産生能を保持している。

　ボツリヌス毒素の毒力は、自然界に存在する毒素のうちで最も強く、マウスは0.1ng程度の投与で殺すことができる。しかし、ボツリヌス菌芽胞が耐熱性であることとは対照的に、ボツリヌス毒素自体の熱に対する安定性は概して低く、A、B型中毒毒素は80℃、30分の加熱で失活する。わが国で多いE型菌中毒毒素はさらに熱に弱く63℃、10分で失活する。

(2) 原因食品

　ボツリヌス食中毒の原因食品は多様である。ヨーロッパやアメリカなどでは、自家製の野菜や果物の缶詰、ハムやソーセージなどによるものが多い。ロシア（旧ソ連）では、家庭で加工した魚などが原因食品となる例が多い。魚介類による中毒ではE型毒素産生菌による場合がほとんどである。

　日本におけるボツリヌス中毒は、魚の発酵食品である "**いずし**" が主な原因食品であった。"いずし" は、生魚と炊いたご飯を用いた発酵食品であり、3〜4週間発酵させて食べる。発酵のはじめの過程では、乳酸菌などの好気性菌が繁殖し酸素を

消費することにより、嫌気的な環境が形成される。嫌気的環境下で、食品原料や環境から混入した**E型ボツリヌス菌**の芽胞が発芽増殖し、毒素を産生することにより、食中毒が発生する。

　1983（昭和58）年6月には、熊本県において、真空包装の "からし蓮根" を原因食品とした食中毒が発生した。患者数36人、うち11人が死亡した。真空包装食品による本菌食中毒は、それまでは予期されていなかった。加熱が不十分であったために芽胞が生き残り、真空包装により嫌気的環境が形成され芽胞が増殖し毒素を産生したことによるものであった。原因菌は、わが国では比較的発生例の少ない**A型ボツリヌス菌**であった。

　また、1987（昭和62）年厚生省は**乳児ボツリヌス症**の発症を避けるために、1歳未満の乳児にハチミツを与えないようにとの通達を出した。

(3)　症状

　潜伏期は、早い場合は5〜6時間、遅い場合には2〜3日のこともあるが、北海道のE型毒素ボツリヌス中毒例では、多くが12〜24時間であった。初期症状として悪心、嘔吐など消化器系症状を呈するが、これは汚染された食品の分解産物による非特異的な刺激によるものと考えられる。

　初期症状に次いで、あるいは初期症状を示さずに、ボツリヌス毒素による特有の神経麻痺症状が表れてくる。神経麻痺症状は多くの他の細菌性食中毒とはまったく異なる。本毒素は、コリン作動性神経末端におけるアセチルコリン遊離を阻害し弛緩性の筋肉麻痺を起こす。その結果、はじめは、めまい、脱力感、倦怠感などを伴う全身の違和感が生じ、次いで特有の眼症状が表れる。患者は視力の低下を訴え、特に眼前近距離がチラチラして識別しにくくなり（調節麻痺）、さらに進むと、2重3重に見える**複視**を呈し、瞳孔は散大、対光反射の遅延や欠如を示す。また、眼瞼の下垂を呈することも多い。

　これに前後して、咽喉部の麻痺症状が表れてくる。すなわち、発語障害、嚥下障害が表れ、唾液の分泌が著しく低下する。次第に**呼吸困難**となり、死に至ることもある。

　罹患した場合の致死率は、他の食中毒に比べて非常に高い。事例により致死率には大きな差があるが、**20〜30%程度の致死率**を示すことが多い。

(4)　予防と治療

　ボツリヌス食中毒の予防には、菌や芽胞を付着させないこと、芽胞を殺すこと、菌が存在しても増殖・毒素産生を起こさせないこと、毒素を破壊することが重要である。近年では日本で製造された缶詰やレトルト食品でボツリヌス食中毒が発生した例はほとんどみられていない。しかし、前述したからし蓮根の事件でも分かるよ

うに不測の事態も考慮しておくべきである。

　治療は、抗毒素血清による毒素の中和が可能である。しかし、症状の特異性から患者は食中毒であるとは考えず、医療者側も容易に診断がつきにくい場合が多く、適切な治療に至らないケースもある。

例題 10　ボツリヌス菌に関する記述である。誤っているのはどれか。1つ選べ。

1. 有芽胞偏性嫌気性桿菌である。
2. 本菌が産生する毒素は、耐熱性であり 100 ℃ 30 分の加熱で不活化しない。
3. 中毒の原因食品は缶詰、ソーセージ、真空包装食品などである。
4. はちみつは、乳児ボツリヌス症の原因となる。
5. ボツリヌス菌による食中毒では、神経麻痺症状や複視などが特徴である。

解説　2. 耐熱性芽胞は 100 ℃ 30 分の加熱に耐えるが、毒素自体は耐熱性ではない。
5. ボツリヌス菌の食中毒症状は、神経症状を呈し、胃腸炎症状を示す多くの食中毒菌とは異なっている。　　　　　　　　　　　　　　　　　　　　　　　　　解答　2

3.8　ウェルシュ菌（*Clostridium perfringens*）

　細菌性食中毒発生件数全体に対するウェルシュ菌食中毒の割合は多くないが、患者数は比較的多数である。2022（令和4）年の食中毒統計によると、ウェルシュ菌食中毒の発生件数は22件で、細菌性食中毒事件全体に対する割合は約2.3％であるが、患者数は1,467人で細菌による食中毒患者の約21％であった。この傾向は毎年大きくは変わらない。

　ウェルシュ菌食中毒事件の多くは、会社、事業所、学校あるいはホテル・旅館など多人数に同一の食事を提供する施設で発生している。原因食品は、食肉あるいは魚介類を原料としたものが多く、また、集団給食あるいは仕出し弁当のように、一度に大量の原材料を加熱処理した料理を喫食した場合の発生例が多い。

(1) 原因菌

　ウェルシュ菌（*Clostridium perfringens*）は、グラム陽性の**有芽胞嫌気性桿菌**で、鞭毛をもたず運動性がない。増殖温度域は 20〜50 ℃、**増殖至適温度は 43〜46 ℃**である。pH 7.0 でよく増殖する。その産生する毒素は、エンテロトキシン以外に少なくとも13種類ある。エンテロトキシンは芽胞形成時に産生される。エンテロトキシン（α、β、ε、ι）の種類と量比によりA〜Eの5型に分類されている。そのうちヒトの食中毒に関与するのは、主として A 型菌である。A 型ウェルシュ菌は、芽胞

が耐熱性のものと易熱性のものがあり、食中毒の原因となるのは耐熱性芽胞を形成するものである。ウェルシュ菌の産生するエンテロトキシンは、60℃、10分の加熱で不活性化し、酸性条件では不安定なために、胃液によって不活性化される。したがって、この毒素を経口的に投与しても、通常は下痢症を発生させることはない。

　ウェルシュ菌食中毒は、食品中の生菌が食物とともに摂取され腸管内で増殖した後芽胞を形成するが、**芽胞形成のときにエンテロトキシンを産生し、食中毒を引き起こす**。栄養細胞の状態ではエンテロトキシンは産生しない。このため、本菌はヒトの常在細菌でありながら、食中毒の原因菌ともなるのである。ウェルシュ菌食中毒は、その多くが100℃、30分以上の加熱に耐える耐熱性芽胞形成菌によるものである。

(2) 原因食品

　ウェルシュ菌は、ヒトや動物の腸管内に常在する。また、土壌、下水あるいは河川水など、ヒトを取り巻く環境中にも広く分布している。また、健康者の糞便からは比較的高い割合で検出される。

　ウェルシュ菌食中毒の原因食品は、食肉および魚介類を原材料として加熱処理されたものが多い。また、学校給食あるいは仕出し弁当などのような大量調理による料理が原因食品になることが多い。この理由は、調理後室温に放置されると増殖可能温度帯が長時間持続する。また、加熱によって食品中の空気が追い出されるとともに肉類などに含まれている還元性物質の作用によって**食品が嫌気的状態となり、耐熱性芽胞菌の芽胞発芽が促進されることによる**。

(3) 症状

　発症までの潜伏期は、通常6〜18時間、平均12時間である。主症状は下痢と腹痛である。下痢は通常水様性で、ときには粘液または血液が混じることがあり、その回数は、1日1〜4回が多いが、より多数回の場合もある。また嘔吐、しぶり腹などがみられる。症状は一般に軽症であり、通常は1〜2日で治癒する。

(4) 予防

　食中毒の原因となるものの多くは耐熱性であり、食品から取り除くのは困難である。一方、ヒトが発症するのに必要な菌数は10^8〜10^9個と多量である。したがって、例え菌が食品中に存在しても増殖を阻止することにより食中毒を防ぐことが可能であると考えられる。調理後できるだけ早く喫食してしまうとよい。また、増殖できない程度の高温か低温におくことが重要である。食品の温度を低くする場合は、増殖可能な温度帯（20〜50℃）を通過する時間を極力短くすることが大切である。

例題11　ウェルシュ菌に関する記述である。正しいのはどれか。1つ選べ。

1. 有芽胞好気性桿菌である。

2. 芽胞形成のときにベロ毒素を産生する。

3. ヒトの腸管内の常在細菌でありながら、食中毒の原因菌ともなる。

4. 食中毒の原因食は、魚介類の生食である。

5. 主症状は発熱である。

解説　1. 有芽胞嫌気性桿菌である。　2. 芽胞形成のときにエンテロトキシンを産生する。　4. 中毒の原因食品は、学校給食や仕出し弁当などの大量調理による料理に多い。　5. 主症状は下痢と腹痛である。　　　　　　　　　　　解答 3

3.9 エルシニア・エンテロコリチカ（*Yersinia enterocolitica*）

　本菌の最初の分離の報告は比較的古くなされていたが、報告者により異なる名称が用いられるなどの混乱があった。1964（昭和39）年にFrederiksenが *Yersinia enterocolitica* と命名し、名称の統一と本格的な研究が進み、ヒトの腸管系病原菌として注目されるようになった。その後、世界各国でエルシニア・エンテロコリチカによる感染症例が報告され、特に、小児における下痢症やヒトの回腸末端炎や虫垂炎などと関連があることが認められた。また、敗血症、結節性紅斑、関節炎など多様な感染病像を示すことが分かってきた。

　わが国においては、1983（昭和58）〜1985（昭和60）年の3年間に507件の散発例の報告がなされている。しかし、最近の食中毒統計では2017（平成29）年に1件（患者数7人）、2018（平成30）年に1件（患者数7人）と非常に少なくなっている。

(1) 原因菌

　エルシニア・エンテロコリチカ（*Y. enterocolitica*）は、腸内細菌科に属するグラム陰性通性嫌気性桿菌である。増殖至適温度が28〜30℃と、他の腸内細菌よりも低く、0℃の低温条件下でも増殖する。また、周毛性鞭毛を形成し運動性を有するが、これは30℃以下で培養した場合に限られ、30℃を超えると鞭毛は形成されない。増殖速度は比較的遅い。エルシニア・エンテロコリチカ食中毒は腸管での定着および増殖、腸管粘膜への侵入によって起こる典型的な**感染侵入型細菌性食中毒**である。

(2) 原因食品

　本菌は自然界や動物腸管内に広く分布している。分離された株に占める病原性菌の割合は、ブタ70%、イヌ90%との報告もあり、汚染源として重要視しなければならない。これらの保菌動物から排菌されたエルシニア菌が、河川水、井戸水などの

環境を汚染する。また、ブタは、と殺解体時に肉や内臓がエルシニア菌に汚染され、流通過程において本菌が増殖すると考えられる。実際、**豚肉、牛肉、マトン、鳥肉、ミルク、生クリーム、アイスクリーム**などからの検出例がある。これらの食品は、低温保管されていたとしても、増殖可能となる。また、これらの食肉を取り扱うヒトの手指、包丁、まな板などの調理器具類を介して他の食品を汚染すると考えられる。一方、ペットであるイヌ、ネコでは、直接的な感染の他に、動物に触れた手を介して、食品を汚染することも考えねばならない。

　わが国におけるエルシニア・エンテロコリチカ食中毒は、1972（昭和47）年1月に静岡県で発生して以来、複数の報告があるが、そのほとんどすべてが学校給食で発生している。また、1事件において患者数が100人を越える場合が多い。1980（昭和55）年4月に、沖縄県の小、中学校で発生した事件では、患者数1,000人を超す大規模な食中毒となった。

(3) 症状

　潜伏期間は通常12〜24時間であるが、2〜5日あるいは、10日以上経過してから発生したと推定される症例もある。症状は、急性胃腸炎、終末回腸炎、腸間膜リンパ節炎および虫垂様突起炎、結節性紅斑、関節炎、敗血症などである。下痢の便性状は水様便が多いが、その回数は少なく、軟便程度で終わる場合が多い。また、便中に多形核白血球が認められることがある。腹痛、頭痛、倦怠感の発現頻度は高い。

(4) 予防

　エルシニア菌は熱に弱いため、加熱により予防が可能となる。加熱できない場合は、低温でも徐々に増殖するので、冷蔵庫による保存を過信してはならない。

　治療が必要な場合、一般に抗生物質は有効である。

3.10 ナグビブリオ (NAG Vibrio：*Vibrio cholerae* Non 01、*Vibiro mimicus*)

(1) 病原菌

　ナグビブリオには2種の菌が含まれ、そのひとつは分類学的にはコレラ菌（*Vibrio cholerae*）と同じ種である。抗原型がコレラ菌と異なり、ヒトにコレラ症のような症状を起こさない。また、この名称は01血清に対し凝集を起こさない（non-agglutinable *vibrio*）に由来している。ナグビブリオの他方の *Vibrio mimicus* は、現在コレラ菌とは異なる菌種であると考えられているが、以前は同一の種であるとされていた。1982（昭和57）年にナグビブリオが食中毒菌に追加されたとき、両菌種をまとめてナグビブリオとした。ナグビブリオはコレラ症を起こさないが、食中毒の原因となる。ナグビブリオの2種の細菌は、いずれもビブリオ科ビブリオ属のグラ

ム陰性通性嫌気性菌であり、菌体はややわん曲しており単毛性の鞭毛をもつ。

　その他、食中毒の原因となるビブリオ属にビブリオ・フルビアリス（*Vibrio fluvialis*）やビブリオ・ファーニシ（*Vibrio furnissii*）などがある。いずれも海水および汽水域に分布し、生息の魚介類を汚染する。海産魚介類の生食は注意を要する。

(2) 原因食品

　ナグビブリオはコレラ菌と生息域も同一であり、海水、汽水域に生息している。また、これらの水域に生息する魚介類から分離される。本菌による食中毒の主な原因食品は海産魚介類であるが、2次汚染した場合は多様な食品が原因となる。実際、日本ではローストチキンやマッシュポテトによる食中毒が報告されている。

(3) 症状

　本菌による食中毒では、潜伏期が5〜36時間で、多くは18時間以内に発症する。主な症状は水様性または粘血性の下痢、腹痛、嘔吐などである。軽度の発熱を伴うこともある。コレラ症のように重症化することは少なく、通常は2日程度で回復するが、まれに重症例も報告されている。

(4) 予防

　予防としては汚染海域生息魚介類の生食を避けることである。本菌は熱に弱いので十分な加熱により予防することができる。また、生の魚介類を食べるときは、新鮮なものをできるだけ時間をおかずに食べきる必要がある。2次汚染による食中毒事例もあるので2次汚染を避けることも、他の食中毒同様に大切である。

3.11 エロモナス（*Aeromonas*）

　エロモナス食中毒の原因菌は、*Aeromonas hydrophila*および*Aeromonas sobria*の2種である。これらの細菌による食中毒をエロモナス食中毒という。なお、*Aeromonas caviae*もヒトに下痢症を起こすと報告されている。

　これらの菌は、エロモナス科エロモナス属に属するグラム陰性通性嫌気性桿菌で、芽胞は形成せず菌体の一端に1本あるいは複数本の鞭毛をもつ。河川、湖、汚水の他、沿岸海水中などに分布しており、これらの水域に生息する魚介類、両生類、は虫類から検出されている。原因となる食品は、魚介類および未殺菌処理水（河川水および井戸水）が多い。未殺菌処理水の飲用、魚介類の生食を避けることは本菌食中毒を予防するうえで重要である。

　本菌による食中毒は、下痢、腹痛、嘔吐などの胃腸炎症状であるが通常は軽度で、処置は安静にして水分・栄養補給などの対症療法による。乳幼児や免疫力の低下したヒトでは重症化する場合もある。

3.12 プレシオモナス・シゲロイデス（*Plesiomonas shigelloides*）

　プレシオモナス・シゲロイデス（*Plesiomonas shigelloides*）は、ビブリオ科プレシオモナス属に含まれるグラム陰性通性嫌気性桿菌である。芽胞を形成せず、菌体の一端に2本または数本の鞭毛をもつ。本菌は淡水域の常在細菌であり、河川、湖沼、泥およびそこを生息域とする淡水魚介類、両生類、は虫類などに分布している。

　原因食品は、アユやコイなどの淡水魚の他、海産魚介類とその加工品によることが多い。また、未殺菌処理の井戸水が原因となった事例もある。

　本菌による食中毒の潜伏期は10〜20時間であるといわれている。主な症状は、下痢および腹痛であるが軽症である場合が多い。水様性あるいは軟性の下痢が1日数回、発熱はないかあっても軽度である。2〜3日で回復し予後は良好である。

　予防法は、通常の食中毒と同様であり、原因となりやすい食品の摂取を控えるか、食べる場合は加熱することが大切である。未殺菌処理の水の使用を避けることも必要である。本菌は、熱に弱く60℃、15分で死滅する。

3.13 リステリア菌（*Listeria monocytogenes*）

　リステリア菌（*Listeria monocytogenes*）は、通性嫌気性、グラム陽性の無芽胞短桿菌で、周毛性鞭毛により運動する。乾燥に対して抵抗性があり、4℃で増殖可能である。自然界に広く分布しており、魚類、鳥類、哺乳動物などに病原性を示す。ヒトへの感染は動物からもあるが、汚染食品、特に牛乳やチーズなどの乳製品の摂食による例が報告されている。新生児や免疫不全の患者などに敗血症や髄膜炎を起こすことが多いが、健康人も時に髄膜炎を起こす。妊婦が感染すると胎児へ感染（垂直感染）し、**流産、死産**などを来すので注意が必要である。

　例題12　　細菌性食中毒と主な発生源となる食品の組み合わせである。<u>誤っている</u>のはどれか。1つ選べ。

　1.　エルシニア・エンテロコリチカ-----豚肉、牛肉、マトン、鳥肉、ミルク

　2.　ナグビブリオ-----海産魚介類

　3.　エロモナス-----未殺菌処理水の飲用、魚介類の生食

　4.　プレシオモナス・シゲロイデス-----アユやコイなどの淡水魚の他、海産魚介類

　5.　リステリア菌-----豚肉

　解説　5.　原因となる食品は、牛乳やチーズなどの乳製品である。　　　　　解答　5

4 ウイルス性食中毒

4.1 ノロウイルス

　1997（平成 9）年 5 月に新しく食中毒の原因物質として小型球形ウイルス（Small Round Structured Virus : SRSV）とその他のウイルスが追加された。このウイルスはカリシウイルス科のウイルスであるが、当時はヒトから検出されるものの生物学的分類が決定されておらず、小型球形ウイルスとよばれてきた。その後、2002（平成 14）年の国際ウイルス学会において、小型球形ウイルスはノロウイルスとサポウイルスの 2 つの属に分類されることになった。実際、ヒトに食中毒を起こすものは、大部分ノロウイルスであるので、わが国においても 2003（平成 15）年から食中毒の分類において、従来の小型球形ウイルスをノロウイルスとよぶことになった。

　表 4.3 に示したようにノロウイルスを原因とする食中毒は多発している。1997（平成 9）年に指定され翌年の 1998（平成 10）年には患者数の第 3 位になっていることから、統計に収載される以前からもこのウイルスによる中毒が多発していたことが推定できる。2003（平成 15）年以降、患者数は第 1 位（2020（令和 2）年はその他の病原大腸菌が 1 位でノロウイルスは 2 位）事件数においても 2004（平成 16）年〜2016（平成 28）年までは第 2 位または第 1 位であり、2017（平成 29）年からは第 3 位となっている。図 4.4 にノロウイルスによる事件数の月別推移を示す。事件数は冬季に多い。

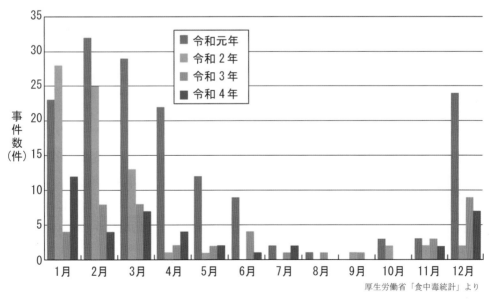

厚生労働省「食中毒統計」より

図 4.4　原因施設（飲食店）のノロウイルス食中毒事件の月別発生状況

(1) 病原菌

　ノロウイルスはカリシウイルス科に属し、1本鎖の RNA（＋鎖）をもつ 27〜38nm のエンベロープをもたない球形（正確には正 20 面体）のウイルスである。本ウイルスは細胞および実験動物を用いて培養ができないため検出が困難である。近年になり、ポリメラーゼ連鎖反応（PCR）を利用した検出法が検討され、ノロウイルスに特異的な RNA を増幅する RT-PCR 法（逆転写酵素により RNA から cDNA を合成した後 PCR を行う方法）が開発されたことから、今後さらに検出率が高まることが予想される。

(2) 症状

　ノロウイルス食中毒による症状は、下痢、嘔吐、腹痛、吐き気、発熱、頭痛などであり、血便の報告はない。ウイルス摂取後 24〜48 時間の潜伏期の後に症状が現れる。症状の持続期間は3日程度であり、予後は良好である。また、**感染成立に必要なウイルスの量は 10〜100 粒子程度とごく少量である**と考えられている。

(3) 原因食品

　原因となる主な食品は、カキなどの二枚貝の生食が多い。ノロウイルスはカキ体内での増殖はなく、体内に蓄積されるとされている。食中毒事件の発生が多い時期は 11 月から3月の冬季であり、多くの細菌性食中毒が夏期に多発することとは対照的である。ノロウイルスはヒトの腸管細胞内で増殖し、糞便中に放出される。2次汚染があると生の貝類以外でも、飲料水、サラダ、ケーキ、果実などの生食でも発生する。また、食品を取り扱う者からの感染などヒトからヒトへの感染もある。

(4) 予防

　ノロウイルスは 85℃、1分以上の加熱で感染力がなくなるとされているが、コーデックス委員会は二枚貝の加熱調理でウイルスを失活させるには中心部が 85〜90℃で少なくとも 90 秒間の加熱が必要としている。したがって、十分な加熱と2次汚染の防止が予防には重要である。ただし、食品の中心部を 85℃、1分加熱すると食品の味覚を低下させる場合もある。**活性塩素処理（次亜塩素酸ナトリウム：塩素濃度 2,000ppm）により容易に不活化する**ので、飲料水の活性塩素処理は予防に有効である。一般に、エタノールや逆性石鹸は失活化にあまり効果はない。

　下痢症を起こすウイルスとしてはノロウイルスが最も多いが、この他にロタウイルス、アストロウイルス、アデノウイルスなどがある。これらのウイルスは感染するとノロウイルスと同様に胃腸炎症状を引き起こす。

例題 13　ノロウイルスに関する記述である。正しいのはどれか。1つ選べ。

1. 食中毒の発生は、夏季に集中する。

2. 遺伝子は 1 本鎖の RNA（＋鎖）である。

3. 感染成立に必要なウイルスの量は数千粒子以上である。

4. カキなどの二枚貝の中腸腺内で増殖する。

5. ノロウイルスの失活には、中心部温度が 70℃で 60 秒間以上の加熱が必要としている。

解説　1. ノロウイルスの食中毒は冬季を中心に多発している。　2. ノロウイルスはエンベロープをもたない 1 本鎖（＋鎖）RNA ウイルスである。　3. 感染成立に必要なウイルスの量は 10〜100 粒子程度とごく少量である。　4. 原因食品は、二枚貝などが多いが、ウイルスは貝の体内（中腸腺）で増殖するのではなく、ヒトの腸管上皮細胞内で増殖する。貝類はこのウイルスを体内に蓄積すると考えられている。 5. ノロウイルス失活には、中心部が 85〜90℃で 90 秒間以上の加熱が必要とされている。　　　　　　　　　　　　　　　　　　　　　　　　　　　　　　　　解答 2

4.2 A 型・E 型肝炎ウイルス

　A 型肝炎ウイルスは 1 本鎖の RNA（＋鎖）をもつ直径 27 nm の正 20 面体ウイルスである。汚染された水や食物を通して経口的に体内に入り、血流で肝臓に感染する。2〜6 週間の潜伏期を経て、頭痛、悪心、食欲不振、胃腸障害が起こる。その後、黄疸を伴う急性肝炎となる。通常、1〜2 カ月で自然治癒して、慢性化しない。予後は良好である。しかし、高齢者では重症化率が高くなる。発症 1 週間前に糞便中に多量のウイルスが検出されるが、これが環境を介して、水や食物を汚染する。したがって、予防には、環境衛生の整備が重要である。日本では環境条件が整っているので公共の水による感染は少なく、魚介類などの生食によって感染することが多い。

　E 型肝炎ウイルスの臨床的症状は A 型肝炎ウイルスの場合と類似しており、キャリア化することはなく、一過性の感染を特徴とする。また、肝がんとの関係はないとしている（平成 15 年 8 月 1 日付け厚労省医薬食品局；健感発第 0819001 号）。

　感染食品は野生動物（シカ）やブタの生肉、生臓器（レバー、ホルモンなど）である。

5　自然毒食中毒

　自然毒食中毒は、自然界の動植物に含まれる有害成分の摂取により引き起こされる食中毒で、致死性が高い場合も多く、食品衛生上重要である。厚生労働省発表の2014（平成26）年〜2022（令和4）年の食中毒統計によると、事件数 100 件前後、患者数は年間数十人〜数百人で推移している。死亡例の原因物質としては、自然毒によるものが以前は 80% 前後と高い割合を占めていた。現在は減少傾向にあるものの、この 5 年間をみても食中毒事件の全死者数 16 人のうち自然毒による食中毒事件の死者は 14 人と、全死者数の約 88% を占めている（表 4.6）。

表 4.6　食中毒発生状況

上段：食中毒全数　　下段：自然毒によるもの（植：植物性自然毒　　動：動物性自然毒）

		事件数			患者数			死者数	
平成30	1,330			17,282			3		
	61	植	36	133	植	99	3	植	3
		動	25		動	34		動	0
令和元	1,061			13,018			3		
	81	植	53	172	植	134	3	植	2
		動	28		動	38		動	1
2	887			14,613			3		
	84	植	49	192	植	127	3	植	2
		動	35		動	65		動	1
3	717			11,080			2		
	45	植	27	88	植	62	1	植	1
		動	18		動	26		動	0
4	962			6,856			5		
	50	植	34	172	植	151	4	植	3
		動	16		動	21		動	1
計	4,957			62,849			16		
	321	植	199	757	植	573	14	植	11
		動	122		動	184		動	3

5.1　動物性自然毒

　動物性自然毒食中毒は、陸上動物が原因となるものはほとんどなく、魚類や貝類に含まれる自然毒（マリントキシン）によるものが中心となる。

(1) 魚類の毒

1) フグ毒

フグ毒による食中毒は、わが国の動物性自然毒による食中毒の首位を占めている。発生件数は毎年30件前後、患者数は40〜50人程度であるが、死者数は全食中毒死者数に占める割合はかつてに比べると減少傾向にある。それでも、発生頻度は少ないものの、発生すると命を落とす危険性が大きいのが特徴といえる。発生時期は、ほぼ通年発生しているが、冬場の10月〜3月の発生件数が多い。発生場所は家庭が最も多く、釣り人などの素人料理によることが多い。

写真4.4 トラフグ

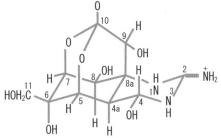

図4.5 テトロドトキシンの構造

フグ中毒の原因となるフグ毒は、テトロドトキシン（Tetrodotoxin 分子式：$C_{11}H_{17}N_3O_8$：$C_{11}H_{17}N_3O_8$ 分子量319）（図4.5）という神経毒で、毒性は青酸カリウムの約1,000倍程度で、ヒトの最少致死量（MLD）[*2]は10,000マウスユニット（MU）[*3]といわれ、約2mgに相当する。テトロドトキシンは骨格筋や神経の膜電位依存性ナトリウムイオンチャネルに結合し、チャネル内へのナトリウムイオンの流入を阻害して神経伝達を遮断する神経毒である。テトロドトキシンは紫外線や直射日光に対する抵抗性があるうえ、**耐熱性が高く、通常の調理ではほとんど失活しないので注意を**要する。日本近海には50種類以上のフグが生息しているが、そのうちの20数種が食用にされている。フグは種によって、無毒種のものから猛毒種のものまであり、また同じ種でも個体や部位、生息地域によって毒力に大きな差がある。厚生労働省では1983（昭和58）年「フグの衛生確保について」の通達を出し、食用に供することのできるフグの種類と部位を定めた（表4.7）。一般に卵巣および肝臓は毒力が強いので食用にできない。

フグ中毒は、食後30分〜3時間で発症し、症状は口唇、顔面や指先などのしびれがみられ、重症では四肢の麻痺、歩行困難、呼吸困難、血圧低下、意識混濁となり、呼吸麻痺により死亡する。発症が早いほど重症で、予後は不良である。致死時間は8時間以内といわれており、それ以上経過すれば回復の見込みがある。フグ中毒の

---

*2 **最小致死量**（MLD：minimum lethal dose）：化学物質の毒性を表す基準のひとつで、その化学物質を投与された個体を死亡させるのに要する化学物質の最小量。

*3 **マウスユニット**（MU：mouse unit）：マウス単位（コラム参照）

表 4.7　ヒトの健康を損なう恐れがないと認められるフグの種類と部位

○食用可

科　　　名	種　類（種　名）	部位		
		筋肉	皮	精巣
フ　グ　科	トラフグ、カラス、シマフグ、カナフグ、シロサバフグ、クロサバフグ、ヨリトフグ	○	○	○
	ショウサイフグ、マフグ、メフグ、アカメフグ、ゴマフグ、ナシフグ*	○	－	○
	クサフグ、コモンフグ、ヒガンフグ、サンサイフグ	○	－	－
ハリセンボン科	イシガキフグ、ハリセンボン、ネズミフグ、ヒトヅラハリセンボン	○	○	○
ハ コ フ グ 科	ハコフグ	○	－	－

＊ナシフグに関しては、筋肉は有明海および橘湾産のものと、香川県および岡山県の瀬戸内海域で漁獲されたものに限り、また、精巣については有明海および橘湾産のもので長崎県が定める処理要領により処理されたもののみの食用が認められている。

応急処置は、胃洗浄、人工呼吸などの対症療法のみで、特効薬はない。

　食中毒予防のため、フグを食べる機会の多い都道府県では、フグ取扱い条例*4を設けてフグ取扱い者を免許制にしている。

　フグ毒は、長い間、フグだけがもつと考えられてきたが、現在では、両生類のカリフォルニアイモリの卵、魚類のツムギハゼ、アテロパス属のカエルの皮膚、ヒョウモンダコの後部唾液腺、巻貝などから検出され、フグ以外の多様な生物が保有することが知られている。1979（昭和 54）年に発生した大型巻貝ボウシュウボラによる食中毒事件では、原因物質は、この巻貝の中腸腺に含まれていたフグ毒であり、さらに、餌のヒトデがフグ毒を保有していたことが分かり、この巻貝の毒化は食物連鎖によることが明らかにされた。また、ビブリオ、シュードモナスなどの海洋細菌がテトロドトキシンを産生することが認められたことから、フグの毒化機構は、これらの海洋細菌を起源とする食物連鎖によるものと考えられるようになった。

例題14　フグ毒に関する記述である。誤っているのはどれか。1つ選べ。
1. フグによる食中毒の多くは、家庭で起きている。
2. フグ毒（テトロドトキシン）は神経毒であり、ナトリウムチャネルを阻害する。
3. テトロドトキシンは耐熱性が高く、通常の調理では失活しない。
4. 同じ種類のフグであっても、毒力は固体、部位、生息地域によって異なる。
5. テトロドトキシンは、フグ固有の毒素であり、内臓にはフグ毒産生器官がある。

＊4 **フグ取扱い条例**：フグ毒（テトロドトキシン）に起因する食中毒の発生を防止することを目的とした、食品衛生法を根拠法令とした条例。各都道府県でフグの取り扱いやフグ調理師の試験制度などを定めているが、条例ではなく、フグ取扱指導要綱という形で規定している自治体もある。

解説　2. テトロドトキシンは神経の膜電位依存性ナトリウムイオンチャネルに結合し、チャネル内へのナトリウムイオンの流入を阻害して神経伝達を遮断する神経毒である。　5. フグの毒化には食物連鎖が重要な役割を果たしている。ビブリオ属などの海洋性の細菌が産生したテトロドトキシンが、食物連鎖を通して特に卵巣および肝臓に高濃度に蓄積することで、毒化する。フグ以外にもテトロドトキシンを有する生物は多く知られている。　　　　　　　　　　　　　　　　　　　解答 5

2）シガテラ毒

シガテラとは、主として南北両回帰線に挟まれた熱帯地方および隣接の亜熱帯地方のサンゴ礁周辺に生息する有毒魚によって起こる特異な食中毒の総称である。

全世界でのシガテラ患者は、年間 4〜5 万人ともいわれているが、わが国での発生は、奄美、沖縄など南西諸島での中毒発生例や輸入魚への混入例など毎年 1〜5 件くらいであり、過去 10 年間（2010（平成 22）年〜2019（平成 31）年）の患者総数は 117 人と報告されている。最近、九州や千葉県などの本州でイシガキダイを原因とする事例が相次いで発生し、問題となっている。シガテラ毒魚は約 400 種といわれているが、奄美大島ではバラフエダイ（写真 4.5）、ドクウツボ、アカマダラハタ、ヒトミハタ、バラハタなど約 10 種があげられる。

シガテラの毒は主に**シガトキシン**[*5]およびその類縁化合物であり（図 4.6）、毒化機構としては渦鞭毛藻が産生し、渦鞭毛藻→草食魚→肉食魚→ヒトの食物連鎖と考えられている。

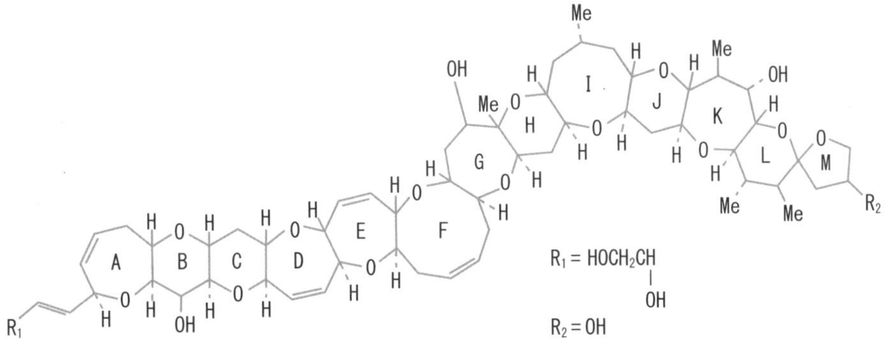

写真 4.5　バラフエダイ

図 4.6　シガトキシンの構造

[*5] **シガトキシン**：ポリエーテル系のマリントキシンであり、赤痢菌が産生する志賀毒素（shiga toxin）とは異なるものである。

　シガテラは、食後1〜8時間（ときに2日以上）で発症し、症状としては、**ドライアイスセンセーション**（温度感覚の異常）という特異な神経症状がある。これは、体が水に触れると電気が走るような痛みを感じたり、ドライアイスに触れたような刺激痛に感じたりする症状である。その他の主症状として、脱力感、倦怠感、運動失調、掻痒、四肢の痛み、筋肉痛、関節痛、頭痛、めまい、脱力、排尿障害、消化器系症状（下痢、嘔吐、腹痛、悪心など）、循環器系症状（不整脈、血圧低下、徐脈など）を呈することがある。死亡率は0.01％以下と低いが、症状が長引くのが特徴で、回復に数週間〜数カ月もかかることがある。効果的な治療法はない。

3）その他の魚毒

①パリトキシンおよびパリトキシン様毒

　長崎、高知、和歌山および三重などで水揚げされた**アオブダイ**（写真4.6）による食中毒が発生している。原因物質は**パリトキシン**で、これのマウスに対する毒性はLD_{50}[*6] $0.45\mu g/kg$（腹腔内投与）でフグ毒の20倍も強い。潜伏時間は概ね12

写真4.6　アオブダイ

〜24時間と長く、主症状は横紋筋融解症（激しい筋肉痛）やミオグロビン尿症で、呼吸困難、歩行困難、胸部の圧迫、麻痺、痙攣などを呈することもあり、回復には数日から数週間を要する。また、初期症状の発症から数日で血清クレアチンホスホキナーゼ（CPK）値の急激な上昇がみられ、重篤な場合には十数時間から数日で死に至る。

　アオブダイの他、ハコフグ科のハコフグでも同様な食中毒が発生しており、ブダイ科のブダイ、ハコフグ科のウミスズメ、ハタ科マハタ属の魚類も中毒原因魚の疑いがある。有毒部位は筋肉、肝臓、消化管、その他の内臓である。中毒は1953（昭和28）年〜2020（令和2）年に少なくとも46件発生し、患者総数は145人、うち8人が死亡している。パリトキシンはカワハギ科のソウシハギにも含まれ、沖縄やミクロネシアなどでは家畜の死亡例がある。

②ワックスおよびトリグリセリド

　アブラソコムツおよび**バラムツの筋肉**には多量の**ワックスエステル**（ワックス）が含まれており、ある量以上を食べると猛烈な下痢を起こす。アブラソコムツやバラムツの脂質含量は約20％で、その約90％がワックスであるため、消化吸収されず、

　＊6 LD_{50}：（lethal dose median；50％致死量、半数致死量）化合物の毒性の程度を表す指標となる数値で、その化合物を投与された実験個体の50％が死亡するときの化合物量。

下痢の原因となる。バラムツは1970（昭和45）年に、アブラソコムツは1981（昭和56）年に販売は禁止されたが、マグロ延縄で混獲されることから、他の魚の名前で切り身として販売される場合があり、しばしば問題となる。また、アブラボウズは筋肉の脂質含量が50%近くあり、脂質成分である多量のトリグリセリドの摂取により中毒が起こることがある。

③ビタミンA

ハタ科の魚類イシナギなどの肝臓の摂取により、激しい腹痛、嘔吐、発熱、全身の皮膚剥離などの症状を呈する食中毒が発生することがある。肝臓に多量に含まれるビタミンAの過剰摂取によるものと考えられている。マグロ、サメ、メヌケなどの肝臓を摂取して起こる場合もある。

イシナギの肝臓は1960（昭和35）年に食用禁止となっている。

例題15　魚類とその食中毒原因物質の組み合わせである。正しいのはどれか。1つ選べ。

1. イシガキダイ------シガトキシン　　2. アオブダイ------ワックス
3. アブラソコムツ------パリトキシン　　4. イシナギ------ビタミンD

解説　2. アオブダイによる食中毒原因物質はパリトキシンである。　3. アブラソコムツによる食中毒原因物質はワックスである。　4. イシナギの肝臓の摂取による食中毒は、肝臓に多量に含まれるビタミンAの過剰摂取である。　　　　**解答**　1

---

(2) 貝類の毒

1) 麻痺性貝毒

北アメリカやカナダなどの太平洋岸では古くから知られている。わが国では、麻痺性貝毒による食中毒と思われるものが最初に報告されたのは1948（昭和23）年である。その後、散発的に食中毒が発生し、これまでに100人以上が中毒し、4人が死亡している。

麻痺性貝毒は*Alexandrium*属の*A. tamarense*や*A. catenella*などの渦鞭毛藻が産生し、これを食べた二枚貝などが毒化する。毒化海域は、現在では日本全国に及んでいる。**ホタテガイ**、**アサリ**、**マガキ**など、ほとんどの二枚貝の毒化が知られているが、二枚貝以外でもプランクトンを餌とするマボヤの毒化や、麻痺性貝毒で毒化した二枚貝を捕食するトゲクリガニなどの毒化が報告されている。

麻痺性貝毒は単一の成分ではなく、現在では30種近くの成分が同定されており、

化学構造から、**サキシトキシン群**、**ゴニオトキシン群**、**プロトゴニオトキシン群**などに分けられている。毒力は成分により大幅に異なる。ヒトの最小致死量（MLD）はサキシトキシン 0.5 mg 強に相当する 3,000 MU といわれている。

　中毒症状はフグ中毒と同様で、食後 30 分～3 時間で発症し、口唇、舌などのしびれ、四肢の麻痺がみられ、重症の場合は運動失調、言語障害、口渇、吐き気、嘔吐が現れ、呼吸麻痺で死亡する。

　二枚貝の麻痺性貝毒による毒化は、多くはプランクトンの増殖期にあたる春先から初夏にかけて日本各地でみられるが、生産地では定点を設けて定期的に貝の毒性調査を行い、可食部 1 g 当たりの毒力が 4 MU 以上のとき出荷規制を行っている。また、最近、輸入港の行政検査で、アジア地域から輸入されたアサリ、アカガイなどの二枚貝から麻痺性貝毒が基準値を超えて検出されることがあるが、基準値を超えると規制がとられる。これらの規制処置により、近年では、市場に出回る貝類では下痢性貝毒や麻痺性貝毒による食中毒事例の報告はほとんどない。

　麻痺性貝毒は、通常の調理では毒性は消えず、特に酸性域では高圧蒸気滅菌器（オートクレーブ）による121℃、2 時間加熱で毒性が変わらなかったという報告もあり、注意が必要である。

　一方、プランクトンを餌としない、南西諸島に生息するオウギガニ科のウモレオウギガニ、スベスベマンジュウガニ、ツブヒラアシオウギガニなども麻痺性貝毒を高濃度に保有しており、食中毒が発生し、かなりの死者も出ている。

　また、1993（平成 5）～1994（平成 6）年に輸入されたスペイン産セイヨウトコブシに麻痺性貝毒が高濃度に検出され問題となった。

2) 下痢性貝毒

　1976（昭和 51）年、宮城県でムラサキイガイの喫食による集団食中毒が発生し、その原因毒は下痢性貝毒と称された。

　下痢性貝毒も渦鞭毛藻に属する *Dinophysis* 属の *D. fortii* などのプランクトンによって産生され、これを二枚貝が食べて毒化する。毒化時期は 4～8 月で6～8 月がピークといわれている。これまで毒化が報告されている二枚貝は**ホタテガイ**、**ムラサキイガイ**、**イガイ**、**アサリ**、**コタマガイ**、**チョウセンハマグリ**などで、毒化海域は北海道から東北地方に集中している。

　下痢性貝毒も単一成分ではなく、**オカダ酸**、**ディノフィシストキシン群**、**ペクテノトキシン群**、**イエッソトキシン**などがあるが、下痢原性を示すのはオカダ酸、ディノフィシストキシン 1 および 3 の 3 成分である。

　中毒症状は、食後 4 時間以内で発症し、下痢が必発症状で、吐き気、腹痛などの

消化器系障害が主体である。ほぼ3日で回復し、予後は良好で死者は出ていない。しかし、オカダ酸は強力な発がん促進作用を示すことが明らかにされている。

　下痢性貝毒についても、二枚貝の生産地で定期的な毒性調査が実施され、規制値0.05 MU/g を超えると出荷規制が取られている。

3）その他の貝毒

① ドウモイ酸

　1987（昭和62）年、カナダ東海岸で**ムラサキイガイ**による食中毒が発生し、患者107人のうち4人が死亡、12人に記憶障害の後遺症が残った。原因物質は、L-グルタミン酸や、以前駆虫薬として用いられていた L-カイニン酸などと同様の興奮性アミノ酸の一種であるドウモイ酸とされた（図4.7）。ドウモイ酸は紅藻類のハナヤナギから分離され、駆虫効果を示すことが知られている。ムラサキイガイの毒化は、ドウモイ酸を産生するシュードニッチャ（*Pseudonitzschia*）属などの珪藻類に由来するとされている。

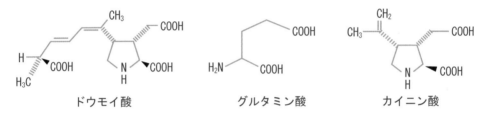

ドウモイ酸　　　　　グルタミン酸　　　　　カイニン酸

図 4.7　ドウモイ酸の構造

② テトラミン

　寒海に生息する肉食性巻貝**ヒメエゾボラ、エゾボラモドキ**（写真4.7）、**チジミエゾボラ**などの摂食によりしばしば食中毒が発生している。原因毒は、これら巻貝の唾液腺に局在する**テトラミン（塩化テトラメチルアンモニウム）**である。中毒量は数10 mgと推定されており、これらの巻貝には1個当たり15～30 mg程度のテトラミンが含まれることから、2～3個以上の摂食で発症すると考えられる。

写真 4.7　エゾボラモドキ

　中毒は食後約30分で発症し、主な症状は頭痛、めまい、船酔感、足のふらつき、吐き気などである。蕁麻疹が出ることもある。中毒症状は比較的軽く、通常2～3時間で回復し、死亡例はないが、ときに重症化することがある。わが国では、テトラミン中毒は、1件当たりの患者数は数名と少ないながら、年間およそ1～5件程度、毎年のように発生している。

食中毒防止には唾液腺を食べないように消費者に周知させる必要がある。

③ **スルガトキシン**

1965（昭和40）～1971（昭和46）年にかけて、静岡県沼津市我入道産**バイ**（**写真4.8**）による食中毒が散発した。原因物質はバイの中腸腺に局在し、**ネオスルガトキシン**と命名された。中毒症状は口渇、瞳孔散大、便秘、腹痛、嘔吐、血圧降下などであった。1974（昭和49）年以降、バイの毒力は急速に減少した。一方、バイはフグ毒であるテトロドトキシンを保有することがあり、それによる食中毒例もある。

写真4.8 バイ

例題16 貝類とその毒素成分の組み合わせである。<u>誤っている</u>のはどれか。1つ選べ。

1. 麻痺性貝毒------サキシトキシン群
2. 下痢性貝毒------オカダ酸
3. ムラサキイガイ------ドウモイ酸
4. エゾボラモドキ------テトロドトキシン
5. バイ------ネオスルガトキシン

解説 4. エゾボラモドキの毒素成分は唾液腺に局在するテトラミンである。**解答** 4

5.2 植物性自然毒

植物性自然毒による食中毒としては、有毒植物によるものと毒キノコによる食中毒に大きく分けられる。キノコ類は、現在の生物学的分類によれば、植物ではなく、菌類であるが、厚生労働省の食中毒統計では植物性の食中毒に区分されている。

(1) 毒キノコ

日本では、気候、風土が、キノコの生育に適しているので、キノコの種類は多く、少なくとも約5,000種あるが、食用になるのは約100種であるといわれている。

毒キノコによる食中毒の発生は9～10月に多く、2011（平成23）～2020（令和2）年の統計では、日本全国で327件発生し、中毒患者数は877人で、3人死亡している。発生場所の約9割は家庭であり、1件当たりの患者数が少ないなどの特徴がみられる。

1) 中毒症状による分類

毒キノコは約30種あるが、特に**カキシメジ、クサウラベニタケ、ツキヨタケの3**

種類での事故が多い。また、タマゴテングタケやドクツルタケは猛毒をもち、1本でも致死量となり、死亡事例では、原因キノコが判明したもののうちの約半分はドクツルタケが原因である。また、2004（平成16）年と2007（平成19）年には、それまでに食用として食べられていたスギヒラタケによる急性脳症の発生を疑う事例が報告されている。

　毒キノコの中毒症状は胃腸症状型、コレラ様症状型および神経系症状型の3つに大別でき、さらに神経系症状型には、ムスカリン様症状型、アトロピン様症状型、幻覚剤中毒型、肢端紅痛症型およびアンタビュース（antabuse）*8様症状型などがある。

（i）胃腸症状型

　食後30分〜1時間後に悪心、嘔吐、下痢を引き起こすが中毒症状は軽度で死亡例は少ない。ツキヨタケなど。

（ii）コレラ様症状型

　食後6〜24時間後にコレラ様の症状（嘔吐、下痢、腹痛）が現れるが、この症状は1日位で収まる。その後24〜72時間で内臓の細胞が破壊され肝臓肥大、黄疸、胃腸の出血などの肝臓、腎臓機能障害の症状が現れ、死亡する場合がある。ドクツルタケ、タマゴテングタケ、シロタマゴテングタケなど。

（iii）神経系障害型

a）ムスカリン様症状型

　食後10〜30分で大量に発汗し、粘液の分泌増進が起き、意識喪失する場合もある。アセタケ、クサウラベニタケなど。

b）アトロピン様症状型

　食後30分〜3時間で異常な興奮をし、よだれが出て、筋繊維性痙攣が起きる。ベニテングタケ、イボテングタケなど。毒成分はイボテン酸とその分解物のムシモールである。

c）幻覚剤中毒型

　食後30分〜1時間で幻聴や幻視が現れ、精神錯乱や筋弛緩を引き起こす。シビレタケ、ヒカゲシビレタケなど。幻覚作用を有する主成分として シロシビン、微量成分としてシロシンが含まれる。

d）肢端紅痛症型

　食後数日の潜伏期間後、手足の先端が紅潮し、長く続く激痛が起きる。ドクササコなど。毒成分はクリチジンである。

---

　*8 **アンタビュース**：嫌酒薬。アンタビュースを投与したのちアルコールを摂取すると、頭痛・悪心などの副作用を示すため、アルコールを嫌悪するようになる。

e）アンタビュース様症状型

　キノコを酒と一緒に食べたときに限り、30分～1時間後に、顔面や頸部、手、胸部の紅潮や、心悸亢進、めまい、悪心、嘔吐、頭痛などが起きる（酒を飲んだ後の悪酔いや二日酔いの症状）。ヒトヨタケ、ホテイシメジ、スギタケなど。毒成分はコプリンである。

2）主な毒キノコ

（ⅰ）**ドクツルタケ**（テングタケ科、猛毒、毒成分：アマトキシン類、ファロトキシン類などの環状ペプチド）

　わが国のキノコ中毒による死者はほとんどがこのグループのキノコによる。**シロタマゴテングタケ**などのテングタケ類や**ニセクロハツ**なども同じ毒成分を含む。1～2本が致死量といわれている。食用キノコのシロマツタケモドキ、ハラタケ、ツクリタケと間違えられやすい。

（ⅱ）**クサウラベニタケ**（毒成分：コリン、ムスカリジン、ムスカリンなど（嘔吐誘発物質）、分子量約4万のたんぱく（下痢成分））。

　ムスカリン群には副交感神経末梢の興奮作用があり、食後1.5～2時間で、流涎、発汗、脈拍緩徐、涙液、膵液などの分泌増進、気管支輪状筋収縮による呼吸困難、胃腸の痙攣、嘔吐、下痢などを起こす。食用のウラベニホテイシメジ、ホンシメジ、ハタケシメジに似ている。

（ⅲ）**ツキヨタケ**（毒成分：イルジンS、イルジンM、ネオイルジン）

　主として山地のブナ林の倒木に生え、かさの色は**シイタケ**に似ているが、柄の中心部に紫黒色のしみがあるので区別できる。また、ひだは発光する。食後30分～3時間ほどで腹痛と下痢・嘔吐を起こす。食用のヒラタケ、シイタケ、ムキタケに似ている。

（ⅳ）**カキシメジ**（毒成分：ウスタリン酸（水溶性））

　食後30分～3時間で発症し、頭痛を伴い、嘔吐、下痢、腹痛などの症状を起こす。食用のチャナメツムタケ、マツタケモドキ、クリフウセンタケなどと似ている。

（ⅴ）**ベニテングタケ**（毒成分：イボテン酸、ムシモール、ムスカリンなど）

　食べて15～30分して発症し、酒に酔ったような興奮状態になり、精神錯乱、幻覚、視力障害などを起こす。ベニテングタケやテングタケによる中毒はイボテン酸の他にムスカリンを含むため筋肉の激しい痙攣や精神錯乱症状が強く出るが、嘔吐するので死亡することは少ない。食用になるタマゴタケに似ている。

（ⅵ）**ヒカゲシビレタケ**（毒成分：シロシン、シロシビン）

　シロシビンなど催幻覚成分を含み、中毒症状は不快な酩酊感やしびれなどの身体

症状、視覚性の変化を示し、昏迷状態や錯乱状態になることがある。中毒状態は 4〜6 時間続くが、死亡することはほとんどない。食用のナメコやナラタケに似ている。マジックマッシュルームの一種で、「麻薬及び向精神薬取締法」で麻薬原料植物および**麻薬として規制**され、使用することも所持することも違法である。

例題17 毒キノコと毒素成分の組み合わせである。正しいのはどれか。1つ選べ。
1. ドクツルタケ------アマトキシン類
2. クサウラベニタケ------イルジンS
3. ツキヨタケ------ムスカリン
4. ベニテングタケ------シロシビン
5. ヒカゲシビレタケ------イボテン酸

解説 2. クサウラベニタケ—ムスカリン 3. ツキヨタケ—イルジンS
4. ベニテングタケ—イボテン酸 5. ヒカゲシビレタケ—シロシビン **解答** 1

---

(2) 有毒植物による食中毒

植物には有毒なものが多いが、食用にできる植物と誤食して中毒を起こすことがある。中毒は 4〜5 月に多発しており、早春の芽生えの時期に、食べられる野生の植物（山菜）と識別できずに採取して起こることが多い。

1) ナス科植物ハシリドコロおよびチョウセンアサガオによる食中毒

ナス科には有毒なアルカロイド*9 を含む植物が多い。そのなかでも、**アトロピン系アルカロイド**と称される有毒アルカロイドを含むハシリドコロやチョウセンアサガオの誤食による食中毒が発生している。

ハシリドコロはわが国の山間の陰地に自生する多年生草本で、全草が有毒で、特に根、根茎などに毒成分を多く含むが、茎葉も危険である。アルカロイドの**スコポラミン**、**ヒヨスチアミン**などを含む。ヒヨスチアミンはラセミ化して**アトロピン**になる。中毒事例としては**フキノトウ**と間違えて摂食したための事故がある。

ハシリドコロによる中毒は食後約 2 時間で発症し、口渇、嘔吐、めまい、戦慄、意識障害などの副交感神経末梢抑制作用による症状を示す。

チョウセンアサガオは曼陀羅華（マンダラゲ）ともいわれ、日本各地に自生しており、**スコポラミン**、**ヒヨスチアミン**、**アトロピン**などのアルカロイドを含む。ア

---

*9 **アルカロイド**：主に植物界に広く分布し、動物に対して特異な、しかも強い生理作用をもつ塩基性窒素を含んだ有機化合物の総称。

ルカロイドは全草に含まれるが、特に種子に含有量が多い。根をゴボウと間違えて摂食したり、種子を間違えて食べたことによる中毒例がある。

アトロピン中毒は、食後30分〜1時間で発症し、顔面紅潮、瞳孔散大、口渇、脱力感、頻脈、視力減衰、歩行障害などの症状を示す。幻覚、記憶喪失などの精神症状を現すものもある。これらの症状は24時間で徐々に回復する。アトロピンやスコポラミンは副交感神経抑制薬（抗コリン作働薬）であり、アセチルコリンと競合的拮抗を起こす。致死量は0.1 g程度である。

2）トリカブトによる食中毒

トリカブトは、日本各地に自生するキンポウゲ科の多年生草本で、有毒成分はアルカロイドの**アコニチン**である。中毒事例としては、山菜のニリンソウやキク科のモミジガサ（シドケ）と間違えて摂取した事例、トリカブトの花蜜が原因となったハチミツの事例などがある。アコニチン中毒は食後10分〜1時間で発症し、腹部に特異な灼熱感、めまい、しびれなどの酩酊感、視力障害、血圧降下などの症状を呈し、呼吸麻痺で死亡する。致死量は2〜5 mgといわれている。

3）スイセンの誤食による食中毒

スイセンはアルカロイドの**リコリン**や**ガランタミン**を含んでいるが、ニラと誤認され、中毒が発生することがある。

4）バイケイソウ・コバイケイソウによる食中毒

ユリ科のバイケイソウやコバイケイソウの全草には、**ベラトルムアルカロイド**である**プロトヴェラトリンA**や**ジェルビン**などの有毒成分が含まれる。早春の芽が出てまもない時期は、ウルイの名で山菜として食されるユリ科のギボウシ類と間違えて摂食し中毒を起こす事故が、山菜による中毒で最も多い。中毒症状は流涎、頻尿、嘔吐、衰弱などである。

5）ジギタリス

ジギタリスにはステロイド配糖体の**ジギトキシン**が含まれており、強心剤として薬用に使用されているが、ジギタリスの葉を**コンフリー**と間違えてジュースにして飲んだために中毒が起きている。

この中毒例では、摂取後2時間で発症し、悪心、嘔吐、手足のしびれなどの症状が現れ、数日後に死亡している。

6）青酸配糖体を含む植物による食中毒

アンズ、梅、桜、アーモンドなどバラ科植物の果実や種子には**アミグダリン**、また、ビルマ豆、五色豆（アオイ豆）などの食品原料雑豆およびキャッサバには**リナマリン（ファゼオルナチン）**などの**青酸配糖体**が含まれる。中毒症状は消化不良、

嘔吐、痙攣などである。

　五色豆は製あん用原料として東南アジアからわが国に多量に輸入されているが、リナマリンを青酸として 0.05～0.27％含有している。キャッサバはアフリカ中部、南アフリカ北中部、東南アジア諸地域で食料資源やタピオカでんぷんの原料として栽培されている。しかし、植物全体にリナマリンを含有しているので、含有 50 ppm 未満のものは生食用、80～100 ppm 以上のものはでんぷん製造用に分けて利用される。

　リナマリンは、アセトンシアノヒドリンに糖（D-glucose）が結合した化合物であり、酵素により分解され、アセトンシアノヒドリンが遊離し、さらに高温になるか、pH 6 以上でシアン化水素まで分解される（図 4.8）。

　アミグダリンは分解され、ベンズアルデヒドおよびグルコースとともに青酸ガスを発生する。食品衛生法では、原料豆および生あん中の青酸含量の成分規格および製造基準を設けて規制している。

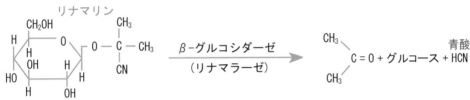

図 4.8　リナマリンの酵素分解による青酸の生成

7）じゃがいもによる食中毒

　じゃがいもの発芽部分、表皮の下、緑色部分は**ソラニン**および**チャコニン**を多量に含み、学校菜園などで収穫したじゃがいもなどでしばしば食中毒が起きている。ソラニンおよびチャコニンは**ソラニジン（ステロイド系アルカロイド）**の**配糖体**で、ソラニンはグルコース、ガラクトースおよびラムノースが、チャコニンはグルコースおよび 2 個のラムノースがそれぞれ結合している。抗コリンエステラーゼ作用、溶血、運動中枢麻痺、局所刺激作用があり、また、熱に強く 210 ℃でも 60％以上が残存するといわれる。

　中毒量は成人で 200～400 mg といわれているが、小児では 15～16 mg での発症が報告されている。中毒は食後 1～数時間で発症し、吐き気、嘔吐、腹痛、頭痛、下痢、悪寒などの症状を示す。

　ソラニン中毒を防ぐには未熟なものを避け、緑色部位や発芽部位を完全に除去して調理することが必要である。

8）プロスタグランジン類（PG）

　採取してまもない紅藻類のオゴノリを生で摂食して食中毒が発生し、死者も出て

いる。中毒は食後約30分で発症し、嘔吐、下痢、胃のむかつきなどの症状を示し、血圧低下を来してショックにより死亡したとされる。

　原因は、**生のオゴノリ**がもつアラキドン酸などの高度不飽和脂肪酸をプロスタグランジンE2などに変換する強い酵素活性により、食べ合わせたマグロの刺身中のアラキドン酸などから、患者の体内で短時間に**プロスタグランジンE2**が生成され、その薬理作用により血圧低下が引き起こされたためと推定されている。

　プロスタグランジン類はアラキドン酸から生合成される生理活性物質で、E2は子宮収縮、血圧降下などの作用があり、医薬品としても使用されているが、体内で一度に多量に生成された場合には大変危険である。

　生のオゴノリは紅褐色であるが、刺身のツマに使われる市販のオゴノリは石灰で処理されるので緑色となる。また、酵素の活性は消え、食べても安全となる。

例題18　植物とその毒素成分の組み合わせである。誤っているのはどれか。1つ選べ。

1. ハシリドコロ------ヒヨスチアミン
2. トリカブト------アコニチン
3. スイセン------リコリン
4. ジギタリス------ジギトキシン
5. アンズ種子------アミグダリン
6. 五色豆------リナマリン
7. キャッサバ------ムスカリン
8. じゃがいも------ソラニン
9. オゴノリ------プロスタグランジンE2

解説　7. キャッサバの毒素成分はリナマリンである。ムスカリンはクサウラベニタケの毒素成分である。　　　　　　　　　**解答** 7

6 食物アレルギー

　近年、特定の食物の摂食により、アレルギーを発症することが多くなっている。免疫反応は外来からの異物（抗原）を排除するために働く不可欠な生体機能であるが、この反応が特定の抗原に過剰に働くとアレルギー（皮膚・気管支粘膜などの炎症）を発症する。重篤になると、アナフィラキシーショックを起こして生命に関わることもある。アナフィラキシーショックとは外来抗原に対する過剰な免疫反応が原因で、免疫グロブリンE（IgE抗体）が抗原と結合して血小板凝固因子が全身に放出され、毛細管拡張を引き起こすためにショック状態になることをいう。食物アレルギーを引き起こす食品は年齢により異なり、乳幼児から幼児期では卵や牛乳・乳

製品が多く、青年期では甲殻類が、成人期以降ではそば、小麦、果物、魚介類などが主なアレルギー原因食品となる。食物アレルギーには摂食後直ちに発症するⅠ型アレルギーと数時間経過後に発症する非Ⅰ型アレルギーがある。食物アレルギー患者は小児に多いが、厳格な除去食の習慣は栄養への悪影響を及ぼしかねないので、原因の特定とあわせてアレルギー専門医への受診が必要である。

　食品衛生法施行規則により、**えび、かに、くるみ、そば、小麦、卵、落花生、乳または乳製品の8品目を特定原材料**として、「食品中のアレルギー物質については健康危害の発生防止の観点から、**表示の義務づけをする**」こととなった。「えび」は海老フライなど、「卵」はマヨネーズなど、「乳」はチーズなどと表示されることがある。**特定原材料に準ずる食品として20品目**（アーモンド、あわび、いか、いくら、オレンジ、カシューナッツ、キウイフルーツ、牛肉、ごま、さけ、さば、大豆、鶏肉、バナナ、豚肉、まつたけ、もも、やまいも、りんご、ゼラチン）について、**表示が推奨されている。**

例題19　次の食品のうち、特定原材料に準ずるものとして表示が推奨されているものはどれか。1つ選べ。
1. かに　　　2. りんご　　　3. 羊肉　　　4. 小豆　　　5. そば

解説　かにとそばは、特定原材料として表示が義務づけられている。りんごは特定原材料に準ずるものとして表示が推奨さている。羊肉と小豆はどちらにも入らない。特定原材料と特定原材料に準じるものの区別を確認すること。また、特定原材料8品目は覚えておいた方がよい。　　　　　　　　　　　　　　　　**解答** 2

7 マスターテーブル法

　集団食中毒が発生した場合、原因となった食品を特定する必要がある。原因食品を究明することは、被害の拡大を防ぎ、再度の被害発生を防止するためにも不可欠である。食事により食中毒が起き、その食事には複数の食品が使用されていた場合を考える。その食事に使用されたある食品が原因でないと仮定すると、その食品は食中毒の発症にはなんの影響も及ぼさないはずであるから、その食品を食べた人も食べなかった人も、同程度の割合で食中毒を発症すると考えられる。期待される食中毒の発症率を大きく超えて患者が発生した場合、その食品が原因食ではないと仮定したことが誤りである可能性が高くなる。

　このような考え方で原因食品を探ってゆく統計的手法を χ^2 検定という（χ はギリシア語の小文字でカイと読む）。

　例えば、ある食品Aについて表4.8のようになったとする（a、b、c、dはそれぞれに該当した人数）。

表4.8　食品Aについての観察値

食品A	発症	発症せず	合計
食べた	a	c	a + c
食べない	b	d	b + d
合計	a + b	c + d	a + b + c + d

　食品Aが原因食品でないとする（帰無仮説という）。その場合、食べて発症した人の割合と食べないで発症した人の割合は同じになると期待される。発症した人数の合計はa + b人で、食べた人と食べない人の合計はa + b + c + d人であるから、発症する確率は（a + b）/（a + b + c + d）となる。よって、食べた人で発症する人数の期待値は（a + b）(a + c)/（a + b + c + d）となる。同様にして、食べて発症せず、食べないで発症、食べないで発症せずの人数は表4.9のようになる。

表4.9　期待値

食品A	発症	発症せず
食べた	$\dfrac{(a+b)(a+c)}{a+b+c+d}(=\alpha)$	$\dfrac{(c+d)(a+c)}{a+b+c+d}(=\gamma)$
食べない	$\dfrac{(a+b)(b+d)}{a+b+c+d}(=\beta)$	$\dfrac{(c+d)(b+d)}{a+b+c+d}(=\delta)$

　表4.8の値が表4.9の値と比較してどの程度隔たっているかを χ^2 の計算式

$$\chi^2 = \Sigma \frac{(O-E)^2}{E}$$

を用いて計算する。ここにおいてOは観察値（表4.8におけるa、b、c、d）、Eは期待値（表4.9における各観察値に対する期待値）である。

表4.8および表4.9を用いて

$$\chi^2 = \frac{(ad-bc)^2(a+b+c+d)}{(a+b)(c+d)(a+c)(b+d)} \quad \cdots\cdots\cdots(1)$$

となる。

　食品Aが原因でない場合に χ^2 がどのような分布をするかは既に知られている。詳細は統計学などの文献を参照することで知ることができるが、ここでは結論だけを述べておく。棄却値を0.05とすると χ^2 は3.84、0.01とすると χ^2 は6.64となる。

食品 A の例でいうと、食品 A が原因食でないにもかかわらず x^2 が 3.84 以上の値をとる場合は、5 ％以下の確率でしか起こらない。 x^2 が 6.64 以上の値をとるのは 1 ％以下の確率でしか起こらないことになる。

　次に具体的な例を示す。100 人が同一の食事をとり食中毒が起きたとする。この食事で食品 A を食べた人について表 4.8 に対応する具体的な値は表 4.10 のようになったとする。

表4.10　観察値

食品 A	発症	発症せず	合計
食べた	20	40	60
食べない	15	25	40
	35	65	100

表 4.10（観察値）をもとに表 4.9 に対応する表 4.11（期待値）を作成する。

表4.11　期待値

食品 A	発症	発症せず
食べた	21	39
食べない	14	26

表 4.10 および表 4.11 から式(1)を用いると

$$x^2 = \frac{(20 \times 25 - 15 \times 40)^2 (20 + 15 + 40 + 25)}{(20 + 15)(40 + 25)(20 + 40)(15 + 25)}$$

$$\fallingdotseq 0.183$$

となりこの値は 3.84 より小さな値なので、食品 A が原因食でないという仮定は棄却できない。

　x^2 検定を初めとする統計的な手法は、原因を確実に決定する方法ではない。確率的に可能性が高いあるいは低いことが示されるのみであり、確率的に低いからといってそれは起こらない（起こらなかった）と断定できるわけではない。他の手法と連携することで効果的な成果をあげることができるのである。

コラム　毒性試験

　フグ毒などのマリントキシンによるヒトに対する毒性を予知するために、マウスによる毒性試験が公定法で採用され、MU（マウスユニット）という**毒力を表す単位**が用いられている。1 MU は、フグ毒では希酢酸抽出液を、麻痺性貝毒では希塩酸抽出液を、下痢性貝毒ではエーテル抽出物のけん濁液を体重 20 g のマウ

ス（ddY系、雄）の腹腔内に投与したとき、フグ毒では30分、麻痺性貝毒では15分、下痢性貝毒では24時間で死亡させる毒量と決められている。

このような動物を用いる毒性試験は、動物愛護の観点から、機器分析法などの代替法を取り入れるべく、各方面で努力されているが、マリントキシンなどの毒成分は単一でないものが多く、また未知成分も含まれる可能性もあることから、切替えは困難で、機器分析などが併用されているのが現状である。

章末問題

---

1 最近の食中毒発生状況調査の結果に関する記述である。正しいのはどれか。1つ選べ。

1. 化学物質による発生件数が最も多い。
2. 夏期の発生件数が増加傾向にある。
3. サルモネラ属菌による発生件数が増加している。
4. ノロウイルスによる発生件数は冬期に多い。
5. 家庭における発生件数が最も多い。

（第29回国家試験）

解説 1. 発生件数が最も多いのは細菌である。 2. かつては、腸炎ビブリオなど夏期に多発する食中毒が多くあったが、現在は食中毒は年間を通して発生している。 3. サルモネラ属菌による発生件数は減少している。 4. ノロウイルス食中毒は、年間の発生患者数、事件数ともに多い。特に冬季になると患者数・事件数とも増加する。 5. 最も発生件数が多いのは飲食店である。 **解答 4**

---

2 細菌性およびウイルス性食中毒に関する記述である。 正しいのはどれか。1つ選べ。

1. ウェルシュ菌は、通性嫌気性芽胞菌である。
2. 黄色ブドウ球菌の毒素は、煮沸処理では失活しない。
3. サルモネラ菌による食中毒の潜伏期間は、5〜10日程度である。
4. ノロウイルスは、乾物からは感染しない。
5. カンピロバクターは、海産魚介類の生食から感染する場合が多い。

（第33回国家試験）

解説 1. ウェルシュ菌は、偏性嫌気性芽胞菌である。 3. サルモネラ菌の潜伏期間は、24時間前後である。 4. ノロウイルスは、吐物が乾燥して舞い上がったチリから感染した例もある。 5. カンピロバクターは主に動物の消化器内に生息している。 **解答 2**

---

3 細菌性食中毒に関する記述である。最も適当なのはどれか。1つ選べ。

1. サルモネラ菌は、神経性の毒素を産生する。
2. 黄色ぶどう球菌による食中毒の潜伏期間は、2〜7日間である。
3. ウェルシュ菌による食中毒の主症状は、血便である。
4. カンピロバクター感染症は、ギラン・バレー症候群の原因となる。
5. 腸管出血性大腸菌は、100℃3分間の煮沸では殺菌できない。

（第35回国家試験）

解説　1．サルモネラは神経毒を産生しない。　2．黄色ぶどう球菌食中毒の潜伏期間は短くおおむね数時間である。　3．ウェルシュ菌食中毒では、下痢が見られ、血液が混じることもあるが、主症状とはいえない。　4．カンピロバクター食中毒では、まれに四肢の筋力低下などの症状（ギラン・バレー症候群）が見られる。　5．腸管出血性大腸菌は、100℃ 3分の煮沸で十分殺菌可能である。　　　　　　　　　解答 4

4　食中毒の原因菌と原因食品の組み合わせである。正しいのはどれか。1つ選べ。

1．腸管出血性大腸菌------卵焼き

2．サルモネラ属菌------しめさば

3．腸炎ビブリオ------あゆの塩焼き

4．ボツリヌス菌------ソーセージの缶詰

5．下痢型セレウス菌------はちみつ　　　　　　　　　　　　　　　　　（第35回国家試験）

解説　微生物の生態と1次的な原因食品には、強い関係がある。2次汚染が起きた場合は、多様な食品が原因食になるので、問題の組み合わせは1次的な原因食品と考えるべきである。ボツリヌス菌は偏性嫌気性細菌なので、加熱不十分な缶詰で嫌気的な条件が成立すると原因になる。ボツリヌスという言葉は、ラテン語のソーセージに由来する。缶詰でなくてもソーセージ内は嫌気的になる。　　　　　　　解答 4

5　食中毒の原因となる細菌およびウイルスに関する記述である。最も適当なのはどれか。1つ選べ。

1．リステリア菌は、プロセスチーズから感染しやすい。

2．サルモネラ菌は、偏性嫌気性の細菌である。

3．黄色ブドウ球菌は、7.5％ 食塩水中で増殖できる。

4．ボツリヌス菌の毒素は、100℃、30分の加熱で失活しない。

5．ノロウイルスは、カキの中腸腺で増殖する。　　　　　　　　　　（第 34 回国家試験）

解説　1．リステリア菌は生乳を汚染することがあり、これから作られたナチュラルチーズでの食中毒例が外国では知られている（日本ではナチュラルチーズでも殺菌乳を使用する）。プロセスチーズの製造過程ではナチュラルチーズを加熱する工程があるので、プロセスチーズから感染しやすいということはない。　2．サルモネラ菌は、通性嫌気性である。　4．ボツリヌス毒素自体の熱に対する安定性は低い。5．ノロウイルスは、カキの中腸腺に蓄積するが増殖することはない。　　　　　　　解答 3

6　腸管出血性大腸菌による食中毒に関する記述である。誤っているのはどれか。1つ選べ。

1．少量の菌数でも感染する。

2．毒素は、テトロドトキシンである。

3．潜伏期間は、2〜10日間程度である。

4．主な症状は、腹痛と血便である。

5．溶血性尿毒症症候群（HUS）に移行する場合がある。　　　　　　（第33回国家試験）

解説　腸管出血性大腸菌が産生する毒素は、ベロ毒素（vero毒素）である。テトロドトキシンは、フグ毒である。他の記述は、正しい。本文を参照のこと。　　　　　　　　　　　　解答 2

7　カンピロバクターとそれによる食中毒に関する記述である。正しいのはどれか。1つ選べ。

1. 潜伏期間は、サルモネラ菌よりも短い。

2. 大気中で増殖する。

3. 耐熱性エンテロトキシンを産生する。

4. 芽胞を形成する。

5. 人獣共通感染症の原因菌である。　　　　　　　　　　　　　　　（第32回国家試験一部改変）

解説　カンピロバクターは、ウシ、ヒツジなどの哺乳類、ニワトリなどの家禽類鳥類に広く分布する。常在菌である。人獣共通感染症は、人畜共通感染症、動物由来感染症などと同義である。人畜共通感染症という表現は、家畜に限定して理解されるおそれがあり、今日人獣共通感染症という表現の方が一般的のようである。　　　　　　　　　　　　　　　　　　　　　　　　　　　　　　　　　　　　解答 5

8　黄色ぶどう球菌による食中毒に関する記述である。正しいのはどれか。1つ選べ。

1. 細菌性食中毒の原因菌として、最も多い。

2. 主な症状は発熱である。

3. 重篤な場合、溶血性尿毒症症候群（HUS）を引き起こす。

4. 真空包装食品が主な原因となる。

5. 食後数時間で発症する。　　　　　　　　　　　　　　　　　　（第29回国家試験一部改変）

解説　1.　細菌性食中毒の発症例は通常は多くはないが、2000 年には大規模な集団発生があった。2.　毒素型の食中毒であり嘔吐が特徴的な症状である。　　3.　HUS は腸管出血性大腸菌食中毒で重篤化した場合に見られる。　　4.　真空包装食品で発生するのは、ボツリヌス菌のような偏性嫌気性菌が多い。5.　黄色ぶどう球菌食中毒は、潜伏期間が短く数時間で発症する例が多い。　　　　　　　　　　解答 5

9　ノロウイルスとそれによる食中毒に関する記述である。最も適当なのはどれか。1つ選べ。

1. 数十から数百個のウイルス量で感染する。

2. 食中毒が多く発生する時期は、夏季である。

3. ヒトからヒトへ感染しない。

4. 食中毒の予防には、75 ℃ 1 分間の加熱が推奨されている。

5. 主に二枚貝の貝柱に濃縮される。　　　　　　　　　　　　　　　（第 35 回国家試験）

解説　ノロウイルスは少量感染が成立する。また、このことも理由のひとつとなり、ヒトからヒトへの感染も多くある。多発時期は冬季、加熱は 85 ℃ 1 分以上が推奨されている。また、二枚貝の中腸腺に蓄積する。　　　　　　　　　　　　　　　　　　　　　　　　　　　　　　　　　　　　　　解答 1

10　フグ毒に関する記述である。正しいのはどれか。1つ選べ。

1. ベロ毒素である。

2. 加熱により無毒化される。

3. 中毒症状は、激しい下痢である。

4. 毒性は、ハウユニット（HU）で表される。

5. 卵巣や肝臓に蓄積している。　　　　　　　　　　　　　　　　　（第 28 回国家試験）

解説　1. フグ中毒の原因となるフグ毒はテトロドトキシンである。　2. テトロドトキシンは耐熱性が高く、通常の調理では失活しない。　3. テトロドトキシン神経毒であり、神経の麻痺を呈する。4. MU（マウスユニット）という毒性を表す単位が用いられる。　　　　　　　　　　解答　5

11　自然毒食中毒と、その原因となる毒素の組み合わせである。正しいのはどれか。1つ選べ。

1. 麻痺性貝毒による食中毒------テトロドトキシン
2. シガテラ毒による食中毒------リナマリン
3. トリカブトによる食中毒------イボテン酸
4. チョウセンアサガオによる食中毒-----ソラニン
5. ツキヨタケによる食中毒------イルジンS　　　　　　　　（第34回国家試験一部改変）

解説　1. 麻痺性貝毒の原因毒素は、サキシトキシンなどである。テトロドトキシンはフグ毒。　2. シガテラはシガトキシン（志賀トキシンではない）。リナマリンはキャッサバ。　3. トリカブトにはアコニチン。イボテン酸はベニテングタケなどに含まれる。　4. チョウセンアサガオにはスコポラミンなどの毒性分が含まれる。ソラニンはジャガイモの毒性分のひとつである。　5. ツキヨタケには、イルジンS、イルジンM、ネオイルジンなどのセスキテルペン類の毒素が含まれる。　　　　　　解答　5

12　植物とその毒成分の組み合わせである。正しいのはどれか。1つ選べ。

1. ぎんなん------ソラニン
2. あんず種子-----アミグダリン
3. じゃがいもの芽------リコリン
4. ジギタリス------ムスカリン
5. スイセンのりん茎------テトラミン　　　　　　　　　　（第30回国家試験）

解説　主要な自然毒と動植物は覚えておく必要がある。じゃがいもの芽には、ソラニンなどが含まれ、ジギタリスにはジギトキシン、スイセンにはリコリンが含まれる。（ぎんなんにはメチルピリドキシンが微量含まれ、ぎんなんを一度にたくさん摂取するとビタミンB₆欠乏症を起こす。）　　　　　　解答　2

13　自然毒による食中毒に関する記述である。正しいのはどれか。1つ選べ。

1. イシナギの肝臓を多量に摂取すると、ビタミンE過剰症が起こる。
2. フグ毒のテトロドトキシンは、加熱することで無毒化される。
3. オゴノリ中毒の原因物質は、ソラニンである。
4. スイセン中毒の原因物質は、リコリンである。
5. ヒメエゾボラ食中毒の原因物質は、青酸配糖体である。　　（第26回国家試験一部改変）

解説　スイセンには、リコリンやガランタミンなどの毒性物質が含まれており、ニラと間違えて食べて食中毒を起こした例が報告されている。イシナギはビタミンA過剰症、オゴノリではプロスタグランジンE2による食中毒が知られている。ヒメエゾボラなどの唾液腺にはテトラミンが含まれている。また、フグ毒テトロドトキシンは熱に安定であり、調理に利用される温度では無毒化されない。　　　　　解答　4

14　食中毒の主な発生源に関する記述である。正しいのはどれか。1つ選べ。

1．ノロウイルスによる食中毒は、鶏肉の生食が原因となる。

2．ボツリヌス菌による食中毒は、牛レバーの生食が原因となる。

3．リステリア菌による食中毒は、チーズが原因となる。

4．嘔吐型セレウス菌による食中毒は、魚介類の生食が原因となる。

5．腸炎ビブリオ菌による食中毒は、鶏卵の生食が原因となる。　　　　（第 27 回国家試験）

解説　1．カキなどの二枚貝の生食が原因となる。　　2．食中毒の原因食品は多様で、外国では自家製の野菜や果物の缶詰、ハム、ソーセージ、家庭で加工した魚などの例が多い。日本では発酵食品のいずしや真空包装のからし蓮根を原因食品とした食中毒が発生した。乳児ボツリヌス症ではハチミツが原因食品となる。　　3．牛乳やチーズなどの乳製品を原因食品とする食中毒が報告されている。　　4．嘔吐型の原因食品としてチャーハン、ピラフ、オムライスなどの米飯やパスタなどで発生している。　　5．海産魚介類の生食およびその加工品である。　　　　　　　　　　　　　　　　解答　3

15　食中毒に関する記述である。正しいのはどれか。1つ選べ。

1．ボツリヌス菌の毒素は、100℃、15 分の加熱では失活しない。

2．セレウス菌の嘔吐毒（セレウリド）は、100℃、30 分の加熱では失活しない。

3．ウエルシュ菌は、真空包装すれば増殖しない。

4．黄色ぶどう球菌は、7.5％食塩水中では増殖しない。

5．腸炎ビブリオ菌は、海水中では増殖しない。　　　　　　　　　　（第 25 回国家試験）

解説　1．ボツリヌス菌の毒素は、80℃、30 分の加熱では失活する。　　3．ウエルシュ菌は、有芽胞嫌気性菌であるため真空状態でも増殖することができる。　　4．黄色ぶどう球菌は、7.5％食塩水中で増殖する。　　5．腸炎ビブリオ菌は海水中でも増殖する。好塩性の海水細菌の一種に由来するためと思われる。　　解答　2

16　細菌性食中毒の原因菌と主な発生源となる食品の組み合わせである。正しいのはどれか。1つ選べ。

1．腸炎ビブリオ------野菜

2．カンピロバクター　------きのこ類

3．サルモネラ------鶏卵

4．ブドウ球菌------二枚貝

5．ウェルシュ菌------はちみつ　　　　　　　　　　　　　　　　　（第 28 回国家試験）

解説　1．海産魚介類など。　　2．食肉類であるが、水系感染例もある。　　3．保菌動物の加工肉類や生卵および生卵を半加工状態で使用する食品。　　4．食品はきわめて多彩で、にぎりめし、ポテトサラダ、すし、もちなど。　　5．学校給食、仕出し弁当などのような大量調理による料理。　　　　　　　解答　3

第5章

食品媒介感染症

達成目標

　食品が媒介する感染症（食品媒介感染症）の対応を学習する。食品媒介感染症の原因となる病原体には、細菌、ウイルス、寄生虫などさまざまなものがある。これらの病原体の病原性、感染経路などの特徴を理解し、食品媒介感染症の予防対策を理解する。

1 感染症とは

　病原微生物が宿主（ヒト）の体内に侵入した際に、感染症を発症するかどうかは、病原微生物の病原性と宿主の免疫力の力関係によって決まり、微生物の病原性が宿主の抵抗力に勝る場合は発症し、そうでない場合は発症しない、また、同程度の場合は例え感染が成立しても、発症せず、不顕性感染という状態になる。さらに、このような感染が成立するためには、病原微生物が宿主に感染する経路があるということが重要な要素となる。感染経路には、経胎盤感染、産道感染のような垂直伝播と、空気感染、飛沫感染、接触感染、媒介物感染のような水平伝播がある（図 5.1）。媒介物感染には、蚊などの節足動物が媒介する場合と食品が媒介する場合がある。食品が媒介する場合を「食品媒介感染症」という。この章では、食品が媒介する感染症を取り上げる。

図5.1　感染成立の3要素

2 感染症法における食品媒介感染症

　日本の感染症対策は、「感染症の予防及び感染症の患者に対する医療に関する法律（以下、「感染症法」という」）に基づいてさまざまな対策が取られている。1998 年 9 月に制定された感染症法は、それまでの伝染病予防法を見直し、感染症予防のための諸施策と患者の人権への配慮を調和させた法律となった。2007 年には、結核予防法を統合し、感染症対策を一元化している。

　感染症法では、感染症をヒトへの病原性（感染力、重篤性）や社会への影響などを考慮して分類し（表 5.1）、感染症分類ごとに対策を示している。また、厚生労働省は感染症法に基づいて発生動向調査を行い、公表している（表 5.2）。腸管出血性大腸菌感染症やコレラ、赤痢、チフス、パラチフスは、腸管出血性大腸菌やコレラ菌などの病原菌に汚染された食品や飲料水を摂取することによって感染が成立し、

表5.1　感染症法による感染症分類

	主な感染症	特　徴
一類感染症 (7 感染症)	エボラ出血熱、クリミア・コンゴ出血熱、痘そう、南米出血熱、ペスト、マールブルグ病、ラッサ熱	感染力、り患した場合の重篤性などに基づく総合的な観点からみた危険性がきわめて高い感染症
二類感染症 (7 感染症)	急性灰白髄炎、結核、ジフテリア、重症急性呼吸器症候群(病原体がコロナウイルス属 SARS コロナウイルスであるものに限る)、中東呼吸器症候群(病原体がベータコロナウイルス属 MERS コロナウイルスであるものに限る)、鳥インフルエンザ(H5N1)、鳥インフルエンザ(H7N9)	感染力、り患した場合の重篤性などに基づく総合的な観点からみた危険性が高い感染症
三類感染症 (5 感染症)	コレラ、細菌性赤痢、腸管出血性大腸菌感染症、腸チフス、パラチフス	感染力、り患した場合の重篤性などに基づく総合的な観点からみた危険性は高くないが、特定の職業に従事している人が感染した場合、感染症の集団発生を起こしうる感染症
四類感染症 (44 感染症)	E 型肝炎、ウエストナイル熱(ウエストナイル脳炎を含む)、A 型肝炎、エキノコックス症、黄熱、Q 熱、狂犬病、コクシジオイデス症、サル痘、ジカウイルス感染症、重症熱性血小板減少症候群(病原体がフレボウイルス属 SFTS ウイルスであるものに限る)など	動物、飲食物などを介して人に感染し、国民の健康に影響を与える恐れのある感染症(人から人への伝達は報告されていない)
五類感染症	24 の感染症は全数報告（侵襲性髄膜炎菌感染症、風しんおよび麻しんは直ちに届出、その他の感染症は 7 日以内に届出） 26 の感染症は定点医療機関からの報告	国が感染症発生動向調査を行い、その結果などに基づいて必要な情報を一般国民や医療関係者に提供・公開していくことによって、発生・拡大を防止すべき感染症
新型インフルエンザ等感染症	新型インフルエンザ、再興型インフルエンザ、新型コロナウイルス感染症＊、再興型コロナウイルス感染症	
指定感染症	一〜三類および新型インフルエンザ等感染症に分類されない既知の感染症の中で、一〜三類に準じた対応の必要が生じた感染症（政令で指定、1 年限定）	
新感染症	人から人に伝播すると認められる感染症で、既知の感染症と症状などが明らかに異なり、その伝播力および罹患した場合の重篤度から判断した危険性がきわめて高い感染症	〔当初〕 都道府県知事が、厚生労働大臣の技術的指導・助言を得て、個別に応急対応する 〔政令指定後〕 政令で症状などの要件した後に一類感染症に準じた対応を行う

＊ 病原体がベータコロナウイルス属のコロナウイルス（令和 2 年 1 月に、中華人民共和国から世界保健機関に対して、人に伝染する能力を有することが新たに報告された新型コロナウイルス感染症に限り、五類感染症（定点医療機関からの報告）に分類される

出典）厚生労働省　2023年5月現在

表5.2　感染症発生動向

西暦	コレラ	細菌性赤痢	腸管出血性大腸菌感染症	腸チフス	パラチフス	E型肝炎	A型肝炎	エキノコックス症		炭疽	ブルセラ症	ボツリヌス症					感染性胃腸炎		感染性胃腸炎*	
								単包条虫	多包条虫			食餌性	乳児	創傷	成人腸管定着	不明	報告数	小児科定点当たり	創傷	基幹定点当たり
2012	3	214	3,768	36	24	121	157	2	15	0	0	2	0	0	0	1	1,231,061	391.68	—	—
2013	4	143	4,044	65	50	127	128	2	19	0	2	0	0	0	0	0	1,071,415	341	159	0.34
2014	5	158	4,151	53	16	154	433	0	28	0	10	0	0	0	0	1	1,005,079	319.68	4,030	8.48
2015	7	156	3,573	37	32	213	243	0	27	0	5	0	1	0	0	0	987,912	314.02	4,368	9.16
2016	9	121	3,647	52	20	356	272	0	27	0	2	1	3	0	1	0	1,116,800	353.87	5,266	11.04
2017	7	141	3,904	37	14	305	285	1	29	0	2	1	3	0	0	0	871,927	276.19	4,991	10.46
2018	4	268	3,854	35	23	446	926	1	20	0	3	0	1	0	0	0	850,138	269.63	3,234	6.74
2019	5	140	3,744	37	21	493	425	1	29	0	2	1	0	0	0	1	809,153	256.39	4,703	9.82
2020	1	87	3,094	21	7	454	120	1	23	0	2	0	2	0	0	2	420,039	133.26	251	0.53
2021	0	7	3,243	4	0	460	71	2	33	0	1	4	1	0	0	1	509,754	161.67	91	0.19

出典）感染症研究所動向調査より　感染症発生動向調査年別一覧表　　＊感染性胃腸炎（病原体がロタウイルスであるものに限る）

発症するが、食品を介することなく、ヒトからヒトへの感染が起こり、特定の職業に従事している人が感染した場合、感染症の集団発生を起こしうることから、三類感染症に分類されている。また、食品を介して感染し、ヒトからヒトへの感染がないA型肝炎、E型肝炎、ボツリヌス症、炭疽、およびブルセラ症は四類感染症に分類され、発生やまん延を防止するための発生動向調査の対象となっているクリプトスポリジウム症、アメーバ赤痢症、ノロウイルスなどが原因となる感染性胃腸炎は五類感染症に分類されている。食品が感染源であることが明らかになった場合を食品媒介感染症といい、世界保健機関（WHO）は foodborne diseases（あるいは、food and water borne disea）と報告している。

| 例題 1 | 感染症予防法における三類感染症である。正しいのはどれか 2 つ選べ。 |

1. アメーバー赤痢症　　　2. コレラ　　　3. クリプトスポリジウム症
4. E型肝炎　　　　　　　5. 腸管出血性大腸菌感染症

解説　1．アメーバー赤痢症（五類感染症）　3．クリプトスポリジウム症（五類感染症）　4．E型肝炎（四類感染症）　　　　　　　　　　　　　　　解答　2、5

例題 2　食品媒介感染症に関する記述である。最も適当なのはどれか。1つ選べ。

1．便の検査を受けて腸管出血性大腸菌が検出されたが症状が出ていないので、飲食物に直接接触する業務についていても問題はない。

2．飲食物が腸管出血性大腸菌感染症の原因となった場合、感染症法に基づいて営業停止などの措置がなされる。

3．飲食店の従業員が腸管出血性大腸菌感染症であることが確認された場合は、感染症法に基づいて感染源の消毒が行われる。

4．食品を介して感染するA型肝炎は三類感染症である。

5．感染症法に基づいた感染症発生動向調査において、ノロウイルスが原因である感染性胃腸炎は全数報告の対象である。

解説　1．本人に症状がなくても、無症状病原体保有者は他人に腸管出血性大腸菌をうつす可能性がある。そのため、感染症法上は、患者と同様に便の検査で腸管出血性大腸菌が陰性になるまでの間は飲食物の製造や飲食物に直接接触するような業務につくことが制限される。　2．営業停止などの処分は食品衛生法で行われる。
4．食品を介して感染するA型肝炎は四類感染症である。　5．ノロウイルスが原因である感染性胃腸炎は定点医療機関からの報告の対象である。　　　　　　解答　3

3 主な消化器系感染症

3.1 コレラ

　コレラはガンジス川流域の風土病であったが、英国がインドを植民地支配し、アジアでの貿易を展開していた19世紀前半から全世界に広がった。江戸時代に鎖国政策を続けていた日本では一部の地域でその流行が報告されていたが大流行には至らなかった。しかしながら、開国後に「安政コレラ」という大流行が起こり、江戸だけで10万人が死亡したとされている。現在の日本での発生状況は、2012年以降10人以下であり、ほぼ海外からの輸入感染症である。一方、世界に目を向けると、世界中でのコレラの発症者数は数百万人、死亡者数は数万人と推定されている。世界保健機関（WHO）は、2030年までにコレラによる死亡者を90%低下させることなどを目標としたコレラ対策に関する世界的戦略を2017年に開始した。

(1) 病原体の特徴

　コレラ菌は（*Vibrio cholerae*）は、グラム陰性通性嫌気性菌であり、淡水から汽水域に生息している。大きさは、0.3〜0.6×1〜5 μm のわずかに湾曲した桿菌であり、菌体の一端に 1 本の鞭毛を有する。増殖の至適温度は 37℃、至適 pH 域は 7.6〜8.2 でアルカリ性を好む。分類学的には、菌体表面の 0 抗原（リポ多糖体）の違いによって多くの血清型に分類されるが、コレラの原因となるコレラ菌は *V. cholerae* 01 と *V. cholerae* 0139 のいずれかの血清型を示し、コレラ毒素を産生する。

(2) 感染様式

　コレラ菌に汚染された飲料水（井戸水、上水）、氷および食品（汚染された氷で冷却されたカットフルーツや果汁、汚染された水で洗浄された生野菜、汚染された海域のえび、かに、貝などの魚介類）により感染する。コレラ菌自体は酸に弱く、通常胃酸により大部分が死滅し、発症しない場合も多い。健康保菌者では症状がみられなくても、便中にコレラ菌を排出するので飲料水の汚染源となることもある。

(3) 臨床症状

　潜伏期間は数時間から 5 日、通常 1 日前後である。軽症の水様性下痢や軟便で経過することが多いが、まれに"米のとぎ汁"様の便臭のない水様便を 1 日数リットルから数十リットルも排泄し、激しい嘔吐を繰り返す。その結果、著しい脱水と電解質の喪失、チアノーゼ、体重の減少、頻脈、血圧の低下、皮膚の乾燥や弾力性の消失、無尿、虚脱などの症状、および低カリウム血症による腓腹筋（ときには大腿筋）の痙攣が起こる。胃切除を受けた人や高齢者では重症になることがあり、また死亡例もまれにみられる。

(4) 予防対策

　コレラは水を介して感染する。コレラ菌はヒトの腸管で増殖し、下痢とともに排泄され、その排泄物により水がコレラ菌で汚染される。水を介さずにヒトからヒトに感染する力は弱く、上下水道を整備することにより、汚染されていない水を提供することでコレラ患者の発生を抑えることができる。

例題 3　コレラに関する記述である。最も適当なのはどれか。1 つ選べ。

1. コレラは二類感染症である。　　　　2. 重症例では、粘血便を排泄する。
3. コレラ菌は、グラム陰性通性嫌気性菌であり、淡水から汽水域に生息している。
4. 潜伏期間は長く、感染 1 カ月後から発症する。
5. コレラ菌はヒトの腸管で増殖し、下痢とともに排泄される。感染しても発症しない場合は、便中にコレラ菌を排出することはない。

解説　1.　コレラは三類感染症である。　2.　重症例では、"米のとぎ汁"様の便臭の
ない水様性下痢を1日数リットルから数十リットルも排泄する。　4.　潜伏期間は数
時間から5日、通常1日前後である。　　5.　感染しても発症しない場合でも、便中
にコレラ菌を排出する。　　　　　　　　　　　　　　　　　　　　　　　解答　3

3.2 細菌性赤痢（写真5.1）

　細菌性赤痢は、赤痢菌により起こる消化器感染症であり、日本でも戦後には約10万人以上の患者がみられたが、2010年以降、300人以下で推移している。主に、国外での感染例が多数を占めるが、国内でも散発的な集団発生事例が確認されている。赤痢菌の一種である *Shigella　dysenteriae* は1897年に志賀潔によって発見された。

(1) 病原体の特徴

　赤痢菌はグラム陰性の通性嫌気性短桿菌で、非運動性であり、鞭毛をもっていない。A群（志賀赤痢菌：*Shigella dysenteriae*）、B群（フレクスナー赤痢菌：*S. flexneri*）、C群（ボイド赤痢菌：*S. boydii*）、D群（ソンネ赤痢菌：*S. sonnei*）の4種に分類されている。赤痢菌はヒトおよびサルなどの霊長類にのみ感染する宿主特異性があり、他の動物による保菌は知られていない。

(2) 感染様式

　感染源として感染したヒトや保菌者の糞便やそれらに汚染された食品、水、手指を介して経口的に感染する。実験的には、非常に少ない菌量で感染が成立することが知られており、最小の感染菌量は 10^1〜10^2 個程度である。

(3) 臨床症状

　潜伏期は1〜5日（大多数は3日以内）である。全身の倦怠感、悪寒を伴う急激な発熱、水様性下痢を呈する。通常は1〜2日程度で解熱する。典型的な症状としては、発熱、腹痛、下痢があり、血便やテネスムス（tenesmus：しぶり腹（便意は強いが

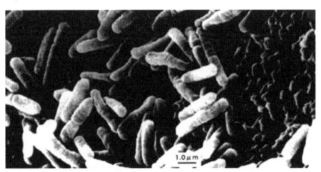

国立感染症研究所感染症情報センター提供

写真5.1　赤痢菌

なかなか排便できないこと）を伴うこともある。A群、B群では典型的な症状を示すことが多く、D群では症状は軽度か不顕性の場合もある。患者に抗菌薬を投与すると早期に排菌は停止するが、再排菌がみられることもある。2〜3週間にわたって排菌が続く例も知られている。

(4) 予防対策

　予防の基本は感染経路を遮断することにある。上下水道の整備と個人の衛生観念の向上（特に手洗い励行）は、経口感染症の予防の原点である。輸入例が大半を占めることから、汚染地域と考えられる国では生もの、生水、氷などは飲食しないことが重要である。国内では、小児や高齢者などの易感染者への感染を防ぐことが大切である。

例題 4　細菌性赤痢に関する記述である。正しいのはどれか。2つ選べ。
1. 赤痢菌はネズミなどのげっ歯類にも感染する。
2. 北里柴三郎が赤痢菌を発見した。
3. 赤痢菌に汚染された飲用水や食物により感染する。
4. 発熱、下痢、テネスムス（しぶり腹）などの症状を呈する。
5. 抗菌薬の投与により早期に排菌は停止し、再排菌がみられることはない。

解説　1. 赤痢菌はヒトおよびサルなどの霊長類にのみ感染する。　2. 志賀潔が赤痢菌を発見した。　5. 抗菌薬の投与により早期に排菌は停止するが、再排菌がみられることもある。　　　　　　　　　　　　　　　　　　　　　　　　　　　　　　　　**解答 3、4**

3.3 腸チフス、パラチフス（写真5.2）

　腸チフス、パラチフスはそれぞれチフス菌（*Salmonella enterica* subsp. *enterica* serovar Typhi）、パラチフスA菌（*Salmonella enterica* subsp, *enterica* serovar Paratyphi A）による全身性の感染症である。腸チフス、パラチフスとも、国内でも昭和初期から終戦までは年間数千人から数万人の感染者がみられたが、現在では、それぞれ年間20〜30人で推移しており、ほとんどは輸入症例である。2018年のWHOの報告によると、世界では年間約1,100万〜2,100万人が腸チフスに罹患していると推計されている。

(1) 病原体の特徴

　チフス菌、パラチフスA菌は、通性嫌気性、無芽胞性グラム陰性桿菌で集毛性鞭毛をもち、運動性がある。腸内細菌科サルモネラ属に分類される。菌体由来のO抗

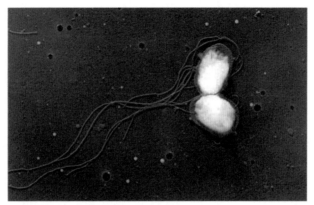

国立感染症研究所感染症情報センター提供
写真 5.2　チフス菌

原、鞭毛由来の H 抗原をもち、チフス菌は O9 群、パラチフス A 菌は O2 群に属する。また、チフス菌、パラチフス A 菌ともに宿主特異性があり、感染源はヒトに限定される。

(2) 感染様式

感染源は患者・保菌者およびそれらの排泄物である。患者・保菌者の排泄物に汚染された食物や水により感染する。

(3) 臨床症状

腸チフス、パラチフスともに全身性の疾患である。臨床症状や重症度はほとんど同じである。通常、7〜14 日（報告によっては 3〜60 日）の潜伏期間を経て、発熱、頭痛、食欲不振、全身倦怠感などの症状を発症する。定型的な経過は、4 病期に分けられる。第 1 病期には、体温が段階的に上昇し 39〜40℃に達し、チフス性疾患の 3 主徴である比較的徐脈、バラ疹、脾腫が出現する。しかしながら、3 主徴すべてが出現する率は低い。第 2 病期は 40℃台の稽留熱となり、チフス性顔貌とよばれる無欲状顔貌がみられ、下痢または便秘を呈する。重症時には意識障害、難聴などがみられることもある。第 3 病期では弛張熱を経て、徐々に解熱する。この時期に腸出血とそれに続く腸穿孔といった合併症を起こすこともあるが、ニューキノロン系抗菌薬が治療に使用されるようになってからはまれとなった。第 4 病期には解熱し回復に向かう。

(4) 予防対策

ヒトにしか感染しないため、衛生環境が良好になれば感染率は低下する。腸チフスに対しては世界的には弱毒生ワクチンと不活化ワクチンが実用化されている。一方、パラチフスに対するワクチンは現在のところ流通していない。

例題 5　腸チフス、パラチフスに関する記述である。<u>誤っている</u>のはどれか。1 つ選べ。

1. チフス菌、パラチフス A 菌は宿主特異性があり、感染源がヒトに限定される。
2. チフス菌、パラチフス A 菌は、グラム陰性通性嫌気性菌である。
3. 腸チフスの 3 主徴は徐脈、バラ疹、脾腫である。
4. 国内で確認される腸チフス、パラチフスは、ほとんどが輸入症例である。
5. 腸チフス、パラチフスともワクチンは流通していない。

解説　5. 腸チフスに対しては、弱毒生ワクチンと不活化ワクチンが実用化されている。　　　　　　　　　　　　　　　　　　　　　　　　　　　　解答 5

3.4 感染性胃腸炎

　感染症法における感染性胃腸炎は五類感染症であり、定点把握の感染症（指定した医療機関が、患者の発生について届出を行う感染症）である。細菌またはウイルスなどの感染性病原体による嘔吐、下痢を主症状とする感染症で、原因はウイルス感染（ロタウイルス、アデノウイルス、ノロウイルスなど）が多く、毎年秋から冬にかけて流行する。汚染された食べ物や水による感染や、ヒトからヒトへの糞口感染などの感染経路がある。

(1) 病原体の特徴

1) ロタウイルス

　レオウイルス科ロタウイルス属に分類される 11 分節の 2 本鎖 RNA ウイルスである。エンベロープを有さず、A から I 群までの 9 つの種に分かれる。ヒトへの感染が報告されているロタウイルスは、主に A 群と C 群である。他のウイルス性胃腸炎に比べると重度の脱水症状を呈することが多い。また、胃腸炎痙攣、腎不全や肝機能障害などの合併症がみられることもある。重症例は、生後 6 カ月〜2 歳児の初感染時に多い。5 歳までの急性胃腸炎の入院患者のうち、40〜50 ％前後はロタウイルスが原因と報告されている。ロタウイルスによる胃腸炎は、感染症法に基づいて小児科定点医療機関報告対象（五類感染症）の「感染性胃腸炎」と基幹定点医療機関報告対象（五類感染症）の「感染性胃腸炎（病原体がロタウイルスであるものに限る）」として届出される場合がある。また、ロタウイルスによる感染性胃腸炎については、経口弱毒生ロタウイルスワクチン（RV1（1 価）、RV5（5 価））があり、2020 年 10 月より定期接種となった。

2）アデノウイルス

世界的にはノロウイルス、ロタウイルスとともにアデノウイルスは小児の感染性胃腸炎患者からの検出が多い。ヒトアデノウイルスは2本鎖DNAをもつDNA型ウイルスで、アデノウイルス科マストアデノウイルス属に分類される。エンベロープをもたず、アルコール性消毒剤や界面活性剤への抵抗性が強く、次亜塩素ナトリウムによる消毒が有効である。A〜Gの7種に分類され、80を超える型が存在している。アデノウイルス51までは血清型として報告されたが、52以降は全塩基配列決定による遺伝型として報告されている。感染性胃腸炎を引き起こすのは、主にF種のアデノウイルス40および41型であるが、A種の31型、B種の3型も感染性胃腸炎の病原体として知られている。

3）サポウイルス

カリシウイルス科サポウイルス属に分類されるプラス1本鎖RNAを有するRNAウイルスであり、エンベロープをもたない。札幌の児童福祉施設における胃腸炎の集団発生において初めて報告されたものであり、当初、札幌ウイルスと名づけられたが、2002年の国際ウイルス命名委員会で正式に「サポウイルス」と命名された。

4）ノロウイルス（第4章4.1参照）

(2) 臨床症状

乳幼児に好発し、1歳以下の乳児は症状の進行が早い。主症状は嘔吐と下痢であり、種々の程度の脱水、電解質喪失症状、全身症状が加わる。嘔吐または下痢のみの場合や、嘔吐の後に下痢がみられる場合とさまざまで、症状の程度にも個人差がある。37〜38℃の発熱がみられることもある。

(3) 予防対策

種々の病原体に対する特異的な予防法はなく、食中毒の一般的な予防法を励行する。細菌性の場合は、食中毒の予防の三原則である食中毒菌を「付けない」「ふやさない」「やっつける」を意識して食品を扱う。ウイルス性の場合は、流行期の手洗いと患者との濃厚な接触を避け、食品を扱う施設に感染性胃腸炎の原因ウイルスを「持ち込まない」「広げない」も意識する必要がある。いずれの病原体においても院内、家庭内、あるいは集団内での2次感染の防止策を考慮することが肝要である。

また、汚染された水、食品が原因となっているものでは集団食中毒の一部を捉えていることも考慮に入れ、原因を特定するために注意深い問診を行うことが、感染の拡大防止や広域集団発生の早期探知につながる。

例題 6　感染性胃腸炎に関する記述である。最も適当なのはどれか。1 つ選べ。

1. 感染性胃腸炎は全数報告対象の四類感染症である。
2. 原因となるウイルスには、ロタウイルス、アデノウイルス、ノロウイルス、A型肝炎ウイルスがある。
3. ロタウイルスは 2 本鎖の RNA ウイルスであり、経口弱毒生ロタウイルスワクチンがある。
4. アデノウイルスは 1 本鎖 RNA ウイルスであり、感染性胃腸炎を引き起こすのは、主に F 種のアデノウイルス 40 および 41 型である。
5. ノロウイルスはエンベロープを有し、アルコール性消毒剤への抵抗性が弱い。

解説　1. 感染性胃腸炎は定点報告対象の五類感染症である。　2. 原因となるウイルスに、A 型肝炎ウイルスは含まれない。　4. アデノウイルスは 2 本鎖 DNA ウイルスである。　5. ノロウイルスはエンベロープをもたず、アルコール性消毒剤への抵抗性が強い。　　　　　　　　　　　　　　　　　　解答 3

4 食品や水から感染する寄生虫症

　共生は、異なる種類の生物が、行動や生理（生物に本来備わっている、生きていくための仕組み）活動において互いに緊密な関係を保ちながら生活している現象をいう。両方の生物が利益を得ている「相利共生」、一方は利益を得るが他方は利益も害も受けない「片利共生」、一方は利益を得るが他方は害を受ける「寄生」に区分される。ヒトの体内に寄生し、疾患の原因となる寄生虫は、単細胞の原虫類と多細胞の蠕虫類に分類される（表 5.3）。蠕虫類は、線虫類、吸虫類、条虫類に分けられる。日本では衛生状態の向上により感染者数が減少したが、世界では寄生虫感染者は多数報告されており、公衆衛生学的な対応が必要とされている。

　寄生虫の生活環には中間宿主と終宿主がある。幼虫が寄生する宿主、または無性生殖が行われる宿主を中間宿主という。中間宿主が 2 つ以上ある場合は最初の中間宿主を第 1 中間宿主といい、成虫が寄生する宿主、または有性生殖が行われる宿主を固有宿主（終宿主）という。寄生虫は宿主特異性が高く、非固有宿主に感染しても成熟できず、やがて死滅するが、幼虫のまま長期間生存し、宿主に害を与える場合もある。このように、ヒトを固有宿主としない寄生虫が、必要十分な環境を求めて幼虫のまま移動することを幼虫移行症という（表 5.4）。

　食品や飲料水を介して感染する原虫類には赤痢アメーバ、クリプトスポリジウム、

トキソプラズマ、クドア・セプテンプンクタータ、サルコシスティス・フェアリーがあり、蠕虫類にはアニサキス、旋尾線虫、旋毛虫、有棘顎口虫類、横川吸虫、ウェステルマン肺吸虫、マンソン裂頭条虫、有鉤条虫などがある（表5.5）。

表5.3　寄生虫の分類

分　　類		種　　類
原虫類	根足虫類	赤痢アメーバ　など
	鞭毛虫類	トリパノソーマ、ランブル鞭毛虫　など
	胞子虫類	マラリア、クリプトスポリジウム、トキソプラズマ、肉胞子虫、クドア・セプテンプンクタータ、サルコシスティス・フェアリー　など
	有毛虫類	大腸バランチジウム　など
蠕虫類	線虫類	ヒト回虫、イヌ回虫、ネコ回虫、アニサキス、蟯虫、有棘顎口虫、ドロレス顎口虫、日本顎口虫、旋尾線虫、イヌ糸状虫　など
	吸虫類	肝吸虫、横川吸虫、ウェステルマン肺吸虫、宮崎吸虫、日本住血吸虫　など
	条虫類	日本海裂頭条虫、広節裂頭条虫、マンソン裂頭条虫、無鉤条虫、有鉤条虫、多包条虫、単包条虫　など

表5.4　寄生虫の生活環

	種　　類	終宿主	第1中間宿主	第2中間宿主	寄生部位	症　状
線虫	ヒト回虫	ヒト	なし	なし	小腸	消化器症状
	アニサキス	クジラ	オキアミ	サバ、スルメイカ	小腸	幼虫移行症
	旋毛虫	ブタ、クマ	なし	なし	小腸	幼虫移行症（トリヒナ症）
	有棘顎口虫類	イヌ、ネコ	ケンミジンコ	ライギョ、ドジョウ	胃、腸	幼虫移行症
吸虫	横川吸虫	ヒト	カワニナ	アユ（メタセルカリア）	小腸	腸カタル
	ウェステルマン肺吸虫	ヒト	カワニナ	モズクガニ、サワガニ（メタセルカリア）	肺	胸痛や呼吸困難
条虫	日本海裂頭条虫	ヒト、イヌ	ケンミジンコ	サケ	小腸	下痢や腹痛
	マンソン裂頭条虫	イヌ、ネコ	ケンミジンコ	カエル、ヘビ	小腸	幼虫移行症
	無鉤条虫	ヒト	ウシ	なし	小腸	下痢、食欲不振
	有鉤条虫	ヒト	ブタ	なし	小腸	下痢、食欲不振
	単包条虫	オオカミ	ウシ、羊、山羊	なし	小腸	肝肥大、胆道閉塞（エキノコックス症）
	多包条虫	キツネ	ノネズミ	なし		

表 5.5　食品を介して感染する主な寄生虫

食品の種類		寄生虫の分類	寄生虫の種類	主な症状
野菜	野菜	線虫	ヒト回虫	多数寄生で下痢や腹痛、腸閉塞
魚介類	魚介類、イカ	線虫	アニサキス	強い腹痛症状、まれにアレルギー症状
	ホタルイカ	線虫	旋尾線虫	激しい腹痛と嘔吐、重症の場合は腸閉塞、幼虫が体内を移動すると皮膚にミミズ腫れ
	サケ、マス	条虫	日本海裂頭条虫	下痢や腹痛
	ヒラメ	原虫	クドア	一過性の嘔吐や下痢
獣肉類	豚肉	条虫	有鉤条虫	腹部膨満感、悪心、下痢、便秘
	豚肉、牛肉、鶏肉とその加工品	原虫	トキソプラズマ	ふつうは無症状、免疫不全の人では脳、肺、心臓などに炎症、女性が妊娠中で初めて感染すると胎児に胎盤感染
	馬肉	原虫	サルコシスティス	一過性の嘔吐や下痢
飲料水	汚染された水や食品	原虫	クリプトスポリジウム	下痢、腹痛、嘔吐、発熱
その他	カエル、ヘビ、鶏肉	条虫	マンソン裂頭条虫	幼虫が体内を動き回り、眼や脳に移動した場合は重症化
	サワガニ、モズクガニ	吸虫	ウェステルマン肺吸虫	胸痛や呼吸困難、咳や痰などの症状
	豚肉、熊肉	線虫	旋毛虫	発熱、浮腫、筋肉痛など、重症化すると呼吸不全、心不全、全身衰弱

4.1 食品を媒介とする主な寄生虫感染症

(1) 生鮮魚介類によって感染するもの

1) クドア・セプテンプンクタータ（*Kudoa septempunctata*）（写真 5.3）

　クドア属に属する粘液胞子虫類の一種である。形態学的には内部にコイル状の極糸をもつ極嚢という構造がある胞子を形成する多細胞動物で、極嚢と胞子原形質を包含する胞子殻からなる。約 10 μm の大きさを呈し、極嚢の数が 5〜7 個である。ヒラメやクロマグロでの寄生が確認されている。食後数時間程度で一過性の嘔吐や下痢などの症状を呈するが、軽症で終わり、多くは 24 時間程度で回復する。2011 年に食中毒の原因となる寄生虫であることが確認され、2012 年の食品衛生法施行規則の一部改正で食中毒の原因物質の種別として明記された。冷凍、加熱により死滅する。養殖場でのヒラメなどへのクドアの寄生を予防するため、養殖場や種苗生産施

設においてクドアによる食中毒防止対策が取られている。

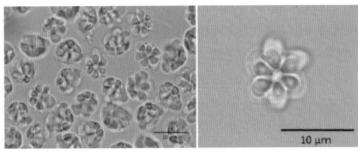

写真5.3　*Kudoa septempunctata*

2）アニサキス（写真5.4）

　アニサキスは、アニサキス科に属する線虫の総称である。終宿主はクジラ、イルカ、アザラシなどの海産哺乳類である。アニサキスは海水中で卵がふ化し、第1中間宿主であるオキアミに食べられ、第3期の幼虫（体長2〜3cm）となる。第2中間宿主である魚介類（サバ、イカなど）がアニサキスの幼虫が寄生しているオキアミを捕食する。第2中間宿主の体内で

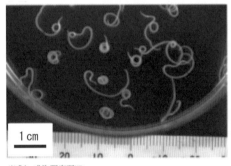

写真5.4　スケトウダラから取り出したアニサキスの幼虫

は第3期幼虫のままであり、第2中間宿主である魚介類を終宿主であるクジラなどが捕食すると、第4期幼虫および成虫となる。ヒトは第3期幼虫が寄生している魚介類を生であるいは加熱不十分で経口摂取することで感染する。サバ、アジ、イワシ、イカ、サンマなどが感染源になる機会の多い魚介類として注意が必要である。アニサキスの幼虫がヒトの胃壁や腸壁に刺入して引き起こす寄生虫症がアニサキス症であり、激しい痛みに襲われる。アニサキス症の多くは胃に刺入する胃アニサキス症で、主な症状は、みぞおちのあたりの激しい痛みや悪心、嘔吐である。胃壁や腸壁に潜り込んでいるアニサキスを除去することで軽快する。また、アニサキスが抗原となり、蕁麻疹やアナフィラキシーなどのアレルギー症状を起こすこともある。アニサキスは60℃の熱処理で1分、70℃以上では瞬時に死滅し、また、冷凍処理（−20℃以下で24時間）により感染性が失われるので、加熱や冷凍処理をすることでアニサキス症は予防できる。酸には抵抗性があり、一般的な調理に使う量の酢、塩、しょうゆやワサビなどで死ぬことはない。また、アニサキスの幼虫は宿主である魚やイカが死亡すると、小腸などの内臓から筋肉部位（可食部位）に移動する。アニ

サキス症の予防には、漁獲後、速やかに内臓を除去することも効果的である。

3) 旋尾線虫（*Crassicauda giliakiana*）

　ヒト以外の動物を固有宿主とする線虫であり、その幼虫（体長；5〜10 mm）はホタルイカ、スルメイカ、ハタハタ、スケトウダラなどの海産魚介類の内臓で確認されている。ホタルイカの生食による旋尾線虫幼虫移行症の感染が報告されたことを受けて、2000年に厚生省から「ホタルイカを生食するときには内臓を除去するか、−30℃で4日間あるいはそれと同等以上の殺虫能力を有する条件で凍結し、かつ消費者にそれを周知することを求める」という通達が発出されている。旋尾線虫幼虫移行症は幼虫の移行する場所によって腸閉塞や皮膚爬行症などの症状を示す。

4) 顎口虫（*Gnathostoma* spp.）

　頭部に多数の鉤のある頭球を有する線虫である。日本国内では4種類（有棘顎口虫、剛棘顎口虫、日本顎口虫、ドロレス顎口虫）が確認されている。終宿主はネコ、イヌ、ブタ、イノシシなどであり、第1中間宿主はケンミジンコ、第2中間宿主はカエル、サンショウウオ、ヘビ、淡水産魚類である。ヒトへの感染は、第1中間宿主および第2中間宿主を捕食し、顎口虫の被嚢幼虫を有している待機宿主（魚類、両生類、爬虫類、鳥類、哺乳類など）の生食と関連している。主に淡水魚の生食が原因となるが、ドジョウの踊り食い、ライギョやフナなどの淡水魚の生食や酢の物などでの報告がある。また、1980年頃に中国から輸入されたドジョウの生食により、100名以上の剛棘顎口虫による顎口虫症患者が発生した。ヒトに幼虫が感染すると、皮膚爬行症や限局性で遊走性の皮膚腫脹があらわれ、まれではあるが、眼、中枢神経、肺、胃腸（腸閉塞）、生殖器などに寄生することもある。

5) 横川吸虫（*Metagonimus yokogawa*）

　体長が1〜2 mmに留まる小型の吸虫である。腹吸盤と生殖吸盤が合体して生殖腹吸盤を形成している。虫卵は長径27〜32 mm、短径15から17 mm程度である。ヒトは、第2中間宿主であるアユ、ウグイ、白魚などの不完全調理や生食により、これらの淡水魚に寄生するメタセルカリアを経口摂取することにより感染する。ヒトは終宿主であり、ヒトの小腸粘膜で成虫となって寄生する。寄生した虫体数が多いと腹痛、下痢を引き起こす。小腸に寄生した虫体の虫卵は糞便とともに排泄される。糞便中に含まれる虫卵は第1中間宿主のカワニナに取り込まれ、幼虫にふ化し、3回の変態を経てセルカリアとなり、水中に出て、アユやシラウオのうろこやえら、ひれ、皮下、筋肉中でセルカリアを皮膜で包み込んだメタセルカリアとなる。

6) 肺吸虫

　アジアを中心にラテンアメリカやアフリカに存在し、日本で確認されている肺吸

虫はウェステルマン肺吸虫（*Paragonimus westermanii*）および宮崎肺吸虫（*Paragonimus miyazakii*）である。ウェステルマン肺吸虫はヒトが終宿主であり、第2中間宿主である淡水産カニ（サワガニ、モクズガニなど）を生食または加熱不十分な喫食により経口感染する。虫体は肺に移行してさまざまな呼吸器症状を引き起こす。また、神経への虫体の侵入により、痙攣、頭痛、意識障害などの重篤な症状を呈する症例も報告されている。虫卵は感染したヒトの喀痰から、あるいは喀痰から再び消化管へ取り込まれ、糞便とともに排泄される。第1中間宿主であるカタツムリやカワニナの中で卵からふ化したミラシジウムはセルカリアに成長し、第2中間宿主である淡水産カニに捕食されて体内でメタセルカリアとなる。宮崎肺吸虫は、イタチ、テン、イノシシなどが終宿主であり、これらの動物の肺に虫嚢を形成して寄生する。宮崎肺吸虫の終宿主にヒトは含まれないため、感染した幼虫が肺や胸腔を移動し、気胸や胸水貯留などの幼虫移行症を引き起こす。ヒトへの感染は、ウェステルマン肺吸虫同様、第2中間宿主である淡水産カニの生食または加熱不十分な喫食で経口感染する。

7）日本海裂頭条虫（*Dibothriocephalus nihonkaiensis*）（写真5.5）

　成虫は全長5〜10 mの大型の条虫である。第1中間宿主はケンミジンコで、第2中間宿主はサケ属の魚である。終宿主はヒト、ネコ、キツネ、クマなどであり、これらの魚を食することで感染する。症状は、腹部の不快感、下痢、食欲不振を自覚する程度の症状であるが、ときに腹痛、体重減少、めまい、耳鳴り、息切れ、しびれ感を訴える例がある。

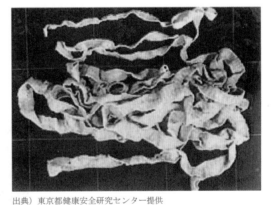

出典）東京都健康安全研究センター提供

写真5.5　日本海裂頭条虫

例題7　寄生虫感染症に関する記述である。最も適当なのはどれか。1つ選べ。

1. クドアは、馬肉の生食により感染する。
2. アニサキスは、淡水魚の生食により感染する。
3. アニサキスは、酸への抵抗性が弱く、調理に使う量の酢で死滅する。
4. アニサキスの予防には、漁獲後、速やかな内臓除去が効果的である。
5. 旋尾線虫は鶏肉の生食により感染する。

解説　1．クドアは、ヒラメの生食により感染する。　2．アニサキスは、サバやニシン、アジ、スルメイカなどの海産魚介類の生食により感染する。　3．アニサキスは、酸には抵抗性があり、調理に使う量の酢で死ぬことはない。　5．旋尾線虫は、ホタルイカ、スルメイカの生食により感染する。　　　　　　　　**解答**　4

例題8　寄生虫感染症に関する記述である。最も適当なのはどれか。1つ選べ。

1．顎口虫は、牛肉の生食により感染する。

2．横川吸虫は野菜の生食により感染する。

3．横川吸虫の終宿主はカワニナである。

4．ウェステルマン肺吸虫は淡水産カニ（サワガニ、モクズガニなど）の生食または加熱不十分な喫食で経口感染する。

5．日本海裂頭条虫は、鶏肉の生食により感染する。

解説　1．顎口虫は、ドジョウの踊り食い、フナなどの淡水魚の生食により感染する。2．横川吸虫はアユ、ウグイなどの不完全調理や生食により感染する。　3．横川吸虫の終宿主はヒトである。　5．日本海裂頭条虫は、サケ属の魚の摂食により感染する。　　　　　　　　**解答**　4

---

(2) 野菜によって感染するもの

1) 回虫 (*Ascaris lumbricoides*)
（写真5.6）

ヒトが終宿主であるが、寄生部位の小腸に多数寄生した場合は腸閉塞などの病害を起こす。野菜の栽培などには化学肥料が使われるようになり、肥料としての人糞の使用が行われなくなったことから、感染経路が絶たれ、戦後間もないころ（1949年）

出典）東京都健康安全研究センター提供

写真5.6　回虫

は人口の50%が感染していたが、1963年には10%以下となり、現在は0.01%程度といわれている。途上国の輸入野菜などでは回虫の卵が付着していることもあるので加熱をしないで食べる場合は、十分に洗浄することで予防する。ヒト回虫以外のヒトに感染する回虫として重要なものに、ブタ回虫、ネコ回虫、イヌ回虫、アライグマ回虫がある。これらの回虫はヒトが固有宿主ではないため、幼虫移行症となるこ

とがある。幼虫移行症は幼虫の寄生する場所によってさまざまな症状（視力低下、脳炎など）を示す。イヌ回虫、ネコ回虫による幼虫移行症をトキソカラ症といい、幼児に起こりやすい。

(3) 獣肉によって感染するもの

1) 旋毛虫（*Trichinella* spp）

　旋毛虫属の線虫であり、加熱不十分のブタ、クマなどの肉を介して感染する。幼虫が筋肉内を移行し、横紋筋内で被嚢することで浮腫や発熱などの症状を呈する旋毛虫症（トリヒナ症）を発症する。旋毛虫症の報告例は多くはないが、日本でも2016年にはクマ肉が原因食品の集団感染事例が発生した。ヨーロッパではイノシシ肉が、北米ではシカ肉での報告例もある。旋毛虫はと畜場法の対象となる獣畜（ウシ、ウマ、ブタ、めん羊、山羊）から検出された場合は全部廃棄処分の対象となる寄生虫である。

2) 有鉤条虫（*Taenia solium*）、無鉤条虫（*Taenia saginata*）

　テニア属に属する条虫であり、有鉤条虫は頭部に鉤を有し体長 2〜5m に、無鉤条虫は頭部に鉤がなく体長 3〜7m となる。有鉤条虫および無鉤条虫ともに終宿主はヒトである。有鉤条虫の中間宿主はブタ、イノシシであり、無鉤条虫はウシである。有鉤条虫の虫卵を摂取した場合、ヒトも中間宿主となり、有鉤条虫の幼虫による有鉤嚢虫症となる。症状は有鉤嚢虫が寄生する場所により異なるが、皮下筋肉内の寄生が最も多い。脳に寄生した場合の致死率は60〜90%であり、眼への寄生では1〜3%である。有鉤条虫および無鉤条虫ともに世界的に蔓延しており有鉤条虫による脳嚢中症などの報告もあるが、日本での有鉤条虫症および無鉤条虫症の報告例はほとんどなく、輸入感染例が散発的に発生している。有鉤嚢虫、無鉤嚢虫（無鉤条虫の幼虫）が検出された場合、と畜場法に基づいて全部廃棄処分の対象となる。

3) トキソプラズマ（*Toxoplasma gondii*）（写真 5.7）

　アピコンプレクサ門に属し、長さ 5〜7μm の半円〜三日月形をした原虫である。細胞内寄生性であり、環境中では単独では増殖しない。トキソプラズマの生活環は終宿主（ネコ）での有性生殖と中間宿主（ヒト、家畜などのすべての恒温動物）での無性生殖からなる。ヒトへの感染は加熱の不十分な豚肉、牛肉などの食肉に含まれる組織シスト、あるいはネコ糞便に含まれるオーシストの経口的摂取によって生じる。健常者が感

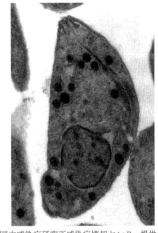

国立感染症研究所感染症情報センター提供

写真5.7　トキソプラズマ　タキゾイド

染しても、ほとんど症状を示すことはないが、免疫能が低い状態にある人には症状が出ることがあり、また、妊婦が感染すると胎盤感染により、死産・流産の他、生まれてくる胎児が先天性トキソプラズマ症の症状を示すことがある。加熱・冷凍により死滅する。十分に加熱をして摂取することで予防できる。

4）サルコシスティス・フェアリー（*Sarcocystis fayeri*）

　胞子虫類の一種である。ウマを中間宿主として、イヌを終宿主とする。2011年に馬刺しでの食中毒事例の原因病原体であることが確認された。サルコシスティス・フェアリーが多数寄生した馬肉を生で食べると、食後数時間で、一過性の下痢、おう吐、腹痛などの消化器症状が起きる。症状は軽度で、速やかに回復する。冷凍処理（−20℃、48時間以上）により、死滅する。国内で消費される生食用馬肉の調査ではカナダからの輸入馬肉で高い汚染がみられる。

例題9　寄生虫感染症に関する記述である。最も適当なのはどれか。1つ選べ。

1. 回虫の終宿主はクマである。
2. ウシ回虫、ウマ回虫による幼虫移行症をトキソカラ症という。
3. 旋毛虫症（トリヒナ症）は、加熱不十分のブタ、クマなどの肉を介して感染する。
4. 有鉤条虫および無鉤条虫ともに終宿主はウマである。
5. 有鉤条虫は、牛肉により感染する。

解説　1. 回虫の終宿主はヒトである。　2. イヌ回虫、ネコ回虫による幼虫移行症をトキソカラ症という。　4. 有鉤条虫および無鉤条虫ともに終宿主はヒトである。
5. 有鉤条虫は、豚肉により感染する。　　　　　　　　　　　　　　　**解答**　3

例題10　寄生虫感染症に関する記述である。最も適当なのはどれか。1つ選べ。

1. 無鉤条虫は、馬肉の生食により感染する。
2. トキソプラズマは、加熱不十分な豚肉や牛肉の他、ネコの糞便を介して感染する。
3. サルコシスティス・フェアリーの終宿主はサルである。
4. サルコシスティス・フェアリーは、条虫の一種である。
5. サルコシスティス・フェアリーは、豚肉の生食により感染する。

解説　1. 無鉤条虫は、牛肉の生食により感染する。　3. サルコシスティス・フェアリーの終宿主はイヌである。　4. サルコシスティス・フェアリーは、胞子虫類である。　5. サルコシスティス・フェアリーは、馬肉の生食により感染する。**解答**　2

4.2 飲用水を媒介とする主な寄生虫症

1) クリプトスポリジウム（*Cryptosporidium*）（写真5.8）

　ウシ、ブタ、イヌ、ネコなどの腸管寄生原虫であり、ヒトでの感染は1976年にはじめて報告された。ヒトへの感染事例のほとんどは *Cryptosporidium parvum* によるものである。感染すると激しい下痢、腹痛、嘔吐が7〜14日程度維持されることもあるが、症状が出ないこともある。ヒトからヒトへの糞便を介した感染や、水系汚染に伴う集団発生の報告がある。1996年には埼玉県で水道水を原因と

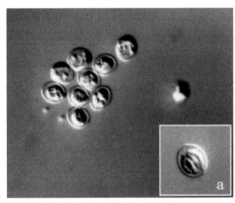

国立感染症研究所感染症情報センター提供
写真5.8　クリプトスポリジウム

する8,000人規模の集団発生事例が報告された。直径が4〜6μmと非常に小さいため、浄水施設での濾過を通過してしまう場合もあり、また、強い塩素耐性をもつので、塩素消毒が効かない場合もある。そのため、厚生労働省はクリプトスポリジウムなどの対策として、環境汚染の状況を調査するとともに、紫外線処理が有効であることから、水道施設への紫外線処理の導入に関する技術的要件などを示した。クリプトスポリジウム症は感染症法における全数報告対象感染症（五類感染症）である。

2) 赤痢アメーバ（*Entamoeba histolytica*）（写真5.9）

　エントアメーバ属に属する原虫であり、アメーバ赤痢の病原体である。消化器症状を主症状とするが、それ以外の臓器にも病変を形成する。病型は腸管アメーバ症と腸管外アメーバ症に大別される。赤痢アメーバシスト（嚢子）に汚染された飲料水や飲食物などの経口摂取により感染が成立する。シストは胃を経て小腸に達し、そこで脱シストして栄養型となり、分裂を繰り返して大腸に到達

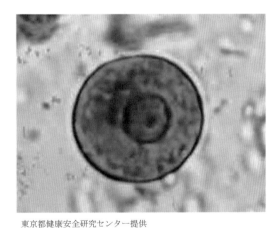

東京都健康安全研究センター提供
写真5.9　赤痢アメーバシスト

する。栄養型原虫は大腸粘膜面に潰瘍性病変を形成し、粘血便を主体とする赤痢アメーバ性大腸炎を発症させる。大腸炎症例のうち5%ほどが腸管外病変を形成する。

その大部分は肝膿瘍であるが、まれに心嚢、肺、脳、皮膚などの腸管外赤痢アメーバ症も報告されている。感染症法では全数報告対象（五類感染症）の感染症である。

3）サイクロスポーラ（*Cyclospora cayetanensis*）

　胞子虫類の一種である。同一宿主内で無性生殖期および有性生殖期が完結する。固有宿主はヒトを含む霊長類で、腸管上皮細胞に寄生する。感染は成熟オーシストで汚染された飲料水、生鮮食品、環境水などの摂取により経口感染する。ヒトの主症状は頑固な下痢で、1日6～10回の水様下痢あるいは軟便が反復し、軽度の発熱、体重減少を伴う。米国とカナダでは1996年にグアテマラ産のラズベリーやバジルが原因と思われる集団感染の報告があり、注目を集めた。

4）単包条虫（*Echinococcus granulosus*）、多包条虫（*Echinococcus multilocularis*）

　エキノコックス属の条虫であり、その幼虫（包虫）がエキノコックス症の病原体である。感染初期（約10年以内）は、無症状で経過することが多い。単包性エキノコックス症では、孤立性の嚢胞がゆっくりと増大して肝腫大や腹痛を認め、周囲の諸臓器を圧迫し、胆道閉塞や胆管炎を併発する。多包性エキノコックス症では、約98％が肝臓に一次的に病巣を形成する。肝臓に生着した微小嚢胞が外生出芽によってサボテン状に連続した充実性腫瘍を形成し、進行すると肝腫大、腹痛、黄疸、肝機能障害などが現れる。末期には腹水や下肢の浮腫が出現する。肝肺瘻を来すと胆汁の喀出、咳嗽が認められ、脳転移を来すと意識障害、痙攣発作などを呈する。終宿主であるキツネ、イヌなどの糞便内の虫卵を経口摂取することで感染する。感染症法では全数報告対象感染症（四類感染症）に指定されている。

5）ジアルジア（*Giardia lamblia*、別名ランブル鞭毛虫）（写真5.10）

　鞭毛虫類に属する原虫である。その生活史は栄養型と嚢子よりなる。栄養型虫体は洋ナシ型で、長径10～15μm、短径6～10μm程度の大きさである。糞便中に排出されたジアルジア嚢子により食物や飲料水が汚染されることによって、経口感染を起こす。健康な者の場合には無症状のことも多いが、食欲不振、腹部不快感、下痢（しばしば脂肪性下痢）などの症状を示すこともあ

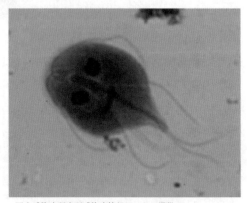

国立感染症研究所感染症情報センター提供
写真5.10　ランブル鞭毛虫

り、免疫不全状態では重篤となることもある。ジアルジア症は感染症法における全数報告対象感染症（五類感染症）である。

> **例題 11**　飲用水を媒介とする寄生虫症に関する記述である。最も適当なのはどれか。1 つ選べ。
> 1．アメーバ赤痢は、淡水魚の生食により感染する。
> 2．浄水施設でのクリプトスポリジウム対策として塩素消毒が有効である。
> 3．クリプトスポリジウムは、加熱不十分な豚肉の摂食により感染する。
> 4．飲料水は、サイクロスポーラ症の感染源とはならない。
> 5．ジアルジア症は、ジアルジア嚢子に汚染された食物や飲料水により感染する。

> **解説**　1．赤痢アメーバシスト（嚢子）に汚染された飲料水や飲食物などの経口摂取により感染する。　2．浄水施設でのクリプトスポリジウム対策として塩素消毒が効かない場合もある。　3．クリプトスポリジウムは、汚染された水や野菜によって感染する。　4．飲料水は、サイクロスポーラ症の感染源となる。　**解答** 5

4.3 寄生虫感染の予防法

　寄生虫感染症の予防法には、①十分な加熱調理（中心部 60℃で 1 分以上）および冷凍（−20℃で 24 時間以上）により寄生虫を殺す、②サケ・タラ・サバ・イカや淡水魚のような寄生虫の多い魚介類を生で食べる場合は、できるだけ早く内臓を除去して、魚の内臓は生では食べない、③野菜にも寄生虫卵がついている可能性があるので、生で食べる野菜は調理前に流水でよく洗う、④まな板、ふきんなどからの 2 次汚染防止のための洗浄を心がける、⑤生肉、土壌などに触れた後は、手をしっかり洗う、⑥衛生状態のよくない地域に行くときは、生水や生ものを摂取しないように注意する、などがある。

5　動物由来感染症

　ヒトと動物に共通な病気を人獣共通感染症または人畜共通感染症（zoonosis）といい、WHO（世界保健機関）と FAO（国際連合食糧農業機関）の合同専門家会議（1958年）で「自然の状態で、ヒトと脊椎動物との間で伝播する疾病あるいは感染症」と定義づけられた。厚生労働省ではヒトの健康問題とする観点から動物由来感染症という言葉を用いている。感染症法の一類感染症と四類感染症の多くが動物由来感染症である。感染経路は咬まれるなどの直接伝播、ダニ、カ、ノミなどの媒介昆虫によるもの、食品媒介によるものがある。食品と関連の深い感染症は、サルモネラ症、カンピロバクター症、腸管出血性大腸菌感染症、エルシニア症、リステリア症、炭

疽、ブルセラ症、結核、E 型肝炎、エキノコックス症などがある。ここでは、動物性食品を媒介とする炭疽、ブルセラ症、牛海綿状脳症について取り上げる。

5.1　炭疽

　炭疽（Anthrax）の起因菌は炭疽菌（*Bacillus anthracis*）である。炭疽菌は通性嫌気性グラム陽性有芽胞性大型桿菌であり、鞭毛を欠き、運動性はない。ヒトの病型は伝播様式によって、皮膚炭疽（経皮感染）、腸炭疽（経口感染）、および肺炭疽（吸入感染）の 3 種に分けられる。未治療の場合の致死率は皮膚炭疽で 10〜20％、腸炭疽で 25〜50％とされ、肺炭疽で 90％以上に達する。皮膚炭疽の約 5％、肺炭疽の 2/3 に引き続いて髄膜炭疽が起こり、治療を行っても発症後 2〜4 日で 100％死亡する。感染症法で四類感染症に指定されている。炭疽はウシやウマなどの草食獣で感受性が高く、ヒトには感染動物や炭疽菌芽胞に汚染した動物製品などから感染する。炭疽は世界の多くの地域で発生している。炭疽菌は酸素と接触することで芽胞を形成して、熱、乾燥、消毒薬などに対する強い抵抗性を獲得し、土壌中などで長期間生存し、動物に感染を繰り返す。日本における炭疽の発生例は、ヒトでは 1994 年の皮膚炭疽の報告、動物では 2000 年の牛の炭疽の報告を最後に発生していない。家畜伝染病予防法では牛、馬、めん羊、山羊、豚の炭疽が家畜伝染病に指定されている。また、炭疽が疑われた獣畜はと畜場法で全部廃棄処分となる。

5.2　ブルセラ症

　ブルセラ症（Brucellosis）の起因菌はブルセラ属菌（*Brucella* spp.）であり、波状熱やマルタ熱として知られている。ブルセラ属菌は、グラム陰性偏性好気性短小桿菌で、芽胞や鞭毛をもたず、細胞内寄生性である。ヒトへの感染が報告されているものは、その病原性の強さの順に *B. melitensis*（自然宿主：ヤギ、ヒツジ）、*B. suis*（ブタ）、*B. abortus*（ウシ、水牛）、*B. canis*（イヌ）の 4 菌種である。加熱殺菌が不十分な乳・乳製品や肉の喫食による経口感染が一般的であるが、家畜が流産したときの汚物・流産胎仔への直接接触、汚染エアロゾルの吸入によっても感染する。世界では毎年 50 万人を超える家畜由来のブルセラ菌感染者が新規に発生しているが、日本では 1970 年以降国内家畜から菌が分離された例はなく、日本におけるヒトの感染症例は輸入症例である。ブルセラ症の主な症状は発熱で、その他に倦怠感、疼痛、悪寒、発汗などインフルエンザ様の症状であるが、腰背部痛など筋骨格系の症状が出ることが多く、脾腫や肝腫を呈することもある。未治療の場合の致死率は約 5％である。感染症法で四類感染症に指定されている。家畜のブルセラ症は家畜

伝染病予防法で家畜伝染病に指定されている。また、と畜場法でブルセラ症が疑われる獣畜は全部廃棄処分となる。

例題 12　ブルセラ症に関する記述である。誤っているのはどれか。1つ選べ。

1. 加熱殺菌が不十分な乳・チーズなど乳製品や肉の喫食により感染する。
2. 感染から発症までの期間は短く、2日から3日で発症する。
3. 1970年を最後に国内家畜から菌が分離された例はない。
4. ブルセラ菌はグラム陰性、偏性好気性菌で芽胞や鞭毛をもたず、細胞内寄生性である。
5. 定点医療機関からの報告対象の五類感染症である。

解説　5. 全数報告対象の四類感染症である。　　　　　　　　　　　解答 5

5.3　牛海綿状脳症

　牛海綿状脳症（Bovine Spongiform Encephalopathy：BSE）は、伝達性海綿状脳症（Transmissible Spongiform Encephalopathy：TSE）のひとつで、異常プリオンたんぱく質が主に脳に蓄積し、脳の組織がスポンジ状となり、異常行動、運動失調などの神経症状を示し、最終的には死に至る。潜伏期間は4年から6年で、平均5年から5.5年と推測されている。ヒトや動物の体内にはもともと「正常プリオンたんぱく質」が存在する。BSEの原因は「異常プリオンたんぱく質」が正常プリオンたんぱく質を異常プリオンたんぱく質に変化させ、その結果、体内に異常プリオンたんぱく質が蓄積することによる。牛以外にも、異常プリオンたんぱく質の蓄積が原因で発症するめん羊、山羊のスクレイピー、伝達性ミンク脳症、ネコ海綿状脳症、シカやエルクの慢性消耗病がある。ヒトでは、クールー病、クロイツフェルト・ヤコブ病（Creutzfeldt-Jakob disease：CJD）が報告されている。1996年3月、英国の海綿状脳症諮問委員会において、BSEと変異型クロイツフェルト・ヤコブ病（variant Creutzfeldt-Jakob disease：vCJD）に関連がある可能性が発表され、BSE感染牛排除のための対策が強化された。BSEとvCJDの直接的な関連を示す科学的根拠は確認されていないが、BSE感染牛およびvCJD患者の脳をマウスに接種する感染実験により感染することが認められている。また、原因物質の分子生物学的性状が似ていたこと、BSE感染牛の発生とvCJDの時系列的な発生数の推移には、疫学的に相関関係が認められたことなどから、BSEはBSE感染牛から食品を介してヒトに伝達する可能性があると考えられている。

　BSE に感染した牛の脳や脊髄などを原料としたえさが、他の牛に与えられたことが原因で、牛への BSE の感染が広がったことから、牛の脳や脊髄などの異常プリオンたんぱく質が蓄積する部位（特定危険部位）を家畜のえさに混ぜないといった規制が行われた。その結果、世界の BSE 感染牛の発生件数は 2015 年以降 10 例以下で推移している。また、日本では 2009 年の報告を最後に BSE 発生の報告はない。また、vCJD 患者数も 2000 年の年間 29 例をピークに減少し、最も多くの vCJD 患者が発生していた英国においても、1989 年に牛の特定危険部位の食用を禁止した後、1990 年以降の出生者からの vCJD 患者は確認されていない。

例題 13　牛海綿状脳症（BSE）に関する記述である。正しいのはどれか。2 つ選べ。

1. BSE は感染症法で四類感染症に分類されている。

2. BSE の原因である異常プリオンたんぱく質は、ウシの筋肉に最も蓄積する。

3. めん羊や山羊のスクレイピーも異常プリオンたんぱく質が原因の疾患である。

4. 健康牛であっても、24 カ月齢以上の牛については BSE 検査を実施している。

5. 国際獣疫事務局[注]（OIE）による BSE の発生のリスクに関する科学的評価の結果、日本は 2013 年に「無視できるリスク」の国に認定された。

解説　1. BSE は感染症法には分類されていない。　2. 異常プリオンは、脳、脊髄、小腸の一部などに蓄積する。　4. 24 カ月齢以上の牛のうち、生体検査において神経症状が疑われるものおよび全身症状を呈するものについては BSE 検査を実施している。　　　　　　　　　　　　　　　　　　　　　　　　　　　　　　　　**解答** 3、5

（注）国際獣疫事務局（Office International des Epizooties：OIE）は 1924 年に 28 カ国の署名を得てフランス・パリに発足した世界の動物衛生の向上を目的とした政府間機関で 182 カ国・地域が加盟（2019 年 5 月現在）している。

章末問題

1 　寄生虫とその感染源の組み合わせである。最も適当なのはどれか。1つ選べ。

1. アニサキス-----コイ

2. クドア-----ヒラメ

3. サルコシスティス-----マス

4. トキソプラズマ-----ホタルイカ

5. 有鉤条虫-----アユ

（第35回国家試験）

解説　1. アニサキス---サバ、イカ　3. サルコシスティス---馬肉　4. トキソプラズマ---豚肉
5. 有鉤条虫---豚肉　　　　　　　　　　　　　　　　　　　　　　　　　　　　　　　解答 2

2 　感染症の感染経路に関する記述である。誤っているのはどれか。1つ選べ。

1. 結核は、空気感染である。

2. コレラは、水系感染である。

3. アニサキスは、いかの生食で感染する。

4. 風疹は、胎児に垂直感染する。

5. C型肝炎は、経口感染である。

（第33回国家試験）

解説　1. 結核で排菌している人が咳やくしゃみをしたときに、結核菌を含んだ飛沫が周囲に飛び散り、
水分が蒸発した状態（飛沫核）で空気中に漂い、それを吸い込むことによって感染する（飛沫核感染＝
空気感染）。　2. コレラは、患者の糞便や吐瀉物に汚染された食物、水を介する水系感染である。
3. 生魚、生いかを食べて数時間後に腹痛で発症する。内視鏡検査で確定診断し、摘出する。　4. 垂直
感染は、主に周産期（妊娠時は経胎盤、出産時は経産道、授乳期は経母乳）の母子感染である。風疹、
トキソプラズマ、サイトメガロウイルス、梅毒、HIV（ヒト免疫不全ウイルス）がある。垂直感染に対し
て水平感染がある。　5. C型肝炎は、血液体液を介する感染である。経口感染はA型、E型肝炎である。
　　　解答 5

3 　寄生虫に関する記述である。正しいのはどれか。1つ選べ。

1. さば中のアニサキスは、食酢の作用で死滅する。

2. 回虫による寄生虫症は、化学肥料の普及で増加した。

3. 日本海裂頭条虫は、ますの生食によって感染する。

4. サルコシスティスは、ほたるいかの生食によって感染する。

5. 横川吸虫は、サワガニの生食によって感染する。

（第32回国家試験）

解説　1. アニサキスは、熱処理（60℃、1分）、低温処理（－20℃以下、数時間）で死滅する。食塩や酢
には抵抗性を示す。　2. 回虫の感染は、人糞などを肥料として使用することにより野菜に付着し、生で
食す漬物などを介しての感染が多く認められたが、化学肥料の普及で激減した。　4. サルコシスティス・

フェアリーは犬を終宿主とし、中間宿主である馬の肉の生食（馬刺し）や不完全加熱の馬肉を介し感染する。なお、ほたるいかの生食では旋尾線虫の感染が知られている。　5. 横川吸虫は、アユやシラウオなどの淡水魚を介し感染する。サワガニを介し感染する寄生虫は、ウェステルマン肺吸虫や宮崎肺吸虫で、淡水産かにの生食や調理の過程で野菜などに付着し感染する。　　　　　　　　　　　　　　解答　3

4　感染症法により就業制限が課せられる疾病である。　**誤っている**のはどれか。1つ選べ。

1. 結核
2. エボラ出血熱
3. 腸管出血性大腸菌感染症
4. 細菌性赤痢
5. 後天性免疫不全症候群　　　　　　　　　　　　　　　　　　　　　（第 31 回国家試験）

解説　一～三類感染症、新型インフルエンザなど感染症の患者または無症状病原体保有者に対して、都道府県知事は、感染症をまん延させるおそれがある業務（飲食物の製造・販売・調整または取扱いに関する業務、接客業その他の多数の者に接触する業務など）への従事を制限することができる（感染症法第 18 条感染症法施行規則第 11 条）。

1. 結核は二類感染症。　2. エボラ出血熱は一類感染症。　3. 腸管出血性大腸菌感染症は三類感染症。　4. 細菌性赤痢は三類感染症であるから、就業制限が課せられる疾病である。　5. 後天性免疫不全症候群は五類感染症であるから、感染症法による就業制限は課せられない。　　　　　　　解答　5

5　食品から感染する寄生虫症に関する記述である。正しいのはどれか。1つ選べ。

1. 冷凍処理は、寄生虫症の予防にならない。
2. アニサキスは、卵移行症型である。
3. クドアは、ひらめの生食により感染する。
4. 肝吸虫は、不完全調理の豚肉摂取により感染する。
5. サルコシスティスは、鶏肉の生食により感染する。　　　　　　　（第 31 回国家試験）

解説　1. 多くの寄生虫は冷凍で死滅するが、死滅させるためには冷凍時間を長く要する寄生虫も存在する。　2. アニサキスはイルカやクジラを終宿主とする回虫の仲間。中間宿主の海産魚を生食することにより、幼虫が胃壁や腸壁に侵入し発症する。　4. 肝吸虫はコイ科の魚類（モツゴ、タナゴ、コイ、フナなど）を中間宿主とし、その生食あるいは調理過程で被嚢幼虫が器物に付着したものを摂取し感染する。5. サルコシスティス・フェアリーは馬肉を生、あるいは加熱不足で食すことにより感染する。犬を終宿主とし、馬は中間宿主である。　　　　　　　　　　　　　　　　　　　　解答　3

6　クリプトスポリジウムに関する記述である。**誤っている**のはどれか。1つ選べ。

1. 飲料水から感染する。
2. 集団感染が報告されている。
3. 水様性下痢が主症状である。
4. オーシストに感染性がある。
5. 加熱殺菌は無効である。　　　　　　　　　　　　　　　　　　　（第 29 回国家試験）

解説 クリプトスポリジウムは、牛や馬などの小腸粘膜に寄生し、糞便とともに排泄されたオーシストが水などを介し、ヒトに感染する。オーシストの感染力は強く、少数でも感染が成立する。一般に一過性の急性下痢を発症する。オーシストは 60℃、30 分の加熱で殺すことができ、乾燥や凍結に弱い。塩素耐性が強く、水道水の殺菌に使用される程度の塩素濃度では死滅しない。　　　　　　解答 5

7 　感染症法における三類感染症である。正しいのはどれか。1 つ選べ。

1. 腸管出血性大腸菌感染症
2. 結核
3. デング熱
4. エボラ出血熱
5. 風疹　　　　　　　　　　　　　　　　　　　　　　　　　　（第 29 回国家試験）

解説　1. 腸管出血性大腸菌感染症は三類感染症　2. 結核は二類感染症　3. デング熱は四類感染症　4. エボラ出血熱は一類感染症　5. 風疹は五類感染症である。　　　　　　解答 1

8 　寄生虫症の主な感染源に関する記述である。正しいのはどれか。1 つ選べ。

1. トキソプラズマは、淡水魚類を介する。
2. 回虫は、魚介類を介する。
3. サイクロスポーラは、肉類を介する。
4. 赤痢アメーバは、生水を介する。
5. アニサキスは、野菜類を介する。　　　　　　　　　　　　　（第 27 回国家試験）

解説　1. トキソプラズマは、ほぼすべての温血動物に感染し、ネコ科の動物が終宿主となる。2. 回虫は、寄生動物の糞便を介して感染する。　3. サイクロスポーラは、野菜や水を介する原虫の感染症である。　5. アニサキスは、魚介類を中間宿主、海獣類を終宿主とする。　　　　　　解答 4

9 　牛海綿状脳症（BSE）に関する記述である。正しいのはどれか。1 つ選べ。

1. BSE に罹患した牛からヒトへ感染する可能性はない。
2. 肋骨は、BSE の病因物質が蓄積する部位（特定部位）である。
3. 口蹄疫ウイルスが BSE の病因物質である。
4. 調理加熱で BSE の病因物質は、不活性化されない。
5. 12 カ月齢以下の牛の特定部位は、除去が義務づけられている。　（第 26 回国家試験）

解説　1. BSE 牛からヒトへ感染する可能性があり、変異型クロイツフェルトヤコブ病が BSE の感染によるものと考えられている。　2. BSE の原因物質が蓄積する特定部位として、脳、眼、扁桃、背根神経節、脊髄、回腸遠位部があるが、肋骨は含まれない。　3. BSE の原因物質は、現状では異常プリオンたんぱく質と考えられている。　5. BSE 感染の有無を問わず、全月齢の牛を対象として特定部位の除去が義務づけられている。　　　　　　解答 4

10　食に起因する健康被害の予防に関する記述である。正しいものの組み合わせはどれか。

a. 冷凍処理（－20℃以下）は、アニサキスに対し有効である。

b. 煮沸処理でアフラトキシンは分解する。

c. 微生物汚染を防ぐための加熱調理では、食品の表面温度を指標とする。

d. 水道水による洗浄は、腸炎ビブリオ菌に対し有効である。

1. aとb　　2. aとc　　3. aとd　　4. bとc　　5. cとd　　　　（第23回国家試験）

解説　a. ○アニサキスは、海獣類から排出された虫卵が幼虫に発育し、人へは、感染したイカ、タラ、ニシンなどの生食により感染する。　b. ×カビの生産するアフラトキシンや、黄色ブドウ球菌のエンテロトキシンなど、毒素の多くは耐熱性であり、易熱性のボツリヌス毒素は例外である。　c. ×加熱によって微生物を制御するためには、中心温度が重要になる。　d. ○腸炎ビブリオ菌は、海水に常在する。水道水による洗浄が健康被害の予防に有効である。　　　　　　　　　　　　　　解答 3

11　牛海綿状脳症（BSE）についての記述である。正しいものの組み合わせはどれか。

a. 最初のBSE感染牛は、アメリカ合衆国で発見された。

b. 筋肉は、特定危険部位である。

c. 異常プリオンたんぱく質は、熱に安定である。

d. 感染の拡大に、肉骨粉の利用が関係している。

（1）aとb　　（2）aとc　　（3）aとd　　（4）bとc　　（5）cとd　　　　（第23回国家試験）

解説　a. ×BSE感染牛が最初に発見されたのはイギリスであり、現在も発生が多い。　b. ×特定危険部位とは、舌と頬肉を除いた頭部、骨髄、回腸遠位部をいう。　c. ○　d. ○　　　　　　　　　解答 5

第6章

有害物質による食品汚染

達成目標

　本章では、有害物質による食品汚染について概観する。食品を汚染し人体に害のおそれのある物質には、カビ毒、人工的な合成化学物質、重金属、放射線など多様である。その作用も、胃腸炎を起こすものから、各種臓器に深刻な被害をもたらすもの、内分泌をかく乱するものなどがある。本章では、それぞれの化学物質の化学的特徴、毒性の作用機作および産生メカニズムなどについて理解する。

1 マイコトキシン（mycotoxin；カビ毒、真菌毒）

　わが国では昔から餅などにカビが生えても、その部分を削り取れば大丈夫などといわれ、病原細菌と比べるとカビの毒性は軽くみられてきた。このことは諸外国でも同様であった。カビのなかには人体に無害のものやコウジカビのように食品の醸酵に用いて有益なものもある（しょう油、味噌、チーズ、抗生物質など）。一方、ヒトや動物に急性・慢性の疾病を起こす毒性物質を産生するものもある（その他に建物、調度類、衣類の被害を及ぼすものもある）。カビが産生する有害物質をマイコトキシンという。マイコトキシンによって起こる疾病を真菌中毒症（mycotoxicosis）という。マイコトキシンを産生するカビは主として *Aspergillus*（アスペルギルス；コウジカビの仲間）、*Penicillium*（ペニシリウム；青カビ）および *Fusarium*（フザリウム；赤カビ）の3種類の属である。**マイコトキシンは耐熱性で、通常の調理・加工程度の温度ではほとんど分解されない。**

　カビは好気性であり、多くのカビの至適発育温度は 20〜30℃である。特に細菌に比べ、弱酸性を好み、水分活性（Aw）が低くても増殖できるという特徴がある。

　表 6.1 に主なマイコトキシンと産生カビなどを、また、表 6.2 に食品衛生法で残留基準値が設定されているマイコトキシンを示した。

表6.1　主なマイコトキシン（カビ毒）、汚染食品、毒性

マイコトキシン	主な産生カビ	主な汚染食品	毒性
アフラトキシン	*A.flavus, A.parasiticus*	ナッツ類、穀類	肝障害、肝がん
ステリグマトシスチン	*A.versicolor*	穀類	腎炎、腎がん
オクラトキシンA	*A.ochraceus*	穀類、豆類	肝障害、腎障害
シトリニン	*P.citrinum*	穀類	腎障害
ルテオスカイリン	*P.islandicum*	穀類	肝障害、肝がん
パツリン	*P.expansum*	リンゴ果汁	消化器系障害
トリコテセン系（デオキシニバレノールなど）	*F.nivale* など	穀類	消化器系障害
フモニシン	*F.moniliforme* など	トウモロコシ	食道がんの促進
麦角アルカロイド（エルゴタミンなど）	*C.purpurea*	ライ麦、小麦	消化器系障害、神経系症状

A.: *Aspergillus*　P.: *Penicillium*　F.: *Fusarium*　C.: *Claviceps*

表6.2　食品衛生法で残留基準値が設定されているマイコトキシン

マイコトキシン	対象食品	基準値
総アフラトキシン（アフラトキシンB_1、B_2、G_1、G_2）	全食品（主にピーナッツ、アーモンドなどの豆類	10 μg/kg
デオキシニバレノール	小　麦	1.0 mg/kg
パツリン	リンゴ加工品（リンゴ果汁）	50 μg/kg

1.1 アフラトキシン（Aflatoxin）

　1960（昭和 35）年にイギリスにおいて、10 万羽の七面鳥のヒナが急性肝障害で死亡した。初めは原因が不明で七面鳥 X 病と名付けられた。イギリス政府の組織的な調査の結果、1962（昭和 37）年に原因は飼料のピーナッツ（ブラジル産）に寄生した *Aspergillus flavus* の産生した一種のマイコトキシンが原因と判明した。産生菌の名前から**アフラトキシン**と命名された。*A. flavus* 以外に *A. parasiticus* もアフラトキシンを産生する。上記の飼料をラットに投与すると 30%が肝がんになり、発がん性があることから注目され各国で研究がなされた。

　アフラトキシンは、その蛍光色から B_1、B_2、G_1、G_2（それぞれ blue と green の蛍光）に分類される。その他に生体内代謝物の M_1、M_2 などがあり（図 6.1）、M 群は B 群を含有した飼料を摂取した乳牛の乳中に存在し、乳製品などから検出される。アフラトキシンには 17 種類が知られている。

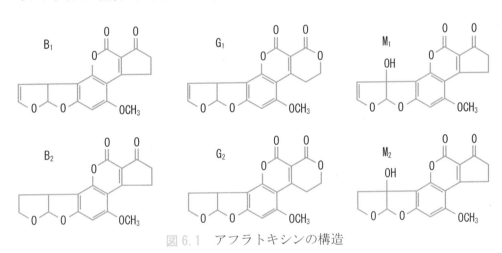

図 6.1　アフラトキシンの構造

　最も毒性が強いのは B_1 で、現在までに知られている発がん物質のなかで最強のもののひとつである。毒性の強さは B_1 に次いで、M_1、G_1 である。B_1 のラットによる発がん試験では飼料に 15 ppb（15 μ g/kg）の添加で、68（雄での試験）～82（雌での試験）週目に 100%肝がんが認められた。

　アフラトキシンの TD50（tumor dose 50%：50%発がん量）は 0.003 mg/kg/日（ラット）である。TD50 とは、ある物質を生涯にわたり動物に投与した場合に、50%の動物にがんを誘発する体重 1 kg 当たりの 1 日の摂取量のことである。アフラトキシンは魚類からサルに至るまでの多種の動物に、急性毒性としては肝障害、慢性毒性では肝がんを発生させる。

　A. flavus は温帯、寒帯地方には少なく、**熱帯**、**亜熱帯地方**に多くみられる。わが

国では輸入される飼料やピーナッツなどのナッツ類から検出されることがある。したがって、輸入検査体制が重要となる。わが国では食品の**総アフラトキシン**（B₁、B₂、G₁、G₂の総和）を10 ppb 以下と規制している。

1.2 ステリグマトシスチン（Sterigmatocystin）

代表的な産生菌は *Aspergillus versicolor* である。この菌は世界中に広く分布し、特に穀類から多く検出される。ステリグマトシスチンは動物実験で腎障害や肝障害を起こす。また、腎がん、肝がんを生じるが、アフラトキシンに比べ発がん性の強さは100分の1以下である。

1.3 オクラトキシン（Ochratoxin）

オクラトキシンはアスペルギルス属の *Aspergillus ochraceus* の代謝産物として発見された。化学構造の違いからオクラトキシンA、B、C があるが、汚染食品から見出されるのはオクラトキシン A が主である。産生菌としては *Aspergillus* や *Penicillium* 属の多くの菌が知られているが、代表的な菌は *A. ochraceus* や *P. verrucosum* である。オクラトキシン A の毒性は腎臓および肝臓に現れ、マウスにオクラトキシンを投与すると肝臓と腎臓にがんが発生したとの報告がある。

世界各地の調査で、穀類などのオクラトキシン自然汚染が明らかになっており、ハト麦、ライ麦および製あん原料豆、コーヒー豆、ビール製造に使われる麦芽などから検出されることがある。また、ユーゴスラビア、ブルガリアおよびルーマニアなどのバルカン地方の風土病のバルカン腎症は、オクラトキシンによるカビ毒中毒であると考えられている。

1.4 パツリン（Patulin）

パツリンはペニシリウム属（青カビ）の *Penicillium patulum* から分離された物質であるため、この名称が与えられた。パツリンは多くのカビが産生し、代表的なものに *Penicillium expansum*、*Aspergillus clavatus* などがある。パツリンは輸入の**腐敗リンゴやリンゴジュース**から検出されることがある。パツリンの毒性としては神経麻痺、肝および腎への障害が知られている。食品衛生法で「リンゴの搾汁および搾汁された果汁のみを原料とするものにあっては、パツリンの含有量が 50 ppb を超えるものであってはならない」と規制している。

1.5 フザリウムトキシン（Fusariumtoxin）

フザリウム属（赤カビ）が産生するマイコトキシンで、麦の穂を赤変させる赤カビ病の原因となる。フザリウムトキシンにはフモニシン、トリコセテン類、ゼアラレノンなどがある。

フモニシンは B$_1$、B$_2$、B$_3$、B$_4$、A$_1$、A$_2$ が知られている。主な産生菌は *Fusarium moniliforme*、*F. proliferatum* などである。1988（昭和63）年に南アフリカで発見されたマイコトキシンである。南アフリカや中国の食道がん多発地域のトウモロコシが汚染され、食道がんのプロモーター（がんの促進因子）として知られている。

トリコセテン類にはニバレノール、デオキシニバレノール、T-2トキシン、フザレノン-X などがある。主な産生菌は *F. nivale*、*F. graminearum* である。トリコセテン類の毒性は下痢、嘔吐などの消化器症状、白血球減などである。**デオキシニバレノール**は小麦について、1.1 ppm の暫定基準値が設けられている。

ゼアラレノンは赤カビ病菌およびその近縁の *Fusarium* 属の *F. graminearum*、*F. culmorum* が生産するので、温帯地域ではトリコテセン類と同時に麦類、トウモロコシなどから検出されることが多いが、熱帯、亜熱帯地域の農作物の汚染では、**ゼアラレノン**は単独で検出される。飼料に高濃度汚染すると、ブタなどの家畜にホルモン様の作用を示して流産などの原因となるので、餌料安全法では飼料中のゼアラレノンの暫定許容量を 1.0 ppm として規制している。

1.6 黄変米マイコトキシン

第2次大戦後に輸入した米が *Penicillium* 属のカビに汚染されていて黄変しており、**黄変米事件**といわれている。しかし実際の中毒例はない。台湾から輸入した黄変米が *P. citreoviride* に汚染されており、トキシカリウム黄変米とよばれた。有毒成分は**シトレオビリジン**で、神経毒であり動物実験で運動麻痺などを呈する。タイから輸入した黄変米から *P. citrinum* が分離された。タイコク黄変米といわれた。産生するマイコトキシンは**シトリニン**とよばれ、腎臓毒である。エジプト産の黄変米が *P. islandicum* に汚染されており、イスランジャ黄変米といわれた。このコメからはルテオスカイリンが検出され、**ルテオスカイリン**は動物実験で肝障害や肝がんを引き起こすことが認められている。

1.7 麦角菌

ヨーロッパでは数百年前から麦角菌による中毒が知られている。これは手足の皮膚が熱感に襲われ、火で焼かれたように黒変して脱落（凍傷様）する病気で多くの

死者がでた（1950年代に終息した）。

　この原因は小麦やライ麦に寄生する麦角菌 *Claviceps purpurea* が産生する有毒アルカロイド（**エルゴトキシン、エルゴタミン、エルゴメトリン**）である。麦角菌中毒は血管の痙攣性収縮のため、血液が貯留して血栓を生じ、それが原因となって壊死を生ずる。

例題1　カビ毒（マイコトキシン）に関する記述である。正しいのはどれか。1つ選べ。
1.　食品に繁殖したカビは、その部分を除去すれば安全である。
2.　マイコトキシンは、100℃30分の加熱で無毒化できる。
3.　アフラトキシンは、強い発がん性が確認されている。
4.　アフラトキシンは、慢性毒性があるが急性毒性は認められていない。
5.　アフラトキシンを産生する*Aspergillus flavus*は、亜寒帯地方で繁殖しやすい。

解説　1.　食品に繁殖したカビは、菌糸を食品中に伸ばしたり、毒素は食品中に拡散したりする場合もあるので、カビが繁殖した部分を除去すれば安全とはいえない。2.　カビ毒には耐熱性のものが多い。　4.　アフラトキシンは慢性毒性、急性毒性ともにある。　5.　熱帯、亜熱帯地方でよく繁殖する。　　　　　　　**解答**　3

例題2　カビ毒と検出作物の組み合わせである。誤っているのはどれか。1つ選べ。
1.　アフラトキシン------ピーナッツ　　2.　オクラトキシン------オクラ
3.　パツリン------リンゴジュース　　4.　フモニシン------トウモロコシ
5.　エルゴトキシン------ライ麦

解説　2.　オクラトキシンは、*Aspergillus ochraceus*が産生する毒素であるが、このカビは穀類、豆類、コーヒーなどに繁殖している例が知られている。　　**解答**　2

2　化学物質

2.1　残留農薬

(1)　農薬

　農薬取締法で「農薬は農作物を害する菌、線虫、ダニ、昆虫、ネズミその他の動植物またはウイルスの防除に用いられる殺菌剤、殺虫剤その他の薬剤および農作物

等の生理機能の増進または抑制に用いられる成長促進剤、発芽抑制剤その他の薬剤をいう」と定義されている（表6.3）。病害虫の防除のために利用される天敵は、この法律によって農薬に扱われている。農薬を使用することによって、収穫量の増加、農作業の労力などを減少させるメリットがある。一方、一部の農薬にはヒトや動物に毒性があるものもある。蓄積性の高い、自然環境で分解されにくいものは環境に影響を及ぼし、また**生物濃縮**されてヒトや動物に影響するというデメリットがある。このため使用できる物質は法律で制限されている。一部の農薬は内分泌かく乱作用が疑われている。

表6.3　主な農薬の種類

種　　類	用　　途
殺　虫　剤	有害な害虫（昆虫を含む動物）の駆除
殺　菌　剤	植物病原菌の殺滅または増殖を抑止（防カビ剤ともいう）
除　草　剤	雑草を枯らす、また発芽を抑制
殺　鼠　剤	ネズミの駆除
植物成長調整剤	植物の成長を促進（または抑制）、着果促進、発根促進など

(2) 有機リン系農薬

　パラチオン、テップ（ピロリン酸テトラエチル）、マラチオンなどは殺虫力が大きく、一般に広い範囲の害虫に効果があるため使用されてきた。有機リン系農薬は環境で比較的速やかに分解され、環境への残留性は低い。ヒトや動物に対する急性毒性が強く、脳内および末梢の神経伝達物質であるアセチルコリンを分解する酵素コリンエステラーゼの働きを不可逆的に阻害し、アセチルコリンが過剰に蓄積する。これにより縮瞳、流涙、痙攣、横隔膜の筋力低下により呼吸困難や呼吸不全などの症状を呈する。

　現在は比較的毒性の低いスミチオン、マラソンなどが使用されている。パラチオン、テップは毒性が高いことから農薬の指定をはずされた。

(3) 有機塩素系農薬

　有機塩素系農薬[*1]は殺虫力が強く、効果の持続性が長く、さらに安価であることから世界中で使用された。主にDDT、BHC、**アルドリン**などが使用されたが、自然界で分解されにくいため、最終的に海に移動、拡散する。食物連鎖により生物濃縮され、魚介類に蓄積され、ヒトの健康に影響を及ぼすおそれがある。現在は登録失効となって使われなくなり、使用が禁止されている。

---

　*1 一部の開発途上国においてはマラリア予防のために使用されている。

(4) 残留農薬基準

　食品衛生法において規定されている食品に残留する農薬の基準を「残留農薬基準」という。残留農薬基準は農産物に残留する農薬量の限度であり、厚生労働大臣により定められている。残留農薬基準が設定された場合、これを超える農薬が残留している農産物は販売などが禁止されている。国産農産物、輸入農産物のいずれもが食品衛生法に基づく規制を受ける。130種以上の農作物と約300種の農薬について、農作物と農薬の組み合わせの基準値が定められている。

　2006（平成18）年に**ポジティブリスト制度**（残留を認めるものの一覧表）が導入された。この制度により、残留基準値が定められていない農薬などについては、ヒトの健康を損なうおそれのないことが明らかな66物質を除き、一律基準値0.01ppmを超えて残留してはならないとしている。加工食品にも適用される。

(5) ポストハーベスト農薬（収穫後使用農薬）

　収穫後の農作物に対し、カビや害虫による損害を防ぐため用いる農薬を**ポストハーベスト農薬**という。わが国ではポストハーベスト農薬の使用が原則的に禁止されている。輸入される果物などでは、貯蔵中や輸送中にカビなどの増殖を防止するために農薬が収穫後に使用されることがある。

　わが国でポストハーベスト農薬に類するものとして、食品添加物の防カビ剤（イマザリル、オルトフェニルフェノール、ジフェニル、チアベンダゾールをかんきつ類、バナナなどに使用）と防虫剤（ピペロニルブトキシドを穀類に使用）が認められているが、制度上は農薬と区別されている。

(6) 一日摂取許容量（ADI：Acceptable Daily Intake）（第8章4.2参照）

　残留農薬基準の設定は農薬ごとのADIを基本として定められている。農薬の1日当たりの摂取量は国民健康・栄養調査から得られた農作物の摂取量、FAOとWHOで設立した国際的な政府間組織であるコーデックス委員会が作成した国際食品規格などを参考にして求めた各農作物に許容される残留農薬量から算定される。この際にADIの80％を超えないように設定されている。この80％とされているのは農作物以外に肉類、魚介類、水、空気からも体内に入ることを考慮しているからである。

　ADIはヒトが一生涯にわたって、その農薬を毎日摂取し続けたとして安全性に問題のない量のことである。発がん性試験、突然変異原試験などの各種試験で、異常が認められなかった試験物質については、慢性毒性試験（1年間反復投与毒性試験）の結果から得た**無毒性量**（**最大無作用量**ともいう：動物がほぼ一生涯、毎日摂取しても動物の身体に何の影響もない量）に**安全係数を最大100分の1**とし、ヒトの一日許容摂取量（ADI：Acceptable Daily Intake）を求める。ADIはヒトの体重1kg当

たり1日に何mg（mg/kg/日）までとして示される。

　厚生労働省は1991（平成3）年度から、わが国で流通している農産物における農薬の残留レベルを調査している。食品からの農薬の摂取量は、いずれもADIを大幅に下回っており健康に影響を与える状況とは考えられないとしている。

2.2 抗生物質

(1) 動物用医薬品

　畜産動物や養殖魚の疾病予防や治療のために**動物用医薬品**が使用されている。また、飼料の有効利用、栄養成分の補給に飼料添加物が使われている。飼料添加物にも**抗生物質**などの**抗菌物質**が用いられている。動物用とヒト用は同じ医薬品で、医薬品、医療機器等の品質、有機性及び安全性の確保等に関する法律（薬機法）により用法、用量が定められている。

　畜産動物の肉、乳、養殖魚、およびこれらを原料とする加工食品には、微量の動物用医薬品が残留する可能性がある。また、食品への残留による毒性、過敏症の誘発、耐性菌の出現、河川水などへの環境汚染が懸念されている。

(2) 食品への残留規制

　食品衛生法では食品、食品添加物の規格基準（食品一般の成分規格）で「食品は抗生物質または化学的合成品である抗菌性物質を含有してはならない。」とされている。また、食品の保存基準で「食品を保存する場合：抗生物質を使用しないこと」と規定している。

　動物用医薬品、飼料添加物において、抗生物質などで残留基準に適合するものは含有が認められている。加工食品については原材料が残留基準に適合していれば、その加工食品は規格に適合することになる。

　2006（平成18）年5月から施行されている**ポジティブリスト制度**では、残留基準が定められていない動物用医薬品は、一律基準0.01ppmを超えて含有される食品を流通させないようにした。

例題3　農薬に関する次の記述のうち、正しいものはどれか。
1. 作物の病害虫を防除するために使用される天敵昆虫は、農薬とは異なるものである。
2. 有機リン系農薬は、比較的分解されやすく環境への残留性が低い。
3. 有機塩素系農薬は、効果が高く持続力もあるので、世界中で広く使用されている。
4. かんきつ類などに防カビ剤を使用することは、ポストハーベストとして農薬を使用することと同じなので、日本では禁止されている。

5. 動物に使用された医薬品が肉などに残留することは原則的に禁止されているが、抗生物質については例外として認められている。

解説　1. 天敵昆虫も農薬の一種とされている。　　3. 有機塩素系農薬は、残留性が高く生態系に影響を与えるので世界的にも使用されなくなった。　　4. 日本では、防カビ剤はかんきつ類などに食品添加物として使用されている。　　5. 動物医薬品は、添加物および農薬と同様ポジティブリスト制が採用されている。　　　　**解答** 2

例題 4　残留農薬・動物医薬品に関する記述である。<u>誤っている</u>のはどれか。1つ選べ。

1. 農薬の食品への残留については、ポジティブリスト制が採用されている。
2. 動物医薬品の食品への残留については、ポジティブリスト制が採用されている。
3. 残留基準値が定められていない農薬が食品に残留することは、量の多寡にかかわらず認められていない。
4. 残留農薬の一日許容摂取量（ADI）は、動物実験による慢性毒性試験から得られた最大無作用量の1/100量として求められる。
5. 厚生労働省の調査によれば、食品への農薬の残留は一日許容摂取量を大幅に下回っている。

解説　3. 残留基準値が定められていない農薬の残留については、一律基準があり0.01 ppmである。ある農地で使用された農薬が、隣接する農地に飛散する可能性を考慮した結果、このような基準が設けられていると考えられる。　　　　**解答** 3

2.3 内分泌かく乱化学物質

　内分泌かく乱化学物質とは、動物の生体内に取り込まれた場合に、内分泌系に影響を及ぼすことにより生体に障害や有害な影響を引き起こす外因性の物質をいう。ある種の化学物質が内分泌系をかく乱し、ヒトや動物の生殖機能など健康に影響を与えているといわれている。これまでに魚介類、鳥類などの野生生物に生殖腺異常や生殖機能異常、生殖行動異常、雄の雌性化や雌の雄性化、免疫系や神経系への影響などが報告されている。しかし、ヒトに対して内分泌かく乱作用が確認された報告はない。現在、世界各国で研究が進められているところである。

　内分泌かく乱化学物質を**環境ホルモン**という場合がある。環境ホルモンの問題は1962（昭和37）年に生物学者 R. Carson が著書の「Silent Spring：沈黙の春」で、

大量に使用した農薬によって野生生物が減少しているのを指摘したことに始まる。専門家による国際会議での議論、野生生物に対する影響が多く報告されて、さらに注目を集めるようになった。特に、1996（平成 8）年に出版され、ベストセラーになった「Our Stolen Future : 奪われし未来」（T.Colborn ら共著）によって、内分泌かく乱化学物質の研究の重要性が大きく取り上げられることになった。

(1) 内分泌かく乱化学物質の疑いがある物質

1998（平成 10）年に環境庁（現環境省）が内分泌かく乱化学物質とは「動物の生体内に取り込まれた場合、本来、その生体内で営まれている正常なホルモンに影響を与える外因性の物質」と定義している。2000（平成 12）年に環境中に放出される内分泌かく乱化学物質の疑いがある物質として 65 物質をリストアップした（表 6.4 に食品衛生法に関連する物質の基準を示した）。これを区分すると以下のようになる。

① 医薬品（ジエチルスチルベステロール（流産防止に使用）など）

② 農薬（DDT など）

③ 非意図的に生成（ダイオキシン類など）

④ プラスチック原料・可塑剤（ビスフェノール A、フタル酸エステル類など）

⑤ 金属類（トリブチルスズなど）

⑥ 天然物（ゲニステインなど）

これらの物質は微量で女性ホルモン（エストロゲン）作用や男性ホルモン（アンドロゲン）拮抗作用を示すとされていた。

上記の 65 物質は環境中に存在する濃度では、実験動物に対し明確な内分泌かく乱作用は認められなかったとしてリストは廃止されている。したがって、研究は続行するものの、このリストの物質は内分泌かく乱化学物質あるいは内分泌かく乱化学物質の疑いがある物質という根拠はなくなったとされている。しかし、内分泌かく乱化学物質はきわめて低濃度でも作用発現の可能性があり、慎重に検討が行われている。

(2) 食品用の容器包装などからの溶出

ポリ塩化ビニルの可塑剤であるフタル酸ビス（2-エチルヘキシル）（DEHP）は、**フタル酸エステル類**で最も多く使用されている。DEHP は内分泌かく乱作用が疑われている。また、実験動物で肝がん、妊娠率の低下、精巣毒性などが確認されている。このため2000（平成 12）年に、厚生労働省はポリ塩化ビニル製の手袋を食品に使用しないようにとの通達を出した。さらに、2003（平成 15）年には乳幼児の玩具、油脂または油脂性食品の包装容器に用いてはならないとしている。

ビスフェノール A はポリカーボネートなどのプラスチックの原料である。ビスフェノール A は内分泌かく乱作用が疑われ、ポリカーボネート製のほ乳びんなど乳幼

表6.4　内分泌かく乱物質の疑いのある物質の食品衛生法の基準

物　質　名	食品衛生法の基準	
PCB	暫定基準値	
	魚介類	0.5 ppm
	牛乳	0.1 ppm等
ビスフェノールA	ポリカーボネート製容器	
	材質試験	500 ppm
	溶出試験	2.5 ppm
	スチロール容器	
	モノマー	1,000 ppm
DDT	農薬等の残留基準	0.001〜5 ppm
2,4,5-T	農薬等の残留基準	不検出
アミトール	農薬等の残留基準	不検出
アルジカルブ	農薬等の残留基準	0.02〜0.50 ppm
エンドリン	農薬等の残留基準	不検出〜0.05 ppm
カルバリル	農薬等の残留基準	0.1〜15 ppm
ジコホール	農薬等の残留基準	0.02〜5 ppm
ジペルメトリン	農薬等の残留基準	0.05〜20 ppm
ディルドリン	農薬等の残留基準	不検出〜0.2 ppm
アルドリン	農薬等の残留基準	ディルドリン参照
フェバレレート	農薬等の残留基準	0.05〜20 ppm
ペルメトリン	農薬等の残留基準	0.05〜50 ppm
マラチオン	農薬等の残留基準	0.01〜8.0 ppm
メトリブジン	農薬等の残留基準	0.01〜0.75 ppm
ヘプタクロル	農薬等の残留基準	0.01〜0.5 ppm
BHC	農薬等の残留基準	0.2ppm
鉛	農薬等の残留基準	1.0〜5.0 ppm
カドミウム	玄米、精米	0.4 ppm以下
水銀	魚介類の残留基準	総水銀0.4 ppm

厚生労働省資料

児用の食器や器具の使用を中止する措置がとられた。その後、ヒトでは胎児から成人まで、低濃度の摂取による危険はないと結論している。しかし、米国のFDAはビスフェノールAが胎児や乳幼児への現在の曝露量において、脳、行動および前立腺への影響について多少の懸念があるとする最終報告書を発表した。わが国ではガラス製のほ乳びんが一般的で、ポリカーボネート製はほとんど使われていない。ポリカーボネート製ほ乳びんを使用する場合は熱湯を注がないこと、傷がついた場合は捨てるなどの注意が必要である。

2.4　ダイオキシン類

　ダイオキシン類は、ポリ塩化ジベンゾパラジオキシン（polychlorinated dibenzo-

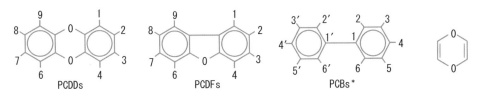

図 6.2　ポリ塩化
ジベンゾパラジオキシン

図 6.3　ポリ塩化
ジベンゾフラン

図 6.4　ダイオキシン様
ポリ塩化ビフェニル

図 6.5
ダイオキシン

pdioxins：PCDDs)、ポリ塩化ジベンゾフラン（polychlorinated dibenzofurans：PCDFs)、ダイオキシン様ポリ塩化ビフェニル（dioxin-like polychlorinated biphenyls：DL-PCBs) の 3 種に大別できる（図 6.2〜4)。

　ダイオキシン（図 6.5）は、ジオキシンの英語読みである。PCDDs はジオキシンに、PCDFs はフランに、それぞれベンゼン環が 2 つ（ジベンゾ）結合したものである。DLPCBs はオルト位（図 6.4 の2、2´あるいは6、6´）に塩素がないノンオルト置換 PCB（コプラナー PCB：共平面構造）と、塩素が 1 つあるモノオルト置換 PCB に分かれる。モノオルト置換 PCB もコプラナー PCB とよぶこともある。

　ダイオキシン類はベンゼン環の水素が塩素に置換する数や位置により多くの異性体が存在する。毒性の性質は似ているが、毒性の強さは著しく異なる。最も毒性の強い 2, 3, 7, 8 - 四塩化ジベンゾパラジオキシン（2, 3, 7, 8 - TCDD）の毒性を 1 として、他のダイオキシン類の毒性の強さを比較するために、**毒性等価係数**（toxic equivalency factor：TEF）の考え方が示されている。TEF は PCDD 7 種類、PCDF 10種類、DL - PCB 12 種類に設定されている（表 6.5)。（この表は WHO による2005年の改定値で、今までに数度改訂、さらに改正される可能性がある)。

　食品、環境（水、大気）などの試料からは PCDDs、PCDFs、DL - PCBs の混合物が検出される。したがって、それぞれのダイオキシン類の検出量に TEF をかけて、その和を**毒性等量**（toxic equivalent quantity：TEQ）に換算して毒性を表わしている。例えば、ある食品の 2, 3, 7, 8 - TCDD が 1 pg/kg、OCDD が 1000 pg/kg、3, 3´, 4, 4´, 5 - PCB が 100 pg/kg であった場合、それぞれに TEF をかけて 1×1、1000×0.0003、100×0.1 を加えて、1＋0.3＋10＝11.3 pg - TEQ/kg となる。

(1) ダイオキシン類の化学的性質と発生源

　ダイオキシン類は水には溶けにくいが、油脂類には溶けやすい脂溶性である。酸、アルカリ、熱などに安定で、自然界では分解しにくく安定であるため環境に蓄積しやすい性質を有する。発生源としてはごみの焼却や薬品の合成の際に、意図しない副生成物（**非意図的生成物**）として生じる。ごみの焼却では200〜300℃で発生が多く、800℃以上の高温では発生しないことが知られている。また、過去に使用され

た PCB 製品（絶縁油、熱媒体など）、不純物として含まれていた一部の農薬から、ダイオキシン類が環境中に放出された場合がある。

(2) ダイオキシン類の毒性

動物実験における急性毒性試験では、毒性の成績は生物の種差が大きいのが特徴である。LD_{50}（半数致死量）は 0.0006 mg/kg（モルモット雄）から 5 mg/kg（ハムスター雄）となっている。ヒトの急性毒性に関してはよく分かっていない。また、ヒトに対する急性中毒事例で死亡例はほとんどみられない。

動物実験において長期にわたる投与例では、体重減少、皮膚症状、肝臓代謝障害、肝や肺の発がん性、催奇形性（口蓋裂、水腎症）、生殖器系への影響、胸腺の萎縮、内分泌かく乱作用、感染防御機構への影響などさまざまな影響が観察されている。

(3) ダイオキシン類の耐容一日摂取量

耐容一日摂取量（tolerable daily intake：TDI）とはヒトが生涯にわたって摂取しても、健康に有害な影響が現れないと判断される体重 1 kg 当たりの 1 日当たりの

表6.5　ダイオキシン類の毒性等価係数（TEF）

種類	化 学 物 質	TEP	種類	化 学 物 質	TEP
PCDD	2, 3, 7, 8-TCDD	1	ノンオルト置換PCB	3, 3´, 4, 4´-TCB (77)	0.0001
	1, 2, 3, 7, 8-PeCDD	1		3, 4, 4´, 5-TCB (81)	0.0003
	1, 2, 3, 4, 7, 8-HxCDD	0.1		3, 3´, 4, 4´, 5-PeCB (126)	0.1
	1, 2, 3, 6, 7, 8-HxCDD	0.1		3, 3´, 4, 4´, 5, 5´-HxCB (169)	0.03
	1, 2, 3, 7, 8, 9-HxCDD	0.1	モノオルト置換PCB	2, 3, 3´, 4, 4´-PeCB (105)	0.00003
	1, 2, 3, 4, 6, 7, 8-HpCDD	0.01		2, 3, 4, 4´, 5-PeCB (114)	0.00003
	OCDD	0.0003		2, 3´, 4, 4´, 5-PeCB (118)	0.00003
PCDF	2, 3, 7, 8-TCDF	0.1		2´, 3, 4, 4´, 5-PeCB (123)	0.00003
	1, 2, 3, 7, 8-PeCDF	0.03		2, 3, 3´, 4, 4´, 5-HxCB (156)	0.00003
	2, 3, 4, 7, 8-PeCDF	0.3		2, 3, 3´, 4, 4´, 5´-HxCB (157)	0.00003
	1, 2, 3, 4, 7, 8-HxCDF	0.1		2, 3, 4, 4´, 5, 5´-HxCB (167)	0.00003
	1, 2, 3, 6, 7, 8-HxCDF	0.1		2, 3, 3´, 4, 4´, 5, 5´-HpCB (189)	0.00003
	1, 2, 3, 7, 8, 9-HxCDF	0.1			
	2, 3, 4, 6, 7, 8-HxCDF	0.1			
	1, 2, 3, 4, 6, 7, 8-HpCDF	0.01			
	1, 2, 3, 4, 7, 8, 9-HpCDF	0.01			
	OCDF	0.0003			

TC＝テトラクロロ（四塩化）

PeC＝ペンタクロロ（五塩化）

HxC＝ヘキサクロロ（六塩化）

HpC＝ヘプタクロロ（七塩化）

OC＝オクタクロロ（八塩化）

摂取量である。1998（平成10）年のWHOの専門家会議においてTDIは1〜4 pg/kg/日とし、究極的には1 pg/kg/日未満にすることを目標としている。わが国でもダイオキシン類の現在の曝露量を耐容できるとして、TDIを4 pg/kg/日としている。

TDIはダイオキシン類の体内負荷量（各種毒性試験において微細な影響が認められた最小値）に、ヒトの半減期を約7.5年、吸収率を50％などとして計算している。

(4) ダイオキシン類の摂取量

ダイオキシン類は消化器、皮膚、肺から吸収され、主に肝臓や脂肪組織に蓄積される。ヒトの曝露はほとんどが経口摂取、すなわち食品由来の摂取である。表6.6に食品からのダイオキシン類1日摂取量の年次推移を示した。これは厚生労働省が毎年調査しているもので、マーケットバスケット方式で行っている。最新のデータである2019（令和元）年度は0.46 pg-TEQ/kg/日で、TDIの9分の1程度である。

食品別では魚介類が摂取量の90％以上を占めており、次いで肉、卵類、乳・乳製品の順になっている。これらの動物性食品は食物連鎖による生物濃縮によって蓄積される。魚介類からの摂取は大部分がDL-PCBsである。魚介類は栄養学的に優れた食品であるが、一部の食品を過度に摂取するのではなく、バランスのとれた食生活が重要である。母乳には脂肪が多く含まれるためダイオキシン類が移行し、ダイオキシン類の濃度が高い傾向にあった。しかし、近年は減少している。

表6.6　ダイオキシン類1日摂取量の全国平均年次推移

	2015年度	2016年度	2017年度	2018年度	2019年度
体重1 kg当たりの1日摂取量（pg-TEQ/kgbw/日）	0.64 (0.23〜1.67)	0.54 (0.19〜1.42)	0.65 (0.21〜1.77)	0.51 (0.25〜1.13)	0.46 (0.19〜1.00)

数値は平均値、（ ）内は範囲を示す。なお、体重1 kg当たりの1日の摂取量は日本人の平均体重を50 kgとして計算している。算出にあたり、毒性等価係数はWHO 2005 TEFを用いた。

2.5 PCB (polychlorinated biphenyl)

PCB（ポリ塩化ビフェニル）はベンゼンが2つ結合した化合物で、結合する塩素の数や位置によって多くの異性体がある。物理化学的に安定な化合物で、熱伝導性や耐薬品性に優れ、電気絶縁性も高いことが知られている。このような特徴を有することからトランスなどの絶縁油、熱媒体、インクやペイントの溶剤、感圧紙などに広く使用されていた。PCBのうち、ダイオキシン類特有の毒性を示すものをダイオキシン様PCBというが、それ以外の非ダイオキシン様PCBも甲状腺異常などの毒性を示す。

PCBは廃棄物の埋立て、焼却などによって環境中に放出され、安定な物質である

ので分解されずに最終的に海に蓄積される。これらが食物連鎖などを経て、魚介類の脂肪組織に生物濃縮される。海産の魚介類、特に内海内湾の魚介類には高濃度のPCBが蓄積し、ほとんど排泄されない。ヒトが取り込むPCBのほとんどが食品由来であるが、PCB総摂取量の約75%は魚介類から摂取している。食品のPCB暫定規制値を巻末資料に示した。

（1）油症事件（ライスオイル事件）

　1968（昭和43）年に西日本を中心に発生した本事件では、米ぬか油の脱臭工程で熱媒体として使用したPCBが製品中に混入したものである。この油を摂取して身体症状を呈したのは約14,000人という大事件であった。主な症状としては、顔や背中のニキビ様の皮疹、皮膚のメラニン色素の沈着などが認められた。ライスオイルに混入したPCBの濃度は1,000〜2,000ppmで、PCBが原因と考えられていた。しかし、油症の主原因PCBだけではなく、PCBの加熱によって生じたPCDFやDL-PCB（ダイオキシン様PCB）などとの複合中毒であることが指摘されている。

（2）現在のPCBの取り扱い

　1972（昭和47）年にPCBの生産は全面的に禁止された。1974（昭和49）年にはヒトの健康に危害を及ぼすおそれがある物質として第1種特定化学物質に指定され、使用禁止になった。さらに2001（平成13）年にはPCB廃棄物適正処理推進特別措置法が施行され、例外とされていた鉄道の変圧器にも使用できなくなった。

　PCBの生産は世界的に行われておらず、自然界のPCBは徐々に減少するものと考えられる。

例題 5　ダイオキシンに関する記述である。誤っているのはどれか。1つ選べ。

1. ダイオキシン類は、水によく溶ける。
2. ダイオキシン類は、熱に安定である。
3. 動物実験では、ダイオキシン類は内分泌かく乱作用が認められている。
4. 動物実験では、ダイオキシン類は発がん作用が認められている。
5. 日本人の場合、ダイオキシンの摂取は魚介類からが多い。

解説　1. 2. ダイオキシン類は水には溶けにくく脂溶性であり熱に安定である。3.4. 内分泌かく乱作用、発がん性など多様な毒性が知られている。　5. 魚介類からの摂取が約90％を占める。食物連鎖を通して魚介類など多様な動植物に蓄積される。　　　　　　　　　　　　　　　　　　　　　　　　　　　　　　　**解答 1**

例題 6　PCB に関する記述である。誤っているのはどれか。1 つ選べ。

1. PCB は多くの異性体があるが、発がん性や催奇形性などダイオキシンに類似した毒性を示すものをダイオキシン様 PCB とよぶ。
2. 1968年に発生したライスオイル事件では、PCB およびその加熱生成物であるダイオキシン類が油症の原因であると考えられている。
3. 現在 PCB は鉄道の変圧器のみで使用が認められている。
4. 現在では、PCB の生産は日本のみでなく世界的にも生産されていない。
5. PCB は安定性が高いので、現在も自然界に残留している

解説　3. PCBの使用は、鉄道の変圧器でのみ例外的に認められていたが、2001年から全面的に禁止されている。　　　　　　　　　　　　　　　**解答** 3

3　食品成分の変化により生じる有害物質

3.1　ヒスタミン

　ヒスタミンは食物からの摂取の他に、生体内で合成される。体内では肥満細胞、好塩基球がヒスタミン産生細胞と知られている。ヒスタミンの薬理作用は血圧降下、平滑筋収縮、血管の透過性亢進などである。食物アレルギーや花粉症などのアナフィラキシー型の急性アレルギーでは、ヒスタミン産生細胞からヒスタミンが放出され、蕁麻疹、呼吸困難、めまい、意識障害などの症状を呈する。

(1)　細菌によるヒスタミンの生成

　サバ、サンマ、イワシなどの赤身の魚には、必須アミノ酸であるヒスチジンが多量に含まれている。このヒスチジンが**脱炭酸酵素（デカルボキシラーゼ）**を有するモルガン菌（*Morganella morganii*）などによって、**ヒスタミン**を生成（図6.6）、蓄積する。ヒスタミン産生菌はモルガン菌以外にもあり、大腸菌（*Escherichia coli*）など10 数種が知られている。一般に食品100 g に 50〜100 mg 程度のヒスタミンが蓄積されると食中毒が起こるとされている。ヒスタミンは熱に安定で、調理程度では分解されない。

図 6.6　ヒスチジンよりヒスタミンの生成

(2) アレルギー様食中毒

　ヒスタミンを含む食品を摂取後、数分から1〜2時間で、蕁麻疹、顔面の紅潮、頭痛、酩酊感などの症状を呈し、長くても1日程度で自然に治癒する。抗ヒスタミン剤は症状を緩和あるいは治癒に効果がある。

　アレルギー体質でないヒトも発症することから、食物アレルギーとは区別して**アレルギー様食中毒**（分類上は化学性食中毒）とよんでいる。

　本食中毒は1950（昭和25）年代までは多く発生していた。しかし、低温流通・保存の普及によりあまりみられなくなった。赤身の魚とその加工品（干物、みりん干しなど）は適切な冷蔵、冷凍が本食中毒予防に重要である。

例題7　ヒスタミン中毒に関する記述である。誤っているのはどれか。1つ選べ。
1. サバなどの赤身の魚には、必須アミノ酸であるヒスチジンが多く含まれている。
2. *Morganella morganii* などの細菌は、ヒスチジンからヒスタミンを生成する。
3. ヒスタミンによるアレルギー様食中毒は、アレルギー体質でないヒトでも発症する。
4. ヒスタミンは熱に安定な物質である。
5. ヒスタミン中毒は、ヒスタミン生成に細菌が関与しているので細菌性食中毒に分類されている。

解説　5. *Morganella morganii* などの細菌の脱炭酸酵素によって食品中のヒスチジンがヒスタミンに変化することで生じる。しかし、細菌性食中毒には分類されず化学性食中毒に分類されている。　　　　　　　　　　　　　　　　　　**解答** 5

3.2　発がん物質

(1) 発がんと発がん物質

　発がん物質とは発がん性を示す化学物質のことである。発がんは化学物質だけでなく、放射線、ウイルス感染も関連する。発がん物質などにより遺伝子に損傷を受けると異常を来し、がん化に関連するがん遺伝子やがん抑制遺伝子が変異してがん細胞になる。

　実際の発がんはDNAを損傷することに起因するが、いくつもの段階を経て起こると考えられている。これを多段階発がん説という。発がん物質などにより遺伝子が突然変異を起こし、異常細胞が発生する段階をイニシエーションとよんでいる。このような作用を有するものをイニシエーターという。細胞の遺伝子は異常細胞が増

えるのを抑制、また修飾する機能をもっている。異常化した場合に自ら死に至り、異常細胞が増えるのを防いでいる。このため、いくつかの遺伝子に突然変異が起きて、がん遺伝子が活動し、がん抑制遺伝子が働かなくなってがんになると考えられている。

異常細胞の増殖を促進するものを**プロモーター**という。増殖を促進する過程をプロモーションという。プロモーターには突然変異作用はないが、イニシエーターの多くはプロモーターとしての作用ももっている。イニシエーション、プロモーションなど、いくつかの段階を経て発がんが誘導される。

DNA損傷に起因しない発がんもある。これは長期間にわたる炎症が原因とされている。

(2) 食生活とがん

疫学研究においてヒトの発がん原因は、食品が35％程度関わっているとされている。次いで、喫煙30％、ウイルス感染10％などとなっている。食品を通しての発がん物質の摂取は、個人差などが大きく詳細は不明である。しかし、食生活ががん発生に大きく影響しているのは明らかである。

食品中の発がん物質を表6.7に示した。微生物が産生する発がん物質、植物由来の発がん物質、調理・加工などに際して生成する発がん物質などがある。表6.8には食品に関係する国際がん研究機関（IARC：International Agency for Research on Cancer）による発がん性分類を示した。

これらの発がん物質の他に高脂肪食などが関わっている。発がん物質が多く含まれている食品の摂取を避け、多種類の食品をバランスよく食べることが、がん予防に重要となる。

(3) 植物由来の発がん物質

ソテツには**サイカシン**（メチルアゾキシメタノール–β–D–グルコシド）という有毒成分がある。サイカシンは腸内細菌のβ–グルコシダーゼにより分解されメチルアゾキシメタノールを生成し、動物実験で肝、腎、大腸などにがんを発生する。ソテツはでんぷんが多いので、沖縄や奄美諸島で水さらしなどの処理をして食用としてきた。現在はソテツを食用とすることはほとんどない。

ワラビには**プタキロサイド**が含まれている。韓国の済州島や英国の北部において、ワラビの多い牧場のウシは膀胱腫瘍が多く、このことが発がん研究の始まりである。新鮮なワラビは動物実験でも膀胱腫瘍を発生させる。ワラビをヒトが摂食する場合はアク抜きをする。アク抜き処理でほとんどのプタキロサイドは分解、除去される。

フキノトウ、コンフリーなどには**ピロリジジンアルカロイド**（ペタシテニンなど）

表 6.7　食品に由来する主な発がん物質

発 が ん 物 質	食 品	主な発がん部位
1. 食品に付着した微生物が産生する 　発がん物質		
アフラトキシン	ピーナッツなど	肝
ステリグマトシスチン	コメなど	肝
ギロミトリン（キノコ由来）	シャグマアミガサタケ	肺、肝
2. 植物由来の発がん物質		
サイカシン	ソテツ	肝、腎、大腸
プタキロサイド	ワラビ	膀胱
ペタシテニン	フキノトウ	肝
シンフィチン	コンフリー	肝
3. 調理・加工（加熱）の過程で生じる 　発がん物質		
IQ	焼き魚	肝
MeIQ	焼き魚	肝
MeIQx	焼き魚	肝
Trp-P-1	L-トリプトファン	肝
アクリルアミド	炭水化物の揚げ物	腎
4. 生体内や食品中で生成する発がん物質		
ジメチルニトロソアミン	野菜＋魚卵など*	肝
ジエチルニトロソアミン	野菜＋魚卵など*	肝、食道
5. 環境汚染		
放射性物質	野菜、牛乳など	白血病など

野菜＋魚卵など*：野菜（亜硝酸塩）＋魚卵など（第二級アミン）
IQ：2-アミノ-3-メチルイミダゾ(4,5,F)キノリン（イワシ丸干し：焼き魚から生成）
MeIQ：2-アミノ-3,4-ジメチルイミダゾ(4,5,F)キノリン（イワシ丸干し：焼き魚から生成）
MeIQx：2-アミノ-3,8-ジメチルイミダゾ(4,5,F)キノキサリン（牛肉：焼き肉から生成）
Trp-P-1：L-トリプトファンを加熱により生成

表 6.8　国際がん研究機関（IARC）による発がん性分類

分類	評 価 内 容	例
1	ヒトに対して発がん性がある	アフラトキシンB_1、ベンゾ(a)ピレン、 2,3,7,8-TCDD、ヒ素など
2A	ヒトに対しておそらく発がん性がある	アクリルアミド、硝酸塩と亜硝酸塩、 ジメチルニトロソアミン、IQなど
2B	ヒトに対して発がん性を示す可能性がある	サイカシン、MeIQx、Trp-P-1、PhIPなど
3	ヒトに対する発がん性については分類できない	プタキロサイド、ペタシテニンなど
4	ヒトに対しておそらく発がん性がない	カプロラクタム（ナイロンの原料）など

IARC：International Agency for Research on Cancer
IQ：2-アミノ-3-メチルイミダゾ(4,5,F)キノリン（イワシ丸干し：焼き魚から生成）
MeIQx：2-アミノ-3,8-ジメチルイミダゾ(4,5,F)キノキサリン（牛肉：焼き肉から生成）
Trp-P-1：L-トリプトファンを加熱により生成
PhIP：2-アミノ-1-メチル-6-フェニルイミダゾ(4,5-b)ピリジン（焼魚、焼き肉から生成）

が含まれる。ピロリジジンアルカロイドは肝に毒性があり、動物実験で肝がんなどがみられる。ヒトの通常の摂取ではほとんど問題はない。

(4) 微生物が産生する発がん物質

真菌の生活環の一部であるシャグマアミガサタケはわが国では食用としない。東欧や北欧では、美味しいキノコとして毒抜き（加熱）後に食用にしている。シャグマアミガサタケの有毒成分は**ギロミトリン**で、体内で分解され、より毒性の強い**モノメチルヒドラジン**となる。モノメチルヒドラジンは動物実験で肺や肝にがんを発生する。

(5) ニトロソアミン（N-ニトロソ化合物）

ニトロソアミンは亜硝酸塩（以下、亜硝酸）とアミン類（第二級アミン）が酸性下（pH 3 程度）で反応して生成する（図6.7）。

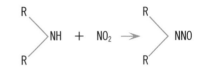

第二級アミン　　　亜硝酸　　　ニトロソアミン

図6.7　ニトロソアミンの生成

亜硝酸は野菜、特に漬物に多く含まれている。これは野菜の中の硝酸塩（以下、硝酸）が微生物によって亜硝酸に還元されるためである。また、野菜などの硝酸は口腔内の微生物によっても亜硝酸に変わる。食品添加物の発色剤の使用量については安全性が確認されている。発色剤としての硝酸、亜硝酸の摂取より、野菜などからの摂取量のほうが多いといえる。

アミン類はたんぱく質やアミノ酸に由来する。アミノ酸が脱炭酸するとアミンになる。魚の生臭さの原因であるトリメチルアミンは、トリメチルアミンオキサイドが微生物の有する酵素によって還元されて生成する。トリメチルアミンは調理などの加熱により、第二級アミンであるジメチルアミンに変わる。動物性食品は加熱などによりジメチルアミンの他に、エチルアミン、ジエチルアミン、トリエチルアミンなどを生成する。

ジメチルアミンは海産魚介類の煮物や干物に含まれている。特に魚卵は多量に含有している。一方、淡水産魚類、畜肉類にはあまり含まれていない。ジメチルアミンと亜硝酸は胃の中の酸性条件下で反応してジメチルニトロソアミンを生成する。ニトロソアミンの生成はビタミンC、アミノ酸のアルギニンやリジンが存在すると抑制されることが知られている。

ニトロソアミンはさまざまな種類がある。わずかな化学構造の違いでがん発生部位が異なる。例えば、ジメチルニトロソアミンの主な発がん部位は肝、ジエチルニトロソアミンは肝と食道、ジブチルニトロソアミンは膀胱などである。

(6) 調理・加工などに際して生成する発がん物質

1) ベンツピレン（ベンゾ[a]ピレン）

　ベンツピレンは多環芳香族炭化水素（ベンゼン環5つをもつ）で、炭素を含む物質が不完全燃焼すると非意図的に生成（自動車の排気ガス、タバコの煙など）する。焦げた食品、特にくん製品、ステーキ、ハンバーグ、焼き魚、焼き過ぎのトーストなどに含まれている。ベンツピレンは IARC の発がん性評価で分類1（ヒトに対して発がん性がある）とされている。ベンツピレンの危険性は食品からの経口摂取より、喫煙などの経気道経由による肺がんとの関係が高いとされている。

2) ヘテロサイクリックアミン

　ヘテロサイクリックアミンは肉や魚などのたんぱく質を調理したときにできる焦げの部分に生成する。焦げたところには、さまざまなヘテロサイクリックアミン PhIP、IQ、MeIQ、MeIQx、Trp-P-1 などが生じる。焼き肉に比べ、焼き魚の特に皮の部分に多く含まれている。ヘテロサイクリックアミンのいくつかは、動物実験で発がん性が見出されている。しかし、ヒトの発がん原因になっているかは明らかではない。

3) アクリルアミド

　2002（平成14）年にスウェーデン政府が炭水化物を多く含むイモ類を高温で焼く、あるいは揚げると**アクリルアミド**（IARC は2Aに分類：ヒトに対しておそらく発がん性がある）が生成することを発表した。アクリルアミドはアスパラギン酸と糖類が反応して生成するとされている。アクリルアミドはポテトチップス、フレンチフライなどの菓子類に多く含まれている。しかし、使用原料、加工条件などにより含有量に大きな違いがみられる。スウェーデンの発表後に、「アクリルアミドの摂り過ぎは腎がんのリスクを高める」などのいくつかの報告がなされている。また、大量に摂取した場合、中枢神経および末梢神経に障害を引き起こすことが確認されている。

3.3 フェオホルバイド（ピロフェオホルバイドa）

　アワビやトコブシの内臓（中腸腺）を摂取して**光過敏症**を起こすことがある。これらの貝を摂食して1日位後に、光がよくあたる顔面、手指などに発赤、はれ、疼痛などの皮膚炎を発症するものである。摂食しても日光にあたらなければ皮膚炎にならない。この原因は**ピロフェオホルバイドa**で、アワビなどの餌である海草のクロロフィルがクロロフィラーゼによって分解されて生成する。アワビなどのピロフェオホルバイドaは春（5月頃）が最も多く含まれている。実際には光過敏症の食中毒事例はほとんどみられない。健康食品のクロレラでも発症したことがある。このためクロレラ食品などについて、総フェオホルバイド 80 mg/100 g 未満などの規格がある。

例題 8　発がん物質である可能性が指摘されている物質とその由来の組み合わせである。誤っているのはどれか（ただし、ヒトで発がん性が完全に証明されていない成分も含む）。1つ選べ。

1.　サイカシン------シャグマアミガサタケ
2.　プタキロサイト------ワラビ
3.　ベンツピレン------くん製
4.　ヘテロサイクリックアミン------焼き魚
5.　アクリルアミド------ポテトチップス

解説　1.　サイカシンはソテツに含まれる有毒成分である。シャグマアミガサタケには有毒成分としてギロミトリンが含まれる。　　　　　　　　　　　**解答**　1

4　有害元素

4.1　水銀

　金属水銀は温度計、圧力計などに使用されている。無機水銀（昇汞、塩化水銀（Ⅱ））は消毒剤などに使われていた。有機水銀は、わが国では使用されていないが種子の消毒剤などに用いられていた。

　水銀はその化学形態によって生体への影響が異なる。金属水銀は脳内に蓄積し、中枢神経障害を起こすことがある。無機水銀は腎障害を発現する。有機水銀のなかでも**メチル水銀**（CH_3-Hg-I、$CH_3-Hg-Br$ など）は強い中枢神経障害を呈する。

（1）水俣病

　水俣病は工場排水中のメチル水銀（**有機水銀**）が原因物質であることがよく知られている。1950（昭和25）年頃から熊本県水俣市周辺で特異的な神経症状を呈する住民がみられるようになった。1956（昭和31）年5月に原因不明の中枢神経系疾患として報告され、水俣市での発生が公式に確認されたことから水俣病とよばれるようになった。一方、1965（昭和40）年には新潟県の阿賀野川流域で同様の疾患がみつかり、**第二水俣病**あるいは新潟水俣病とよばれている。

　水俣病の原因は長期にわたる研究で、メチル水銀であることが明らかにされた。政府が水俣病と工場排水の因果関係を認めたのは1968（昭和43）年である。厚生労働省（当時は厚生省）が水俣病も第二水俣病もアセトアルデヒド製造工程で副生されたメチル水銀化合物が原因であると発表した。

　メチル水銀は脂溶性で**生物濃縮**を受けやすい毒性物質である。排水中のメチル水

銀はプランクトンに摂取され濃縮される。このプランクトンを小魚が摂食、この小魚がより大きい魚に順次に食べられ、魚体のメチル水銀がさらに濃縮される。これらの魚を食物連鎖の頂点にいるヒト、その他の動物が摂取して水俣病が発生した。

　水俣病の主な症状は**運動失調、構音障害**[*2]**、求心性視野狭窄**（この３つをハンター・ラッセル症候群という）、聴力障害、手足のふるえなどである。胎児期にメチル水銀の曝露を受けると、脳性麻痺などの症状を呈する胎児性水俣病の患者が生まれることがある。

(2) 妊婦に対する魚介類の摂食と水銀についての注意事項

　胎児は成人に比べメチル水銀の悪影響を強く受けることから、妊娠中あるいは妊娠している可能性のあるヒト（以下、妊婦）について、厚生労働省は表6.9に示すような魚介類（鯨類を含む）の種類と摂食量の目安を公表した。

表6.9　妊婦が注意すべき魚介類の種類とその摂取量（筋肉）の目安

厚生労働省資料

摂取量（筋肉）の目安	魚　介　類
1回約80gとして妊婦は2カ月に1回まで（1週間当たり10g程度）	バンドウイルカ
1回約80gとして妊婦は2週間に1回まで（1週間当たり40g程度）	コビレゴンドウ
1回約80gとして妊婦は週に1回まで（1週間当たり80g程度）	キンメダイ
	メカジキ
	クロマグロ
	メバチ（メバチマグロ）
	エッチュウバイガイ
	ツチクジラ
	マッコウクジラ
1回約80gとして妊婦は週に2回まで（1週間当たり160g程度）	キダイ
	マカジキ
	ユメカサゴ
	ミナミマグロ
	ヨシキリザメ
	イシイルカ

参考　1) マグロのなかでも、キハダ、ビンナガ、メジマグロ（クロマグロの幼魚）、ツナ缶は通常の摂食で差し支えないので、バランスよく摂食する。

参考　2) 魚介類の消費形態ごとの一般的な重量は以下の通り。
寿司・刺身：一貫または一切れ当たり　15g程度
刺身：一人前当たり　80g程度　　切り身：一切れ当たり　80g程度

　メチル水銀曝露のハイリスクグループを胎児として、妊婦はメチル水銀の**耐容週間摂取量**を $2.0\,\mu g/kg/週$（耐容一日摂取量：$0.29\,\mu g/kg/日$）と設定した。この設定は食品安全委員会が行い、暫定規制値（巻末資料）を上回る可能性の高い魚介類15

[*2] **構音障害**：発音が正しくできない症状。

種類を摂食に注意すべきものとした。妊婦をはじめ日本人の食品からの水銀摂取量は耐容摂取量の約6割程度で、胎児に影響がでるような状況ではない（**耐容週間摂取量**：一生涯にわたり摂取し続けても健康に影響が認められないとされる体重1kg当たりの週間摂取量）。魚介類は生活習慣病予防などに有効といわれている EPA や DHA に富み、良質なたんぱく質やカルシウムなどの微量元素を含んでいる。このようなことから、水銀濃度の高い魚介類を偏って摂食しなければ、魚介類が健康な食生活に重要であることはいうまでもない。

例題9　水銀についての記述である。正しいのはどれか。1つ選べ。

1. メチル水銀は、強い末梢神経障害作用を示す。
2. 胎児期にメチル水銀曝露をうけると、脳性麻痺などの症状を呈する。
3. メチル水銀は、生物濃縮を受けにくい。
4. マダイは、妊婦が注意すべき魚介類としてその摂取量の目安が設定されている。
5. 水俣病の原因物質は、無機水銀である。

解説　1. メチル水銀は、強い中枢神経障害作用を示す。　3. メチル水銀は、生物濃縮を受けやすい。　4. マダイは妊婦が注意すべき魚介類（表6.9　参照）に含まれていない。　5. 水俣病の原因物質は、メチル水銀（有機水銀）である。　**解答 2**

4.2 カドミウム

　カドミウムはメッキ、電池などに使用されている。**カドミウム**の急性中毒は嘔吐、吐き気、下痢などの消化器症状である。慢性中毒は**イタイイタイ病**が知られている。カドミウムは摂取し続けると健康に悪影響を及ぼすことから、食品中のカドミウム基準値がコーデックス委員会において国際的に検討されている。その基準値を表6.10 に示した。

(1) イタイイタイ病

　イタイイタイ病は1950（昭和25）年代に富山県の神通川流域の住民、特に多産婦に多発した疾病である。その症状は腰痛や背痛で始まり、やがて股間痛を伴い歩行困難となる。くしゃみや転倒などによって手足の骨や肋骨の骨折を起こすようになる。さらに全身に疼痛部位が広がり、「いたい、いたい」と訴えて死亡することから、このような悲惨な疾病名がついた。

　カドミウムの汚染源は神通川上流にある亜鉛精錬所からの排水である。排水中のカドミウムが川や土壌を汚染し、飲料水や農作物に混入して人体内に吸収されたも

表6.10　食品中のカドミウムのコーデックス基準値

食　品　群	基準値（mg/kg）	備　　考
穀類（そばを除く）	0.1	小麦、米、ふすま、胚芽を除く
精米	0.4	
小麦	0.2	
豆類	0.1	大豆（乾燥したもの）を除く
ばれいしょ	0.1	皮を剥いだもの
根菜、茎菜	0.1	セロリアック、ばれいしょを除く
葉菜	0.2	
その他の野菜*	0.05	食用キノコ、トマトを除く
海産二枚貝	2.0	カキ、ホタテを除く
頭足類（イカとタコ）	2.0	内臓を除去したもの

＊鱗茎類、アブラナ科野菜（葉菜で結球しないものは葉菜に含まれる）、ウリ科果菜、その他の果菜

のである。吸収されたカドミウムは主に**腎臓に蓄積**、腎の近位尿細管にダメージを与える。その結果、尿の再吸収機能が障害を受ける。これにより**尿からカルシウムやリンが排出され、骨軟化症**を来して骨折しやすくなると考えられている。患者のほとんどが多産婦で、胎児にカルシウムを供給したことが原因ともなっている。

(2) カドミウムの耐容週間摂取量

　食品安全委員会が決めたカドミウムの耐容週間摂取量は $7\mu g/kg/$週である。2016（平成28）年度の調査で、日本人の食品からのカドミウム摂取量は $2.4\mu g/kg/$週である。このことから耐容週間摂取量の34％程度で、健康に悪影響を及ぼさない量とされている。

　わが国における食品中のカドミウムの基準値を**表6.11**に示した。玄米および精米は $0.4mg/kg$ 以下に改正された（従来は米（玄米）の $1.0mg/kg$ 未満）。食品ではないが水道水の水質基準は2010（平成22）年4月から $0.003mg/L$ 以下（従来は $0.01mg/L$ 以下）に改正された。

表6.11　食品中のカドミウムの基準値

食　　　　品	基準値
米（玄米および精米）	0.4ppm（mg/kg）以下
清涼飲料水（ミネラルウオーター類）	0.003mg/L以下 平成26年12月22日改正

水道水の水質基準は2010（平成22）年4月1日から0.003mg/L以下に改訂された（従来は0.01mg/L以下）

4.3　ヒ素

　ヒ素は医薬品、農薬などに使用されていた。しかし、強い毒性のため現在は使われていない。近年は、発光ダイオードやコピー機の感光体ガラス材料に用いられている。

　ヒ素の毒性は化学形態により異なる。一般に**毒性の強さは3価ヒ素が最も強く、**次いで5価ヒ素、有機ヒ素の順になる。3価ヒ素には三酸化二ヒ素：As_2O_3、亜ヒ酸：$HO-As=O$、5価ヒ素にはヒ酸：$As(OH)_3=O$、有機ヒ素化合物としてはメチルアルソン酸：$CH_3As(OH)_2=O$、ジメチルアルシン酸：$HOAs(CH_3)_2=O$、アルセノベタイン：$(CH_3)_3As-CH_2COO^-$などがある。

　三酸化二ヒ素のLD_{50}は14.6 mg/kg（ラット）である。ヒトの致死量は100〜300 mgとされている。三酸化二ヒ素の急性中毒は嘔吐、吐き気、腹痛、下痢、血圧低下などである。慢性中毒の主症状は皮膚の色素沈着、手のひらや足底部の角化などである。ヒ素は**発がん物質**（IARCにおいて分類1：ヒトに発がん性がある）として知られている。主に皮膚がんの原因となる。

(1) 食品からの摂取

　JECFA（FAO/WHO合同食品添加物専門家委員会）はヒ素の暫定耐容週間摂取量を、無機ヒ素に限定して15 μg/kg/週に設定している。

　食品からのヒ素の摂取は、主に海の生物である魚介類や海藻類である。海の生物は海水中の無機ヒ素を体内に取り込み、蓄積する。魚類や甲殻類に含まれているヒ素は、海水中の無機ヒ素が代謝されてアルセノベタインになっている。アルセノベタインはほとんど毒性のないことが知られている。

　ヒジキは有機ヒ素化合物の他に5価の無機ヒ素が含まれている。2004（平成16）年に英国食品基準庁（FSA：Food Standards Agency）は国民にヒジキを食べないように勧告した。わが国の人々は海藻類を多く摂取している。上記のように、ヒ素の暫定週間摂取量は体重50 kgのヒトの場合750 μg/人/週（107 μg/人/日）である。FSAが調査したヒジキの無機ヒ素濃度は最大で22.7 mg/kgであった。このことは体重50 kgのヒトがヒジキを1週間に33 g（1日に4.7 g）に相当する。したがって、ヒジキを継続的に摂取しなければ健康への影響はほとんどないと考えられている。

(2) ヒ素ミルク事件（粉乳事件）

　1955（昭和30）年に西日本（岡山、大阪、兵庫、徳島など）を中心に人工栄養児に原因不明の発熱、下痢、肝障害、皮膚の色素沈着などの中毒患者が出た。多くの死者が出たために死体解剖をした結果、ヒ素中毒と判明した。患者数は約12,000人、死者数は133人といわれている。

　原因となった粉ミルクは、製造に使用したリン酸水素二ナトリウム（粗悪な工業用）に不純物としてヒ素が混入していたためと判明した。

例題10　カドミウムとヒ素に関する記述である。正しいのはどれか。1つ選べ。

1. イタイイタイ病はカドミウムの急性中毒が原因である。
2. カドミウムは、主に肝臓に蓄積される。
3. カドミウム曝露により最終的に骨軟化症を来し、骨折しやすくなる。
4. ヒ素の毒性は、化学形態により異なり一般に有機ヒ素が最も毒性が強い。
5. ヒ素は発がん物質で主に肝臓がんの原因となる。

解説　1. イタイイタイ病はカドミウムの慢性中毒が原因である。　2. カドミウムは、主に腎臓に蓄積される。　4. ヒ素は、毒性が最も強いのが3価のヒ素で、次いで5価、有機ヒ素の順である。　5. ヒ素は、主に皮膚がんの原因となる。　解答 3

4.4 その他の化学物質による食中毒

(1) 有害重金属

1) スズ

　果物ジュースや炭酸飲料の缶詰などでは、缶のスズメッキからスズが多量に溶出し、それを摂取して中毒が発生することがある。このため、食品衛生法では清涼飲料水についての成分規格を定め、スズの含有量を150 ppm 以下としている。最近では、内面塗装缶が用いられるようになったが、現在も無塗装缶を使用しているものもあるので、開缶後はそのまま放置せず中のものを別の容器に移すことが必要である。スズ中毒は摂取後数時間で発症し、腹痛、吐き気、嘔吐、下痢、頭痛などの症状を示す。通常は一過性で後遺症はない。

2) 銅

　銅による急性中毒は、酸性の食品や飲物などを銅製の容器や調理器具に長時間放置した場合などに発生している。銅として 1.8〜10 mg 以上を可溶性塩として摂取すると中毒を起こす。水道法では銅の水質基準を 1.0 mg/L 以下として規制している。中毒は摂取後30〜90分で発症し、金属味、流涎、吐き気、嘔吐、腹痛、下痢などの症状を示す。2001（平成13）年、東京都で、弁当店で焼そばをつくる際に銅鍋を使用して食中毒が発生したが、ソースなどの酸を含む食品を銅鍋で加熱したことにより、銅の溶出が促進され、溶出した銅を含む食品を食べることによって起こったものと考えられている。

　その他、容器から**カドミウム**や**亜鉛**などの重金属が溶出して食品を汚染し、それを食べて中毒を起こした例などがある。

(2) 食品添加物の過剰使用や誤認

調味料として使用される**グルタミン酸ナトリウム**は、多量摂取により中毒症状を示す。1971（昭和46）年頃より酢昆布や中華料理などが原因の中毒事故が散発した。中毒は食後5〜30分で発症し、頭部の圧迫感、頬から後頭部および首筋へのしびれまたは鈍痛、灼熱感、手足のしびれなどの症状が現れるが、いずれも一過性で1時間程度で回復する。厚生労働省では1972（昭和47）年にグルタミン酸ナトリウムの添加を3％以下にするように指導した結果、事故は減少した。

亜硝酸ナトリウムは、食塩と間違えて使用され、死者も出た中毒事故が発生している。中毒は悪心、激しい嘔吐、下痢、痙攣、**メトヘモグロビン血症**、血圧降下などの症状を示し、多量に摂取した場合は溶血が起こり、虚脱、昏睡、呼吸麻痺で死亡する。ヒトの経口致死量は0.18〜2.5gとされている。

(3) 酸化油脂

油脂は変敗により過酸化物などが生成され、食中毒の原因となる。酸化油脂による中毒は食後3〜6時間で発症し、症状は下痢・嘔吐、腹痛、倦怠感、脱力感、頭痛などである。

食品衛生法では規格基準として、油脂で処理した即席めんは、めんに含まれる油脂について「酸価が3を超え、又は過酸化物価は30を超えないこと」とされている。また、直射日光を避けて保存することが定められている。揚げ菓子では指導要領として、「次の（a）及び（b）に適合すること。（a）製品中に含まれる油脂の酸化が3を超え、かつ、過酸化物価が30を超えるものであってはならない。（b）油脂の酸化が5を超え、又は過酸化物価が50を超えるものであってはならない。」とされている。

油脂を多く含む食品は早い機会に食べ、残品はなるべく空気に触れないように密封して冷暗所に保存することが大切である。

5 異物

異物とは食品に混入した食品以外の物をいう。食品の生産、加工、貯蔵、流通の過程で、その環境や取り扱いが不都合のために、食品中に混入あるいは迷入した固形物をいう。ねずみのかじった食品も異物として取り扱う。ただし、高倍率の顕微鏡を用いないと確認できないような微細なものは対象とならない。

異物に関する法規制としては食品衛生法の第6条第4項に記載されている。これは「不潔、異物の混入または添加その他の事由により、ヒトの健康を損なうおそれがあるもの」とされている。異物の存在する食品または食品添加物は販売、陳列を

禁止している。

　異物は**表 6.12** に示すように、動物性、植物性、鉱物性の 3 種類に大別される。また、消費者が摂食の際に不快に感じるおそれがあることから、原材料に由来する肉の軟骨、製造・加工時に生じた焼け焦げ、保存中に析出したワインの酒石酸カリウムなども異物として取り扱っている。

表 6.12　異物の種類

種　　類	事　　　　　例
動物性異物	ヒトの毛髪・爪・歯、ダニ類、ハエ、ゴキブリ、羽毛、動物毛、ネズミの糞、骨など
植物性異物	雑草の種子、木片、わらくず、カビ・酵母の集落、紙片、糸くず、布
鉱物性異物	金属片、針金、ガラス片、小石、土砂、貝殻片、プラスチック片、合成ゴム

　異物混入の原因としては衛生管理の不備、不注意、機械やシステムの不備などがあげられる。異物混入の多い食品には菓子類、穀類、調理食品などがある。異物の種類で多いのは虫、金属類、毛髪などである。

6　放射性物質

　放射線を放出する能力を放射能といい、放射線を出して崩壊する元素を放射性物質（放射性核種）という（**表6.13**）。放射性物質は天然放射性物質と人工放射性物質とに分類できる。天然放射性物質は放射能を有する鉱物に存在し、その他に宇宙線などがある。代表的なものに原子力発電所の燃料であるウランなどがある。人工放射性物質は医療や工業に使用されている。

表 6.13　核種と体内の集積部位およびその影響

核　種		集積部位	影響（発生しうる主なもの）
^{60}Co	コバルト60	肝、脾、下部消化器	肝がん
^{90}St	ストロンチウム90	骨	骨腫瘍、白血病
^{131}I	ヨウ素131	甲状腺	甲状腺がん、甲状腺機能低下
^{134}Cs	セシウム134	筋肉、全身	筋力低下、白血病、不妊
^{137}Cs	セシウム137	筋肉、全身	筋力低下、白血病、不妊
^{238}U	ウラン238	腎、骨、肺	骨腫瘍、肺がん、白血病
^{239}Pu	プルトニウム239	肝、骨、肺	肝がん、骨腫瘍、肺がん、白血病

セシウム134の半減期は2年、セシウム137の半減期は30年である。
出典）日本アイソトープ協会「放射線取扱の基礎　3版」p.224 一部改訂 2001

　食品の放射能汚染は核実験、原子力発電所の事故などで問題となっている。特に1986（昭和61）年4月に旧ソ連（現ウクライナ）のチェルノブイリ原子力発電所爆発事故は地球全体の環境に影響を及ぼした。この事故によりヨウ素131、セシウム134、セシウム137などが大気中に放出され、旧ソ連、ヨーロッパなどの広い地域の土壌や水が汚染された。結果として植物や動物に放射能が蓄積され、多くの食品が放射能に汚染され続けている。特にセシウム137は半減期（放射能が半分の量になるまでの時間）が30.1年と長く、ヒトなどへの影響が問題となる。

　放射能がヒトに及ぼす影響については、急性の障害だけではなく、発がん性、骨髄や生殖腺などへの遺伝的影響が問題となる。

　厚生労働省は**食品1 kg当たりセシウム134と137の放射能の合計値が370ベクレル**[*3]**以下とする暫定規制値**を定め、この値を超える輸入食品は食品衛生法違反として輸入させない措置をとっていた。

　2011（平成23）年3月11日に東日本で大地震が勃発し、その後、福島原子力発電所事故に伴う放射能汚染が発生した。これを受けて、厚生労働省は、世界保健機関（WHO）および国際放射線防護委員会（ICRP）の基準をもとに、2012（平成24）年4月1日から、食品中放射性セシウムについて新基準（**飲料水10 Bq/kg以下、乳児用食品・牛乳50 Bq/kg以下、一般食品100 Bq/kg以下**）を適用することとした。食品衛生法に基づく基準値を超えた食品は、出荷停止の扱いとなり、市場に出回らないようになっている。この基準は輸入食品を含め市場に流通する食品に共通して適用されている（食品の基準は輸入食品と国産食品に同じように適用される）。

　放射性物質を含む食品と放射線照射食品は明確に区別する必要がある。わが国では食品への**放射線照射はばれいしょ（じゃがいも）の発芽防止にのみ認めている**。これは**コバルト60のガンマ線を150グレイ以下の吸収線量**としている。一方、諸外国では香辛料、乾燥野菜などに照射が認められている。

例題11　異物と放射性物質に関する記述である。<u>誤っている</u>のはどれか。1つ選べ。
1. ワインの保存中に析出した酒石酸は、食品異物である。
2. 放射性物質の中には、1年以上の物理的半減期をもつものがある。
3. コバルト60は、ばれいしょの殺菌のために用いられる。
4. わが国の食品中放射性セシウムについて、一般食品100 Bq/kg以下としている。
5. ストロンチウム90の集積部位は骨である。

---

*3　1ベクレルとは1秒間に1個の原子核が自然に壊れるときの放射性物質の放射能をいう。

解説　2．ストロンチウム90は、半減期28.79年の放射性同位体である。放射性同位体の物理的半減期は多様であり、例えばヨウ素134は53分、ウラン238は45億年である。　3．コバルト60から放射されるガンマ線を用いてばれいしょの発芽防止が認められている。　5．表6.13参照　　　　　　　　　　　　　　　　　　　　解答　3

7　トランス脂肪酸

　脂肪酸には飽和脂肪酸と不飽和脂肪酸とがある。天然の食物中にある不飽和脂肪酸は一般にシス脂肪酸である。**トランス脂肪酸**は植物油に水素添加して製造する**マーガリン、ショートニング**などに副生成物として存在する。また、牛や羊などの反芻（はんすう）動物では、胃の中の微生物の働きによって、トランス脂肪酸が作られるので、牛肉や羊肉、牛乳や乳製品の中には微量のトランス脂肪酸が存在する。

　トランス脂肪酸は血中の低比重リポたんぱく（LDL）レベルを上昇させ、高比重リポたんぱく（HDL）レベルを減少させる。このことから心疾患、糖尿病などの発症リスクを高めることが知られている。

　生活習慣病予防の観点から、トランス脂肪酸の摂取はなるべく減らすことが重要である。わが国の企業はトランス脂肪酸に対する対応は迅速で、ここ数年で加工食品中のトランス脂肪酸はかなり減少している。脂質を取り過ぎないように注意することも大事である。カナダ、アメリカ、韓国などでは食品中のトランス脂肪酸量の表示が義務づけられている。わが国では表示義務はないが、インターネットなどに公表している企業もある。

例題12　トランス脂肪酸に関する記述である。<u>誤っている</u>のはどれか。1つ選べ。
1．天然の食物中にある不飽和脂肪酸は、一般にシス脂肪酸である。
2．トランス脂肪酸は、マーガリン、ショートニングなどの副生成物である。
3．牛や羊などの反芻動物では、胃の中の微生物により、トランス脂肪酸が作られる。
4．トランス脂肪酸には発がん性が認められている。
5．トランス脂肪酸は、心疾患や糖尿病の発症リスクを高める。

解説　トランス脂肪酸は、心疾患や糖尿病の罹患リスクを上昇させることが知られているが、発がん性については明確な証明はなされていない。発がん性がないと断言できる研究は行われていないが、「ない」ことの証明は、どのような科学研究でもきわめて困難である。　　　　　　　　　　　　　　　　　　　　　　　　　　　解答　4

章末問題

1 　カビ毒に関する記述である。正しいのはどれか。1つ選べ。

1.　アフラトキシン B_1 は、胃腸炎を引き起こす。

2.　ニバレノールは、肝障害を引き起こす。

3.　ゼアラレノンは、アンドロゲン様作用をもつ。

4.　パツリンは、リンゴジュースに規格基準が設定されている。

5.　フモニシンは、米で見出される。　　　　　　　　　　　　　（第30回国家試験）

解説　1.　アフラトキシン B_1 は急性毒性としては肝障害、慢性毒性としては肝がんが知られている。　2.　ニバレノールはトリコセテン類の毒物であるが、下痢、嘔吐などの消化器症状、白血球減少などの症状を示す。　3.　ゼアラレノンは、エストロゲン様作用を示す。　5.　フモニシンはトウモロコシに見出され、食道がんのプロモーター作用をもつ。　　　　　　　　　　　　　　　　　　　解答　4

2 　カビ毒に関する記述である。正しいのはどれか。1つ選べ。

1.　デオキシニバレノールは、小麦に基準値が設定されている。

2.　アフラトキシン B_1 は、75 ℃の加熱により分解することができる。

3.　アフラトキシン B_1 は、主に牛肉で検出されている。

4.　パツリンは、柑橘類の腐敗菌が産生する。

5.　黄変米のかび毒は、フザリウム属の繁殖が原因である。　　　（第27回国家試験）

解説　1.　デオキシニバレノールの小麦の基準値は1.1ppmに設定されている。　2.アフラトキシン B_1 は、高い熱耐性をもつ。　3.　アフラトキシン B_1 は、飼料やピーナッツで検出されることがある。　4.　パツリンを産生するカビは多種類あるが、腐敗したリンゴなどから検出される。　5.　黄変米の毒素は、ペニシリウム属の複数の菌種が産生する。　　　　　　　　　　　　　　　　　　　　　　　　解答　1

3 　残留性有機汚染物質に関する記述である。誤っているのはどれか。1つ選べ。

1.　ワシントン条約によって、規制される対象物質が指定されている。

2.　ダイオキシンは、ゴミの焼却により生成される。

3.　PCBは、カネミ油症事件の原因物質である。

4.　アルドリンは、使用が禁止されている。

5.　DDTは、自然環境下では分解されにくい。　　　　　　　　　（第31回国家試験）

解説　ワシントン条約は、正式名称「絶滅のおそれのある野生動植物の種の国際取引に関する条約」のとおり、絶滅危惧動植物の保護のための条約である。　　　　　　　　　　　　　　解答　1

4　食品中の汚染物質に関する記述である。正しいのはどれか。1 つ選べ。

1. ポリ塩化ビフェニル（PCB）は、水に溶けやすい。
2. デオキシニバレノールは、りんごを汚染するカビ毒である。
3. ストロンチウム 90 は、甲状腺に沈着しやすい。
4. メチル水銀の毒性は、中枢神経系に現れる。
5. アフラトキシンは、調理加熱で分解されやすい。　　　　　　　　　（第33回国家試験）

解説　1. PCBは脂溶性である。　2. デオキシニバレノールは、小麦やトウモロコシなどを汚染する。
3. ストロンチウムは、カルシウムと同じ 2 属の元素であり、骨に沈着しやすい。　5. アフラトキシン
は調理程度の加熱では分解しない。　　　　　　　　　　　　　　　　　　　　　　　　解答　4

5　食品中の有害物質に関する記述である。正しいのはどれか。1 つ選べ。

1. アクリルアミドは、畜肉や魚肉を高温で調理した際に生成する。
2. Trp-P-1 は、チロシン由来のヘテロサイクリックアミンである。
3. 畜牛の舌は、異常プリオンの特定危険部位である。
4. アフラトキシンは、煮沸すると容易に分解する。
5. 米には、カドミウムの基準値が設定されている。　　　　　　　　　（第32回国家試験）

解説　1. アクリルアミドは、アスパラギン酸と炭水化物の加熱生成物であるので、ポテトチップスなど
穀物を高温で調理した場合に生じる。　2. Trp-P-1は、トリプトファンの熱分解物である。　3. 異常プ
リオンは、脳、脊髄、小腸の一部などに蓄積し、これらの部位を特定危険部位（SRM）と読んでいる。
4. アフラトキシンの熱耐性は前問で述べている。　5. カドミウムの基準値は表6.11に示されていると
おりである。　　　　　　　　　　　　　　　　　　　　　　　　　　　　　　　　　解答　5

6　アクリルアミドに関する記述である。正しいのはどれか。2つ選べ。

1. 動物性食品の加工により多く生成される。
2. 食品の凍結により生成される。
3. アスパラギンとグルコースが反応して生成される。
4. 加熱調理で分解される。
5. 神経障害を引き起こす。　　　　　　　　　　　　　　　　　　　　（第31回国家試験）

解説　アクリルアミドはアスパラギン酸と炭水化物からの加熱生成物であるので、加熱では分解されず、
凍結で生成することもない。また、動物性食品の加工はより多く生成することもない。　　解答 3、5

7　食品汚染物質とその健康障害との組み合わせである。正しいのはどれか。1 つ選べ。

1. ヒ素------甲状腺障害
2. 亜硝酸ナトリウム------腎臓障害
3. カドミウム------膵臓障害
4. 有機水銀------中枢神経障害
5. 有機スズ------造血器障害　　　　　　　　　　　　　　　　　　　（第29回国家試験改変）

解説 1. ヒ素は、代謝障害による多臓器不全によりさまざまな症状を示す。急性毒性と慢性毒性の両者が知られている。 2. 亜硝酸ナトリウムは、メトヘモグロビン血症を起こす。 3. カドミウムはイタイイタイ病の原因物質としてよく知られている。腎臓障害とそれに伴う骨や関節の障害などが知られている。 5. 有機スズは多様な急性・慢性の多様な障害を引き起こす。また、脳血管関門を通過し中枢神経系の障害を起こす。 解答 4

---

8 食品成分の変化により生じる化合物に関する記述である。正しいのはどれか。1つ選べ。

1. 過酸化脂質は、微生物の作用により生成する。
2. N−ニトロソアミンは、食品中の第二級アミンと亜硫酸が反応して生成する。
3. トランス脂肪酸は、植物油の水素添加により生成する。
4. ヘテロサイクリックアミンは、食品中の脱炭酸酵素のはたらきで生成する。
5. アクリルアミドは、酵素的褐変で生成する。 （第27回国家試験）

解説 1. 過酸化脂質の生成反応はさまざまなものがあるが、一義的には微生物は関与しない。 2. ニトロソアミンは、第二級アミンと亜硝酸が酸性下で反応して生成する。 4. ヘテロサイクリックアミンは、肉や魚などたんぱく質を多く含む食品の熱による焼け焦げの中に生成する。 5. アクリルアミドはアスパラギン酸と炭水化物からの加熱生成物である。 解答 3

---

9 残留農薬等のポジティブリスト制度に関する記述である。正しいのはどれか。1つ選べ。

1. 残留農薬基準値は、農薬の種類にかかわらず同じである。
2. 残留農薬基準値は、農薬の一日摂取許容量と同じである。
3. 特定農薬は、ポジティブリスト制度の対象である。
4. 動物用医薬品は、ポジティブリスト制度の対象である。
5. 残留基準値の定めのない農薬は、ポジティブリスト制度の対象外である。 （第27回国家試験）

解説 1. 残留農薬基準は、農薬の種類により異なる。 2. 残留農薬基準値は、農薬の一日摂取許容量（ADI）以下に定められている。 3. 特定農薬とは、農作物の防除に使う薬剤や天敵のうち、安全性が明らかなものとして、厚生労働大臣が指定したもので、ポジティブリスト制度の対象外である。 4. ポジティブリスト制度の対象は、農薬、飼料添加物、及び動物用医薬品である。 5. 残留基準の定めのない農薬は、一定量 0.01ppm を超えて残留する食品の販売等は禁止される。 解答 4

---

10 トランス型不飽和脂肪酸に関する記述である。正しいのはどれか。1つ選べ。

1. 食用油の高温加熱では生成しない。
2. 食用油の水素添加の過程で生成する。
3. コーデックス（Codex）委員会では、共役トランス型結合を1個以上もつ不飽和脂肪酸と定義している。
4. わが国では、栄養成分表示が義務化されている。
5. 自然界には、存在しない。 （第26回国家試験）

解説　1．トランス脂肪酸は、食用油の高温加熱による脱臭過程や水素添加で生成する。　3．コーデックス（Codex）委員会では、非共役トランス型結合を1個以上もつ不飽和脂肪酸と定義している。　4．日本では、2020年時点でトランス脂肪酸の表示は義務化されていない。しかし、消費者庁は事業者にたいして情報開示に努めるように促している。情報開示の義務化が進んでいる国々もあることから、今後、日本でも義務化が行われる可能性もある。　5．自然界に存在する不飽和脂肪酸の大部分はシス型であるが、反芻動物の場合、消化管に存在する微生物によるトランス脂肪酸生成に起因して存在している。

解答　2

11　放射性物質に関する記述である。誤っているのはどれか。1つ選べ。

1．ストロンチウム90は、放射性物質である。

2．放射性物質の中には、1年以上の物理的半減期をもつものがある。

3．ヨウ素131は、生体中で甲状腺機能障害の原因となる。

4．わが国では、輸入食品にセシウム134と137の合計値による規制値が設定されている。

5．セシウム137は、ばれいしょの発芽防止のために用いられる。　　　　（第26回国家試験）

解説　1．ストロンチウム90は、半減期28.79年の放射性同位体である。　2．放射性同位体の物理的半減期は多様であり、例えばヨウ素134は53分、ウラン238は45億年である。　3．ヨウ素は甲状腺ホルモンの構成成分であるのでヨウ素131も甲状腺に集積しやすく甲状腺機能障害の原因になる。　5．コバルト60から放射されるガンマ線を用いてばれいしょの発芽防止が認められている。　　　　解答　5

12　放射性物質に関する記述である。正しいのはどれか。1つ選べ。

1．セシウム137の集積部位は、甲状腺である。

2．ストロンチウム90の沈着部位は、骨である。

3．ヨウ素131の集積部位は、筋肉である。

4．放射線の透過能力は、α線が最も強い。

5．生物学的半減期は、元素によらず一定である。　　　　（第28回国家試験）

解説　1．セシウム137の集積部位は特に筋肉であり筋力低下を来す。　3．ヨウ素131の集積部位は甲状腺である。　4．放射線の透過能力は中性子線が最も高い。　5．生物学的半減期は、元素により異なる。

解答　2

第7章

食品の変質と防止

達成目標

　成分の変化と腐敗・変敗、腐敗判定法、脂質の変敗、油脂の変敗判定法、食品の変質防止法について理解すること。

1 食品の変質

1.1 変質の種類

　食品を室温で放置をすると、次第に嫌な臭いが生じたり、外観が変わったり、味なども変化していき、最終的には食べられなくなってしまうことがある。食品は、保存中に細菌やカビ・酵母などの微生物や、光・酸素などの化学的な作用により食品成分に変化を起こす。これらの現象を「**変質**」とよんでいる。食品の変質には、たんぱく質性食品が微生物による酵素作用により可食性を失う「**腐敗**」と、炭水化物性食品や脂質性食品が、細菌や酵素、酸素、光、金属などによる作用により可食性を失う「**変敗**」とに分けられる。

　食品衛生法第6条によれば、食品または添加物は、腐敗し、変敗したものまたは未熟であるものを、販売等をしてはならないとされている。したがって、変質により劣化した食品を見つけ出すことは、法の遵守または変質した食品の摂取による危害を未然に防止することにつながるため、食品衛生上、大変重要なことである。

(1) 腐敗と発酵

　さまざまな成分からなる生物体が、微生物の増殖により、その微生物が産生する酵素の作用を受け、あるいは生物体自身の酵素の働きにより有機成分を簡単な物質に分解される現象を総称して**発酵**とよんでいる。

　一般には、炭水化物が微生物の酵素作用によって分解され、人にとって有用なアルコールや乳酸などの有機酸が産生される変化のことを**発酵**といい、主としてたんぱく質が微生物によって分解され、アンモニア、アミン類、硫化水素などの悪臭成分や、有害成分を産生し、その食品が可食性を失うことを**腐敗**といい、発酵と腐敗を区別してきた。しかし発酵と腐敗は、本質的には発酵であり、これは便宜上の区別にすぎない。食品衛生学の立場からは、一般の慣習により発酵と腐敗を区別して論ずるのが便利であるため、これを用いることにした。

(2) 変敗と酸敗

　食用油脂を空気中に放置すると空気中の酸素により、**酸化**され、味や臭いが悪くなるとともに有害物質が生成され、食中毒の原因になる場合がある。このような油脂の劣化現象を特に油脂の**酸敗**といい、酸敗の結果可食性を失うことを**変敗**という。

　炭水化物性食品が微生物によって分解された結果、有機酸などが産生され、強い酸味や酸臭が感じられる状態を**酸敗**といい、劣化し食べられなくなることを**変敗**とよぶことがある。

　しかし、食品は、炭水化物、たんぱく質、脂質が混ざり合っているものもあるため腐敗と変敗をはっきり区別することは困難である。

(3) 腐敗微生物

　食品に微生物が付着すると、それらが産生する酵素によって食品は分解され、さまざまな代謝産物が産生され可食性を失う。このように食品を腐敗に導く微生物を腐敗微生物という。

　腐敗の大部分は、細菌の作用によって起こるものであるが、比較的多量の蜜糖類を含む食品（ジャム、ゼリー、蜂蜜など）や乾燥食品では、酵母やカビがそれぞれの食品の腐敗の原因となる。食肉のようなたんぱく質性食品では酵母による変敗は少ないし、水分活性の高い食品では、細菌類の繁殖が盛んで、カビの発育は阻害される。このように、通常、その食品に存在する微生物は1種類ではないが、その環境に適した最も増殖しやすい微生物が優勢となって増殖し、ミクロフローラ（微生物叢）を形成する。

　しかし、pHや代謝産物などにより生活環境が変化し増殖しにくくなると、それまで劣勢であった微生物のうち新しい環境に適応したものが、優勢的に増殖する。このように、腐敗の進行は、何種類もの微生物が時期をずらして増殖することによって起こる。また、ミクロフローラは、腐敗の進行に伴って変化するため、代謝産物も変化することになる。

　食品を腐敗に導く微生物を生態系の観点から区別すると、土壌微生物、水中微生物、空中微生物、動物腸管内微生物などになる。

　食品は、原料から製造・流通に至までのあらゆる段階で、常に微生物の汚染の危険に晒されている。実際、特別な処理をしない限り、無菌の食品はなく、食品には必ずなんらかの微生物が存在している。

1.2 変質の機序

　微生物は、たんぱく質、でんぷん、核酸などの高分子化合物を直接吸収し、栄養源として利用できない。そこで、菌体外酵素を分泌してアミノ酸、糖、有機酸などの低分子化合物に分解することにより利用している。このようにして産生された低分子化合物は、食品の変質に密接に関与している。特にたんぱく質が分解したアミノ酸からは、微生物の酵素作用により脱アミノ反応、脱炭酸反応を起こし、アンモニアやアミンが生成される。（図7.1）（図7.2）

(1) 脱アミノ反応

　脱アミノ反応は、アミノ酸からアミノ基（$-NH_2$）がはずれて、**アンモニア**（NH_3）

と有機酸を生成する反応である。一般に通性嫌気性菌や偏性好気性菌は、食品の表面（**好気条件下**）で増殖し、分泌した脱アミノ酵素（アミノ酸オキシダーゼ、アミノ酸ヒドロキシラーゼ）によってアンモニアが生成される。アンモニアは腐敗臭となる。

(2) 脱炭酸反応

脱炭酸反応は、アミノ酸のカルボキシ基（-COOH）から（-COO）がはずれて、**アミンと二酸化炭素（CO_2）を生成する反応である。偏性嫌気性菌や通性嫌気性菌は、食品の内部（**嫌気条件下**）で増殖し、分泌した脱炭酸酵素（アミノ酸カルボキシラーゼ）によってアミンが生成される。

ヒスチジンからはヒスタミンが、リジンからはカダベリン、チロシンからチラミンなどの腐敗アミンを生じる。特にヒスチジン含量の多いアジ、イワシ、サンマなどの魚において、脱炭酸反応が起こると、**ヒスタミン**が多量に生成され、アレルギー様食中毒を起こす。

(3) 脱アミノ反応と脱炭酸反応

通常、食品中では、脱アミノ反応と脱炭酸反応が複合して起こり、脂肪酸、アルコールなどとアンモニア、二酸化炭素を生成する。

例題 1　変質の機序に関する記述である。<u>誤っている</u>のはどれか。1 つ選べ。

1. 脱アミノ反応は、アミノ酸からアミノ基がはずれる反応である。
2. 脱アミノ反応により、アンモニアと有機酸が生成される。
3. 脱炭酸反応は、アミノ酸から酸素がはずれる反応である。
4. 脱炭酸反応により、アミンと二酸化炭素が生成される。
3. 脱炭酸反応によりヒスチジンからヒスタミンが多量に生成され、アレルギー様食中毒を起こす。

解説　3. 脱炭酸反応は、細菌が産生する脱炭酸酵素（デカルボキシラーゼ）により、アミノ酸のカルボキシ基（-COOH）から二酸化炭素（CO_2）がはずれる反応で、アミンを生成する。この反応で、ヒスチジンからヒスタミン、リジンからガダベリン、チロシンからチラミンなどの腐敗アミンが生成される。特にヒスチジン含量の多いアジ、イワシ、サンマなどからはヒスタミンが多量に生成される。　　**解答** 3

1.3 腐敗の判定法

腐敗の程度は、その食品の種類によりさまざまなため、食品の腐敗を一律に判断

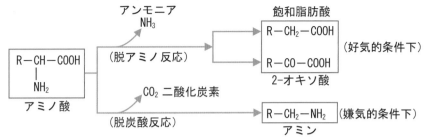

図7.1 好気的・嫌気的条件下における腐敗の機序

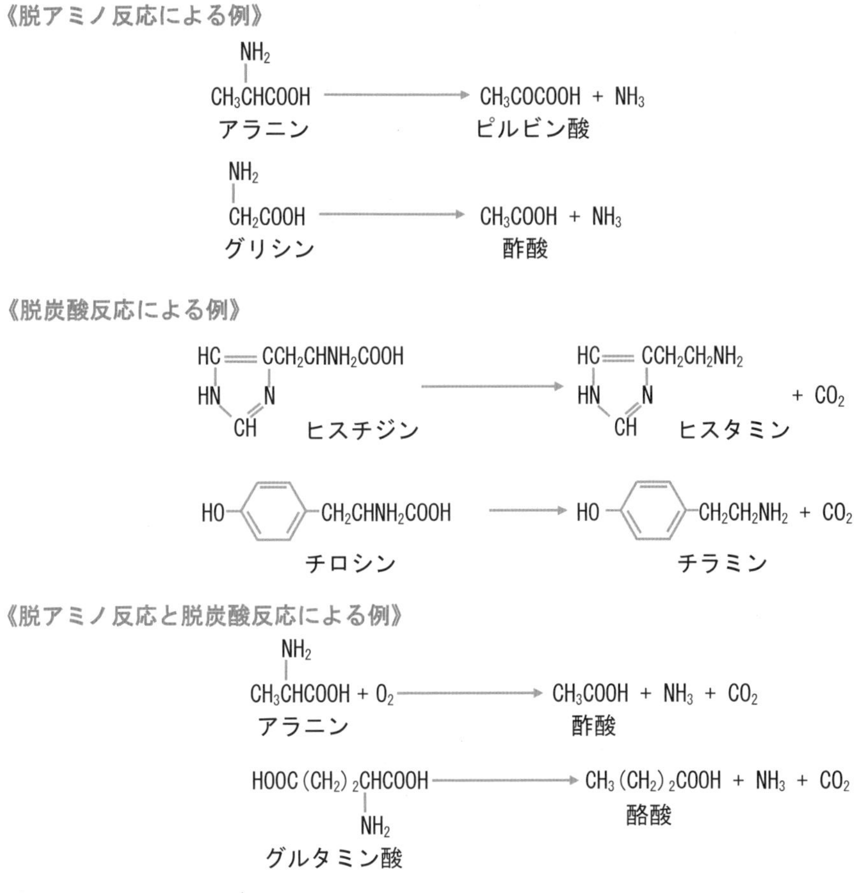

《脱アミノ反応による例》

$$\underset{\substack{| \\ \text{アラニン}}}{\overset{\overset{NH_2}{|}}{CH_3CHCOOH}} \longrightarrow \underset{\text{ピルビン酸}}{CH_3COCOOH} + NH_3$$

$$\underset{\substack{| \\ \text{グリシン}}}{\overset{\overset{NH_2}{|}}{CH_2COOH}} \longrightarrow \underset{\text{酢酸}}{CH_3COOH} + NH_3$$

《脱炭酸反応による例》

ヒスチジン $\longrightarrow$ ヒスタミン $+ CO_2$

$$HO-\text{〈}\text{〉}-CH_2CHNH_2COOH \longrightarrow HO-\text{〈}\text{〉}-CH_2CH_2NH_2 + CO_2$$
チロシン　　　　　　　　　　　　　　　チラミン

《脱アミノ反応と脱炭酸反応による例》

$$\underset{\substack{| \\ \text{アラニン}}}{\overset{\overset{NH_2}{|}}{CH_3CHCOOH}} + O_2 \longrightarrow \underset{\text{酢酸}}{CH_3COOH} + NH_3 + CO_2$$

$$\underset{\substack{| \\ NH_2 \\ \text{グルタミン酸}}}{HOOC(CH_2)_2CHCOOH} \longrightarrow \underset{\text{酪酸}}{CH_3(CH_2)_2COOH} + NH_3 + CO_2$$

図7.2 アミノ酸から生成される腐敗生成物

することは困難である。食品の腐敗の判定方法は、官能試験、化学的試験、微生物学的試験などがよく知られており、それらの試験結果から総合的に判断する。

(1) 官能試験

ヒトの五感（視覚、臭覚、味覚、触覚、聴覚）を用いた判定法である。食品のそのものを、人間の感覚で判定するので、官能試験は最も直接的な方法といえる。普

段店先でも、触ったときの感覚（触覚）や食品の見た目（視覚）、場合によっては叩いた音（聴覚）などから新鮮度を判断することがある。

　食品が初期腐敗に達すると、五感によりその変化を感じ取ることができ、特に、匂いや味の変化においては分析機器を上回る感度を示すことがある。ただし、変化の感知には個人差があり、客観的な基準がないことが欠点である。

(2) 化学的試験

1) 揮発性塩基窒素（volatile basic nitrogen：VBN）

　揮発性塩基窒素（VBN）は、食肉や海産魚介類などのたんぱく質を多く含む食品の腐敗度を判別する方法である。腐敗が進むとたんぱく質が分解され、VBN であるアンモニア、アミン類が経時的に蓄積される。これらの揮発性塩基物質中の窒素量を求めたものが VBN であり、腐敗の程度（特に初期腐敗）を知る指標となる。

　食肉では VBN の主成分はアンモニアであるが、海産魚介類ではアンモニアの他にトリメチルアミンが含まれる。食肉の場合は $20 \, mg/100 \, g$（mg%）、魚の場合は $30 \sim 40 \, mg/100 \, g$（mg%）で初期腐敗とみなされる。ただし、サメやアンコウなどの軟骨魚類の肉には尿素が含まれているため新鮮でも VBN 値が高く、この指標は適用されない。

例題2　揮発性塩基窒素（VBN）に関する記述である。正しいのはどれか。1つ選べ。

1. 腐敗が進むと核酸が分解され、アンモニアやアミン類が蓄積される。
2. VBN は揮発性塩基窒素のことで、主に食品の発酵の指標となる。
3. 食肉における VBN の主成分は二酸化炭素である。
4. 食肉の VBN は $30 \sim 40 \, mg/100 \, g$ に達すると初期腐敗とみなされる。
5. サメなどの軟骨魚類の肉には、尿素が含まれているため新鮮でも VBN 値が高く、この指標は適用されない。

解説　1. 食肉などの腐敗が進むとたんぱく質が分解され、VBN であるアンモニアやアミン類が蓄積される。　2. VBN は主に食品の初期腐敗の指標となる。　3. 食肉における VBN の主成分はアンモニアである。　4. 食肉の VBN は $20 \, mg/100 \, g$ に達すると初期腐敗とみなされる。　　　　　　　　　　　　　　　　　　　　　　　　　　　　　　　**解答** 5

---

2) トリメチルアミン（trimethylamine：TMA）

　揮発性塩基物質（VBN）のひとつであるトリメチルアミンは、海産魚介類の初期腐敗の指標として測定される。海産魚介類のエキス成分であるトリメチルアミンオキ

シドが、細菌酵素により還元されてトリメチルアミンとなり、特有の生ぐさ臭を発する。4〜5 mg/100 g（mg%）で、初期腐敗とみなされる。

3）pH

　食品には固有の pH がある。正常な食品と腐敗した食品の pH の値と比較することにより、腐敗の進行度合いを予測することができる。

　畜肉や魚肉などの動物性食品では、はじめグリコーゲンなどの炭水化物やたんぱく質が自己消化され、乳酸やリン酸、アミノ酸が生成して食品全体の pH が低下する。腐敗が進行すると微生物酵素によりアミノ酸が分解されるため、アンモニアやアミンが蓄積し、pH は上昇する。一方、炭水化物が多く、たんぱく質含量の少ない植物性食品では、でんぷんが微生物の作用により加水分解や有機発酵され、pH は低下する。

　食品の pH の変動はその食品の成分により違いがみられ、また醤油などの調味料を用いた食品ではあまり pH が変動しないことから、初期腐敗を pH の変化だけでとらえることは実際は困難である。

例題 3　トリメチルアミンおよび pH に関する記述である。正しいのはどれか。
1つ選べ。

1. トリメチルアミンは、畜肉類の初期腐敗の指標である。

2. エキス成分であるトリメチルアミンオキシドが、細菌酵素により酸化されてトリメチルアミンとなる。

3. トリメチルアミンは、魚の特有の生ぐさ臭の原因となり、10〜15 mg/100 g で初期腐敗とみなされる。

4. 食品には特有の pH があり、pH の変化により発酵の進行度合いを予測することができる。

5. 畜肉や魚肉では、腐敗の初期には pH が低下するが、腐敗が進行すると pH は上昇する。

解説　1. トリメチルアミンは、海産魚介類の初期腐敗の指標である。　2. エキス成分であるトリメチルアミンオキシド $(CH_3)_3NO$ が、細菌酵素により還元されてトリメチルアミン $(CH_3)_3N$ となる。　3. トリメチルアミンは、4〜5 mg/100 g で初期腐敗とみなされる。　4. pH の変化により腐敗の進行度合いを予測することができる。

　　　　　　　　　　　　　　　　　　　　　　　　　　　　　　　　解答 5

4) K 値 (K value)

K 値は、魚肉の鮮度を表す指標である。

魚肉中の ATP は、死直後から急速に次のように分解される。

ATP (アデノシン三リン酸) → ADP (アデノシン二リン酸) →

AMP (アデノシン一リン酸) → IMP (イノシン酸) →

HxR (イノシン) → Hx (ヒポキサンチン)

鮮度の低下とともに、ATP、ADP は減少し、HxR (イノシン)、Hx (ヒポキサンチン)の含量が増加する。ATP とこの一連の分解生成物 (〜Hx) 総量に対する HxR と Hx の合計量の割合 (%) が K 値である。

$$K 値 (\%) = \frac{HxR + Hx}{ATP + ADP + AMP + IMP + HxR + Hx} \times 100$$

K 値は小さいほど鮮度がよいことになる。

死直後の魚肉　10%以下

刺身用の魚肉　20%以下

加工原料 (かまぼこ、すり身など)　40〜60%

初期腐敗　60〜80%

例題 4　K 値に関する記述である。正しいのはどれか。1つ選べ。

1. K 値は、ATP 分解を指標としたもので、主に畜肉の鮮度判定に用いられる。
2. 魚肉中の ATP は死直後から急速に分解され、鮮度の低下とともに ATP、ADP は増加する。
3. 鮮度の低下により、ATP の分解生成物であるイノシン、ヒポキサンチンの含量が減少する。
4. K 値は、ATP とこの分解生成物総量に対するイノシンとヒポキサンチンの割合で表され、値が高いほど鮮度がよいことを表す。
5. 刺身用の魚肉は、K 値は 20% 以下とされる。

解説　1. 主に魚の鮮度判定に用いられる。　2. 鮮度の低下とともに ATP、ADP は減少する。　3. イノシン、ヒポキサンチンの含量が増加する。　4. K 値は、ATP とこの分解生成物総量に対するイノシンとヒポキサンチンの割合で表され、値が小さいほど鮮度がよいことを表す。　**解答** 5

(3) 微生物学的試験

1) 生菌数の測定

　食品の腐敗は、主として細菌の酵素作用によって起こるため生菌（一般細菌）数を測定することにより腐敗を判定することができる。一般的には、食品 1 g 当たりの生菌数が $10^7 \sim 10^8$ に達したとき、初期腐敗になったとみなされる。生菌数の測定は、標準寒天培地で、35℃・48 時間培養する方法が用いられる。

　しかし、食品中には好気性菌や偏性嫌気性菌などさまざまな細菌が存在し、それらすべての菌を培養することは技術的に不可能なため、生菌数の測定試験で得られた生菌数が常に食品中の全生菌数を表しているとは限らない。またヨーグルトなどの発酵食品はもともと菌数が多いため、鮮度や腐敗を測れない。したがって生菌数だけで正確に腐敗の判定をすることは難しい。

> **例題 5**　生菌数の測定に関する記述である。正しいのはどれか。1 つ選べ。
>
> 1. 食品の初期腐敗は、食品 1 g 中の生菌数が $10^4 \sim 10^5$ に達したときを目安とする。
> 2. 生菌数の測定には、標準寒天培地を用い、35℃で 48 時間培養する方法が用いられる。
> 3. 生菌数の測定試験で得られた生菌数は、常に食品中の全生菌数を表している。

解説　1.　食品の初期腐敗は、食品 1 g 中の生菌数が $10^7 \sim 10^8$ に達したときを目安とする。　3.　食品中にはさまざまな細菌が存在し、それらすべての菌を培養することは技術的に不可能なため、測定試験で得られた生菌数が常に食品中の全生菌数を表しているとは限らない。　　　　　　　　　　　　　　　　　　　　　　　　　　　**解答** 2

1.4 脂質の変敗

　食用油を繰り返し使って揚げ物をしたり、魚の干物など油脂を多く含む食品や、即席麺やスナック菓子類など油脂で加工した食品を長時間放置すると、色調が変化し、刺激臭や異臭を生じ、食用に適さなくなる。これは油脂の変敗（酸敗）とよばれる。

　油脂の変敗は、油脂中のグリセリドの高度不飽和脂肪酸（リノール酸、リノレン酸、アラキドン酸、エイコサペンタエン酸など）が酸化して起こる。異臭の原因は、リノール酸やリノレン酸から由来する揮発性アルデヒド、ケトン、アルコール類である。変敗は、飽和脂肪酸では起こらない。変敗したものを食することで、下痢、嘔吐など食中毒様症状を起こすことがある。

(1) 自動酸化現象

　油脂の変敗の原因は、**自動酸化現象**であり、開始反応、連鎖反応、停止反応の 3 つの機序で起こる。（図 7.3）

1) 開始反応（遊離脂肪酸の生成）

　①油脂が食品中のリパーゼや加熱によって分解され遊離脂肪酸が生成される。

　・揚げ物の材料から出た水分は油と反応し、遊離脂肪酸を生じ、変敗を促進する。

　・180 ℃以上の高温で長時間使用すると、酸素と油の表面で熱酸化が起こる。

2) 連鎖反応（自動酸化）

　②遊離脂肪酸（LH（特に不飽和脂肪酸））が、光、熱などの大きなエネルギーの作用により脱水素して反応性の高い**脂質ラジカル**（L・；フリーラジカル、不対電子をもった脂質分子種）になる。

　③L・は、酸素と反応して**脂質過酸化ラジカル**（LOO・；パーオキシラジカル）となり、ついで、この LOO・が、未反応の LH を攻撃して水素を引き抜き、別の新しい L・を生成する。

　④自身（LOO・）は、**過酸化脂質**（LOOH；ヒドロパーオキシド）になる。

　これら一連の反応は、酸素存在下で連続的・自動的に進行することから**油脂の自動酸化**とよばれる。

3) 停止反応（分解と重合）

　⑤生成した過酸化脂質（LOOH）は不安定なため容易に分解し、**アルデヒド**、アルコール、ケトン、短鎖脂肪酸などの 2 次生成物が生じる。アルデヒドは、異臭の原因となる。この時点で、油脂は、異臭、着色、粘度変化などの品質劣化が起こる。

　⑥ラジカル同士の反応により、LL や LOOL の重合体が生成し、油脂の粘度を高め、着色していく。この反応により過酸化物は、加速度的に増加するが酸素や光を遮断すると反応速度は低下する（図 7.3）。

例題 6　油脂の変敗に関する記述である。正しいのはどれか。<u>2 つ選べ</u>。

1. 油脂がリパーゼや熱によって分解され、遊離飽和脂肪酸が生成する。
2. 遊離の不飽和脂肪酸は、紫外線などにより脱酸素されて、脂質ラジカルになる。
3. 脂質ラジカルは水素と反応し、パーオキシラジカルとなる。
4. パーオキシラジカルは、未反応の不飽和脂肪酸から窒素を引き抜き、過酸化脂質となる。
5. 油脂の酸化現象は、酸素存在下で連続的に進行するため自動酸化とよばれる。

6. 過酸化脂質は容易に分解し、アルデヒド、ケトン、アルコールが生成する。

> 解説　1. 油脂がリパーゼや熱によって分解され、遊離不飽和脂肪酸が生成する。
> 2. 遊離の不飽和脂肪酸は、紫外線などにより脱水素されて、脂質ラジカルになる。
> 3. 脂質ラジカルは酸素と反応し、パーオキシラジカルとなる。　4. パーオキシラジカルは、未反応の不飽和脂肪酸から水素を引き抜き、過酸化脂質となる。
>
> 解答 5、6

(2) 油脂変敗の判定

　1960（昭和35）年代、即席麺に含まれる油脂の変敗が原因で食中毒が起こり、食品衛生上重要な問題となった。現在、食品衛生法などで、油脂で処理した即席麺類あるいは菓子に酸価、過酸化物価の基準が設けられている（表7.1）。次に油脂の変敗の程度を判定する指標となる、酸価、過酸化物価、チオバルビツール酸価およびカルボニル価の測定内容について述べる。

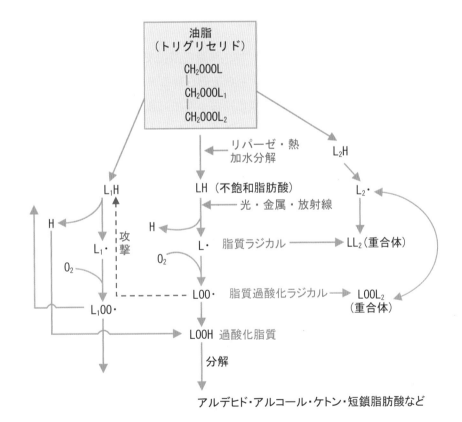

図 7.3　油脂の自動酸化

表 7.1　油脂および油脂性食品の規格基準

即席めん類 (油脂で処理 したもの)	成分規格	含有油脂：酸価 3 以下、又は過酸化物価 30 以下
	保存基準	直射日光を避けて保存
食　用　油	規　　格	未精製油：酸価 0.2〜4.0 以下
		精　製　油：酸価 0.2〜0.6 以下
		サラダ油：酸価 0.15 以下
油　菓　子 (粗油脂 10% 以上)	指導要領	含有油脂の酸価が 3 を超え、かつ過酸化物価が 30 を超えないこと
		含有油脂の酸価が 5 を超え、又は過酸化物価が 50 を超えないこと

1）酸価の測定

　酸価（acid value：AV）は、試料 1 g に含まれる遊離脂肪酸を中和するために必要な水酸化カリウムの mg 数で表したものである。油脂が変敗すると遊離脂肪酸が増加するため酸価は上昇する。植物性油脂では 0.1〜0.7、動物性油脂では 0.5〜2.5 の範囲にある。また、食品衛生法では、即席麺の成分規格として、含有油脂の酸価は 3 以下と定められている。

2）過酸化物価の測定

　過酸化物価（peroxide value：POV）は、油脂の酸化で生成した過酸化物の量を示す。試料 1 kg によってヨウ化カリウムから遊離されるヨウ素のミリ当量数（mEq/kg）を表したものである。脂肪酸の自動酸化によって生じた過酸化物にヨウ化カリウムを加えて遊離したヨウ素をチオ硫酸ナトリウム（$Na_2S_2O_3$）溶液で滴定して求める。過酸化物価は時間の経過とともに上昇するが、ある時点から、減少するため初期の変敗度を示す指標となる。30 以下のものが食用に適するとされる。また、食品衛生法では、即席麺の成分規格として含有油脂の過酸化物価は 30 以下と定められている。

3）チオバルビツール酸価の測定

　チオバルビツール酸価（thiobarbituric acid value：TBAV）は、油脂の変性に伴って生じるマロンジアルデヒド（MDA）の量を示す指標である。チオバルビツール酸（TBA）と MDA を酸性下で加熱すると縮合し、赤色物質（吸収極大波長は 532 nm）を生ずる。この物質を 530 nm で比色し、試料 1 g 当たりの吸光度で示したものを TBAV とする。簡便かつ鋭敏な方法のため、広く油脂変敗の指標として用いられているが、MDA 以外にも TBA 反応陽性物質が存在する問題点がある。

4）カルボニル価

　カルボニル価（carbonyl value：CV）は、試料 1 kg 中に含まれるカルボニル化合物をミリ当量数（mEq/kg）で表したものである。油脂からの過酸化物がさらに分解

し、揮発性のアルデヒド、ケトン、不揮発性のケト酸、ケトグリセリドなどが生成される。変敗が進むとカルボニル価は上昇するため、油脂の品質低下と相関がある（図7.4）。

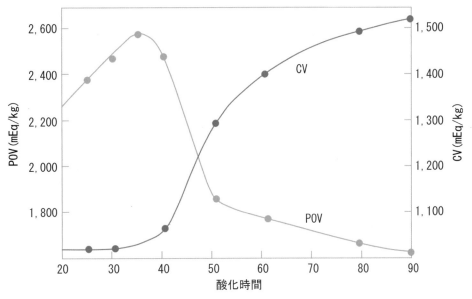

図7.4　リノール酸メチルエステルの酸化に伴うPOVとCVの変化

例題7　油脂の変敗の判定に関する記述である。正しいのはどれか。1つ選べ。

1. JAS法では即席麺の油脂に、酸価、過酸化物価の基準を設けている。
2. 酸価は、有機酸を中和するのに必要な水酸化カリウムをmg数で表す。
3. 過酸化物価は、ヨウ化カリウムを用いて過酸化物を測定する。
4. 過酸化物価は、酸化の初期に減少するがその後上昇する。
5. チオバルビツール酸価は、油脂の変性に伴い生じるアセトアルデヒドの量を示す。
6. 油脂の変敗が進むとカルボニル価は減少する。

解説　1. 即席麺の油脂に基準を設けているのは食品衛生法である。　2. 酸価は、遊離脂肪酸を中和するのに必要な水酸化カリウムをmg数で表す。　4. 過酸化物価は、酸化の初期に上昇するがその後減少する。　5. 油脂の変性に伴い生じるマロンジアルデヒドの量を示す。　6. 変敗が進むとカルボニル価は上昇する。　**解答**　3

(3) 変敗油脂の毒性

　変敗油脂では、カルボニル化合物の生成により、特有の臭いが発せられる。また、高度不飽和脂肪酸の含有量が減少するため、栄養価が低くなる。変敗油脂には、毒性があり、下痢、腹痛、嘔吐などの食中毒症状を起こすことが知られている。1次生成物であるヒドロパーオキシドの毒性はあまり強くないが、2次生成物のヒドロパーオキシアルケナールは、短鎖で低分子のため吸収されやすく、毒性も強い。

(4) 油脂の変敗防止法

　油脂の変敗促進因子は、①酸素、②（短波長の）光、③熱、④鉄や銅などの金属、⑤酵素（リパーゼ、リポキシゲナーゼ）などであるため、これらの因子を除去すれば、油脂の変敗を防止できる。具体的には、真空包装、不活性ガス置換、脱気、脱酸素剤封入、着色包装、不透明包装による光の遮断、低温、キレート剤による金属除去、熱処理による酵素の失活（大豆などに含まれるリポキシゲナーゼによりヒドロパーオキシドが産生されて油脂の酸化を導くため、湯どおしして酵素を失活させる。）などが有効である。

例題8　油脂の変敗防止に関する記述である。誤っているのはどれか。1つ選べ。

1. キレート剤を加えると鉄や銅などの金属が除去されるので酸化を抑制できる。
2. 酸素を除去するために真空包装やガス置換などすると抑制できる。
3. 着色包装やアルミ箔などで遮光することで、酸敗を抑制できる。
4. 熱処理で酵素を失活すると酸化防止に有効である。
5. 酸化防止剤は、酸化反応を完全に阻害することが期待できる。

解説　5. 酸化防止剤は酸化反応を抑制し、遅らせる効果が期待できる。　　**解答** 5

1.5 食品の変質防止

(1) 冷蔵・冷凍法

　食品を低温に保ち、食品内の化学反応や酵素反応を抑制したり、微生物の増殖や活動を抑制したりすることにより食品の変質を防止する方法である。

　冷蔵法は、氷結しない数度～10℃で保存する方法であり、微生物の増殖をかなり抑制できる。しかし、生鮮魚介類に付着している水生細菌は10℃以下でも増殖し食品を変質させ得る。また、低温域で活発な増殖をするエルシニア・エンテロコリチカ、ボツリヌスE型菌、リステリア菌やセレウス菌などの食中毒菌も10℃以下で増殖可能なため保存期間には注意を要する。食品衛生法で規定されている冷蔵保存基

準では、一部例外はあるが10℃以下となっている。

　冷凍法は、0℃以下の温度で食品を凍結して保存する方法である。食品衛生法で規定されている保存基準では、一部例外があるが–15℃以下となっている。

　一般に、食品中の水には、塩分や糖分が溶けているため、凝固点降下現象により、0℃ではなく、最大氷結晶生成帯温度（–1～–5℃）で凍結する。この最大氷結晶生成帯温度をゆっくり通過させると食品中の細胞損傷が多くなり、品質低下を招くため、急速冷凍する必要がある。多くの細菌は、冷凍により完全に死滅することはなく、休眠状態になるため、解凍方法や解凍後の保存管理には注意を要する。

(2) 脱水（乾燥）法

　食品中には、食品成分と結合している結合水と遊離型の自由水が存在しているが、微生物は、遊離型の自由水を利用して生命活動を行っている。したがって、食品を脱水（乾燥）させることによって、自由水の割合を減らしてやれば、微生物による食品の変質を防ぐことができる。一般に、食品の水分活性（Aw）を0.65以下に保てば、微生物の増殖は抑制される。

　乾燥法には、天日干し、陰干しなどの自然乾燥法と加圧、常圧、減圧それぞれの状態で乾燥機を用いて行う人工乾燥法がある。自然乾燥法は、簡便であるが、天候に左右され、品質を一定に保てない欠点がある。一方、人工乾燥法は、装置の稼働に費用がかかるが、品質を一定に保つことができる。

(3) 加熱（殺菌）法

　食品を加熱することにより、食品中に存在する微生物を殺菌するとともに、食品中の酵素を失活させて、食品の変質を防止する方法である。またこの方法では、微生物が産生した易熱性毒素（例；ボツリヌス毒素）などの破壊効果も期待できる。加熱法は、確実で効果的な方法であるため食品の変質防止法として、一般的に広く用いられている。

1) 低温殺菌法（low temperature longtime sterilization：LTLT法）

　低温殺菌法は、食品を100℃以下で加熱殺菌する方法である。多くの微生物は、熱に弱く70℃、30分程度の加熱で死滅させることができる。ワインの腐敗・変質を防止するためパスツールによって考え出され、牛乳、ビール、果汁などの殺菌に用いられている。低温で処理するため、熱に対して不安定な食品の品質を保持しやすいが、すべての微生物を死滅させることができるわけではないので、注意を要する。

　牛乳の殺菌は、食品衛生法、乳・乳製品の規格において、63℃で30分間加熱殺菌するか、または、これと同等以上の殺菌効果を有する方法で、加熱殺菌しなければならないと定められている。

2）高温短時間殺菌法（high temperature shorttime sterilization：HTST法）

72〜85℃で15〜1秒加熱する殺菌方法である。牛乳、果汁、スープなどに利用されている。牛乳では、72℃で、15秒間殺菌を行う。

3）超高温殺菌法（ultra high temperature：UHT法）

120〜150℃で3〜1秒程度加熱する殺菌方法である。牛乳、ケチャップなどに利用されている。日本国内において、牛乳の殺菌法で最も広く行われている方法は、このUHT法である。また、LL牛乳（long life milk）は、UHT法で滅菌した後、無菌充填したものであり、室温に保存でき、一般に流通している。

＊ D値（decimal reduction time：D-value）とは

加熱殺菌における重要な因子は、加熱温度と処理時間である。D値は、微生物の耐熱性を示す数値であり、ある加熱温度で最初に存在していた菌を90％死滅させる時間を分単位で表したものである。

(4) 紫外線照射法

直射日光に殺菌作用があるのは、太陽光線に微生物のDNAにチミジンダイマーを形成させて、強い殺菌力を示す紫外線が存在するからである。最も強力な紫外線波長は、250〜260 nmといわれており、市販の殺菌灯の波長は254 nmのものが用いられている。しかし、その効果は、表面的であり紫外線が直接あたらない影の部分や内部には届きにくく、調理室内や調理器具の殺菌に使用されることが多い。さらに、異臭や変色を来すことがあるので、食品の殺菌には不向きである。また、殺菌効果は、カビ、酵母、芽胞に対しては比較的弱い。目や皮膚に直接光があたると網膜炎や皮膚炎を起こす危険性があるので、防護対策が必要である。

(5) 放射線照射法

食品に放射性物質から放出されるβ線やγ線を照射する方法であり、照射による効果は、発芽防止、殺菌、殺虫、果物の成熟遅延などがある。一般的には、^{60}Coのγ線が広く用いられている。γ線は、透過性が大きいため、食品内部の殺菌も可能である。

日本では、ばれいしょ（じゃがいも）の発芽防止のために一度限りの照射が認められているが、食品の殺菌には利用できない。

外国では、香辛料、野菜、冷凍魚介類、食肉などに利用許可されている国もあるため、これらの食品を輸入する際、問題となる場合がある。

(6) 塩蔵・糖蔵・酢漬法

塩蔵・糖蔵法は、食品に食塩や砂糖を添加することにより保存性を高める方法である。食品に食塩や砂糖を添加すると、浸透圧が増加し、微生物は体内の水が奪わ

れ原形質分離が起こり死滅する。また、水分活性も低下するため微生物に必要な自由水も奪われ、増殖が抑制される。

　一般細菌は、食塩濃度10％以上、糖濃度50％以上では増殖が抑制されるが、カビや酵母では耐性の高いものがあり、さらに高い糖濃度、塩濃度でなければ、増殖が抑制されない。酢漬法は、食酢や果汁などの有機酸を加えpHを低下させ、食品中の微生物の増殖を抑制し、酵素の変性や失活を誘導することにより、食品の変質を防ぎ保存性を高める方法である。一般細菌は、pH4.0以下になると増殖が抑制されるが、カビや酵母は、弱酸性に至適pHをもつものが多くpH2.0でも増殖可能なものもあるため注意を要する。酢とともに食塩や砂糖などを添加すると、それらの相互作用により食品の保存性はさらに高まる。

(7) くん煙法

　くん煙法は、乾燥させた肉類や魚介類を乾燥したサクラ、ナラ、クヌギなどの木を不完全燃焼させて生じた煙でいぶす保存方法である。脱水・乾燥作用に加え、煙の中に含まれる微量なホルムアルデヒド、アセトン、クレオソート、有機酸類などの抗菌性・抗酸化性物質により食品の保存性が向上する。

(8) 真空包装法

　食品を非通気性のプラスチックフィルムや容器に入れ、脱気することによって空気を除去した後、密封する方法である。さらに、脱酸素剤を封入することもある。この方法では、酸素が除去されるため、カビや偏性好気性菌の増殖を抑えるだけでなく、食品中の脂質や色素の酸化も防止できる。しかし、ボツリヌス菌やウェルシュ菌のような偏性嫌気性菌は、むしろ無酸素状態で増殖が促進されるため注意が必要である。

(9) 食品添加物

　食品添加物には、食品に添加することにより、食品の変質防止をはかることができるものがある。主に、① 殺菌料（過酸化水素、次亜塩素酸ナトリウム）、② 保存料（ソルビン酸、安息香酸）、③ 防カビ剤（ジフェニル、オルトフェニルフェノール、チアベンダゾール、イマザリル）、④ 酸化防止剤（ブチルヒドロキシアニソール（BHA）、ジブチルヒドロキシトルエン（BHT）、エリソルビン酸、エチレンジアミン四酢酸カルシウム・二ナトリウム（EDTA-Ca-2Na））などがある。（詳しくは、第8章 食品添加物を参照）

> **例題 9**　食品の変質防止に関する記述である。誤っているのはどれか。1つ選べ。

1. LTLT 殺菌とは 63℃で 30 分間加熱する低温殺菌法のことで、牛乳やビールなどの殺菌に用いられている。
2. D 値とは微生物の耐熱性を示す数値で、ある加熱温度で最初に存在していた微生物を 90 ％死滅させる時間を分単位で示したものである。
3. 波長 250 nm 付近の紫外線は、核たんぱく質に損傷を与え殺菌力が強く、また透過度が大きいため、食品内部の殺菌も可能である。
4. 日本では、ジャガイモの発芽防止のための放射線照射のみ認められている。
5. くん煙法は、煙中の微量なホルムアルデヒド、アセトン、クレオソートなどの抗菌性物質を食品に浸透させる方法である。

> **解説**　3. 波長 250 nm 付近の紫外線は、効果が表面的で陰の部分には届きにくいなどの欠点がある。　　　　　　　　　　　　　　　　　　　　　　**解答** 3

章末問題

> **1**　食品の変質に関する記述である。最も適当なのはどれか。1つ選べ。
> 1. ヒスタミンは、ヒアルロン酸の分解によって生成する。
> 2. 水分活性の低下は、微生物による腐敗を促進する。
> 3. 過酸化物価は、油脂から発生する二酸化炭素量を評価する。
> 4. ビタミン E の添加は、油脂の自動酸化を抑制する。
> 5. 油脂中の遊離脂肪酸は、プロテアーゼによって生成する。　　　　　（第 34 回国家試験）

> **解説**　1. アレルギー様食中毒の主要な原因物質であるヒスタミンは、ヒスチジンの分解（脱炭酸反応）により生成する。　2. 水分活性の低下は、微生物が利用できる自由水が減ることを意味するので、その食品の腐敗を抑制することにつながる。　3. 過酸化物価（POV）は、油脂の過酸化物の量を定量化した数値で、初期の変敗度を示す指標である。　4. ビタミン E は抗酸化作用を示すので、油脂への添加は自動酸化を抑制する。　5. 油脂中の遊離脂肪酸は、中性脂肪がリパーゼや加熱によって分解・生成する。　**解答** 4

> **2**　食品の変質に関する記述である。誤っているのはどれか。1つ選べ。
> 1. 油脂の酸敗は、窒素ガスの充填によって抑制される。
> 2. アンモニアは、魚肉から発生する揮発性塩素窒素の成分である。
> 3. 硫化水素は、食肉の含硫アミノ酸が微生物によって分解されて発生する。
> 4. ヒスタミンは、ヒスチジンが脱アミノ化されることで生成する。
> 5. K 値は、ATP 関連化合物が酵素的に代謝されると上昇する。　　　　　（第 33 回国家試験）

解説　1. 油脂の酸敗は空気中の酸素を必要とする。したがって、食品容器内の空気を窒素ガスで置換することにより、酸敗は抑制される。　2. 腐敗の過程で、たんぱく質の分解より生成するアンモニアは、揮発性塩素窒素（VBN）の成分である。　3. 悪臭の原因となる硫化水素（H_2S）は、食肉の含硫アミノ酸（メチオニンやシステインなど）が微生物によって分解されて発生する。　4. アレルギー様食中毒の主要な原因物質であるヒスタミンは、ヒスチジンが脱炭酸されることで生成する。　5. 魚の鮮度を示す生化学的な指標のK値は、ATP関連化合物が酵素的に代謝（分解）され、その分解物（イノシン、ヒポキサンチン）の量が増えると上昇する。　　　　　　　　　　　　　　　　　　　　　　解答 4

3　油脂の酸化に関する記述である。正しいのはどれか。1つ選べ。
1. 動物性油脂は、植物性油脂より酸化されやすい。
2. 酸化は、不飽和脂肪酸から酸素が脱離することで開始される。
3. 過酸化脂質は、酸化の終期に生成される。
4. 発煙点は、油脂の酸化により低下する。
5. 酸化の進行は、鉄などの金属によって抑制される。　　　　　　　（第33回国家試験）

解説　1. 油脂の酸化は、特に不飽和脂肪酸が反応に関係する。動物性油脂は、植物性油脂より不飽和脂肪酸が少ないので、酸化されにくい。　2. 酸化は、不飽和脂肪酸の水素の脱離により脂質ラジカル（L・）が生成することで始まる。さらに脂質ラジカルに酸素が化合し、脂質過酸化ラジカル（LOO・）が生成する。　3. 脂質過酸化ラジカルに水素が付加して生成する過酸化脂質（LOOH）は、酸化の初期に生成される。　4. 発煙点は加熱された油が発煙する温度のことである。通常の油は200℃以上であるが、揚げ物などで油を長く使って酸化が進むと発煙点が低下する。　5. 銅や鉄、マンガン、ニッケルなどの金属は、酸化の触媒として作用するため、結果として油脂の酸化を促進する。　　　　　　　　　　　　　解答 4

4　鮮度・腐敗・酸敗に関する記述である。正しいのはどれか。1つ選べ。
1. 揮発性塩基窒素量は、サメの鮮度指標に用いる。
2. 初期腐敗とみなすのは、食品1g中の生菌数が$10^3 \sim 10^4$個に達したときである。
3. 酸価は、油脂の加水分解により生成する二酸化炭素量を定量して求める。
4. K値は、ATPの分解物を定量して求める。
5. トリメチルアミン量は、食肉の鮮度指標に用いる。　　　　　　　（第27回国家試験）

解説　1. 揮発性塩基窒素量（VBN）は食肉、魚肉の鮮度を示す指標である。ただし、サメやアンコウなどの軟骨魚類の肉は尿素含量が高く、新鮮でもVBNが高いため、この指標は適用できない。　2. 食品1g中の一般細菌数（生菌数）が、$10^7 \sim 10^8$個（冷凍食品は、$10^6 \sim 10^7$個）のときに初期腐敗とみなす。3. 酸価は、油脂の加水分解により生成する遊離脂肪酸の量を定量して求める。　4. K値は、ATPの分解物を定量して求める。　5. トリメチルアミン量は、魚介類の初期腐敗の指標として測定される。海産魚介類のエキス成分であるトリメチルアミンオキシドが、細菌酵素により還元されてトリメチルアミン（特有の生ぐさ臭）となる。　　　　　　　　　　　　　　　　　　　　　　　解答 4

5　油脂の酸化に関する記述である。正しいものの組み合わせはどれか。

a　不飽和脂肪酸は、脱炭酸されてペルオキシラジカルとなる。

b　ペルオキシラジカルは、不飽和脂肪酸から酸素を引き抜く。

c　過酸化脂質は、分解されるとアルデヒドやケトンを生じる。

d　α-トコフェロールは、ラジカルを捕捉する。

1. aとb　　2. aとc　　3. aとd　　4. bとc　　5. cとd　　　　　　（第25回国家試験）

解説

a　×　不飽和脂肪酸は、脱水素されて脂質ラジカル（L・）となる。これに酸素が結合するとペルオキシ
　　　ラジカル（LOO・、脂質過酸化ラジカル）となる。

b　×　ペルオキシラジカルは、遊離の不飽和脂肪酸から水素を引き抜く。その結果、新たな脂質ラジカ
　　　ルが発生し、ペルオキシラジカルは、過酸化脂質（LOOH）となる。

c　○　過酸化脂質は、不安定なため容易に分解し、アルデヒドやケトンなどの二次生成物が生じる。

d　○　α-トコフェロールは酸化防止剤に指定されている。ラジカルを捕捉し、油脂の酸化を抑制する
　　　効果をもつ。　　　　　　　　　　　　　　　　　　　　　　　　　　　　　　　　解答 5

6　食品の変質に関する記述である。正しいのはどれか。1つ選べ。

1. 油脂の劣化は、窒素により促進される。

2. 油脂の劣化は、光線により促進される。

3. 細菌による腐敗は、水分活性の上昇により抑制される。

4. 酸価は、初期腐敗の指標である。

5. ヒスタミンは、ヒスチジンの脱アミノ反応により生じる。　　　　　　（第26回国家試験）

解説　1. 油脂の劣化は酸素や光、温度、金属イオン、湿気、酸素などによる。　2. 油脂の劣化は、光
線により促進される。　3. 細菌による腐敗は水分活性の上昇により抑制されることはない。細菌は、
Aw 0.9 以上、酵母は Aw 0.88 以上、カビは Aw 0.8 以上で増殖する。　4. 初期腐敗の指標として用いるの
は一般的には過酸化物価（POV）である。　5. ヒスタミンは、ヒスチジンの脱炭酸反応により生じる。

解答 2

第8章

食品添加物

達成目標

　食品添加物は、食品衛生法により許可されたものであり、規格と基準がある。特に、指定基準、使用基準、表示基準は重要である。また。指定に際しては安全性と消費者にとってのメリットが審議の重要項目となる。特に一日摂取許容量（ADI）の設定の方法や主要な食品添加物の物質名、用途名、表示法を整理しておくこと。

1 食品添加物の概要

　人類は、約 10,000 年前を境に食品の確保の方法を狩猟採集から牧畜農耕に変えた。牧畜農耕では、収穫期に大量の食品が得られるがその後の保存が大きな問題となった。紀元前 5,000 年頃には、既にパンやぶどう酒などの食品も作られるようになり保存や製造・加工に各種の工夫がなされた。例えば、煙による燻製、硫黄による殺菌、塩漬け、酢漬け、さらに、発酵による保存や草木を焼いた灰から取った灰汁（あく）を用いたこんにゃくの加工、海水から取った苦汁（ニガリ）を使った豆腐の製造が行われてきた。近代に入り、食品加工技術の発達、国際化による世界的な食品の輸出入の増加、嗜好の変化、外食や調理済み食品の増加、個食化など食生活が大きく変化した。

　近年では、持続可能な開発目標（Sustainable Development Goals：SDGs）の達成に向けた食品分野での取り組みも拡大しており、健康的な生活確保の実現などにおいて例えば、嚥下困難者に対するとろみをつけた食品開発での増粘剤、安定剤の利用や栄養強化剤の使用など従来とは異なる食品添加物の有用性の活用がみられる。このようにいろいろな種類の食品添加物が開発されるとともに、食品や食品添加物に対する衛生と安全性の向上も追求されるようになった。食生活の複雑多様化と国際化は、食品添加物の種類と使用法の多様化を招き、同時に、安全性向上のための法規制のきめ細かさが必要とされている。

　食生活においては、果実や一部の野菜のようにそのまま食べられる食品もあるが、ほとんどの食材は調理・加工が必要である。このときに、①食品の安全を守る（腐敗、変質、化学変化防止）、②食品の外観や嗜好性（おいしさ）をよくする、③食品の製造、加工に必要、④食品の栄養価を高めるなどの目的で食品に加えられるものが**食品添加物**[*1]である。

　食品添加物は食品衛生法で「**食品の製造の過程において又は食品の加工若しくは保存の目的で、食品に添加、混和、浸潤その他の方法によって使用する物をいう**」と定義されている。最終食品には残っていない場合でも食品の製造の過程で食品添加物として使用される物はすべてが食品添加物として扱われる。また、天然物であっても化学的合成品であっても食品に加えられるものはすべて食品添加物である。

　[*1] **食品添加物**：食品衛生法では、食品に限定した法律であるため、単に「添加物」とよんでいるが、我々の生活のなかでは、飼料添加物など色々な添加物があるため食品添加物という。

2 食品添加物の分類

　食品添加物には、指定添加物、既存添加物、天然香料および一般飲食物添加物がある（表8.1）。指定添加物は、食品安全委員会の食品健康影響評価（リスク評価）を受けて安全性と有用性が確認され、健康を損なうおそれがない食品添加物として**内閣総理大臣（消費者庁）が指定**したものである。指定添加物は、2023（令和5）年7月26日現在、475品目ある。既存添加物は、2020（令和2）年2月26日現在357品目あり、既存添加物名簿に収載されている。既存添加物は植物の抽出物、発酵生産物、酵素などであり、以前は天然添加物ともよばれていたものである。

　天然香料は動植物から得られた物またはその混合物で、食品の着香の目的で使用される食品添加物であり、天然香料基原物質としてリストに収載されている。

　一般飲食物添加物は、本来は食品であるが食品添加物的な用途で用いられるものである。例えば、ブドウ果汁は一般的には飲食物であるが、食品の着色の目的で使用する場合には食品添加物である。

表8.1　食品添加物の分類（2023年7月現在）

分　類	化学的合成品	天然品	食品衛生法の指定制度で規制	厚生労働大臣指定	品目数
指定添加物	○	○	○	○	475
既存添加物		○			357
天 然 香 料		○			612
一般飲食物添加物		○			約100

例題1　食品添加物の分類に関する記述である。<u>誤っている</u>のはどれか。1つ選べ。
1. 指定添加物は、内閣総理大臣（消費者庁）の指定の必要はない。
2. 指定添加物は、食品安全委員会のリスク評価を受ける必要がある。
3. 既存添加物は、以前は天然添加物ともよばれていた。
4. 天然香料は動植物から得られた物またはその混合物である。
5. 一般飲食物添加物は、本来は食品である。

解説　1. 指定添加物は、内閣総理大臣（消費者庁）が指定したものである。**解答　1**

3 食品添加物の指定制度

　多くの化学物質のなかには安全性が不確かなものもあり、それらが食品の製造・加工に使用された場合、健康へ悪影響を及ぼす可能性がある。食品衛生法では、食品以外の物質を食品に加えることを原則禁止しており、安全性や有用性が確認されて内閣総理大臣（消費者庁）が指定したものしか使用してはならないことになっている（ポジティブリスト制度）。すなわち、指定添加物は内閣総理大臣（消費者庁）が安全性と有用性を確認したうえ、指定し、食品への使用が認められる。一方、既存添加物*²は、長年天然品由来の添加物として使用され危険性が低いとされてきたものであり、指定制度が適用されない。また、通常食品として摂取されている一般飲食物添加物および天然香料についても指定制度の対象外である。

3.1 安全性
　食品添加物は、安全性が実証または確認されるものでなければならない。食品添加物は、子ども、成人、高齢者、また健康人、病人など、すべての人が長期間にわたって摂取する。このことから、特に長期毒性を考慮する必要があり、発がん性、催奇形性などの毒性試験や代謝など体内動態および摂取量を含めた安全性の評価が必要になる。食品添加物の安全性の評価はリスク評価機関である食品安全委員会で行われる。その安全性評価の方法は「4 安全性評価」に記載した。

3.2 有用性
　食品添加物として指定するためには以下のような有用性が必要となる。
① 食品添加物を使用することによる消費者への利益
　❖食品の製造・加工に必要不可欠なもの
　❖食品の栄養価を維持させるもの
　❖食品の腐敗、変敗、その他の化学変化などを防ぐもの
　❖食品を美化し、魅力を増すもの
② 既に指定されている食品添加物と同等以上か別の効果が認められること
③ 原則、化学分析によって食品添加物を使用していることが確認できること

---

　*2 **既存添加物**：1996（平成8）年に食品衛生法が大きく改正され、それまでは食品添加物としては扱われていなかった天然物も食品添加物として扱われるようになった。この時点で、食品添加物的な目的で食品に使用されていた天然物をすべて食品添加物としたために、既に存在していた添加物という意味で既存添加物と名づけられた。

例題 2 食品添加物の指定に関する記述である。誤っているのはどれか。1つ選べ。

1. 食品添加物の指定の際には、有用性と費用の確認が必要である。

2. 既存添加物、天然香料および一般飲食物添加物は指定制度の対象外である。

3. 食品添加物の指定の際、食品の腐敗、変敗、その他の化学変化などを防ぐ有用性が考慮される。

4. 食品添加物の指定の際、食品を美化し、魅力を増すものであることを考慮する。

5. 食品添加物の指定においては、既に指定されている食品添加物と同等以上か別の効果が認められる必要がある。

解説 1. 安全性と有用性が確認される。 2. 表8.1 参照 解答 1

3.3 指定と削除

食品添加物の指定は内閣総理大臣（消費者庁）が行う。添加物を使用する事業者が新たに食品添加物の指定を受ける場合、表8.2 に示す資料を内閣総理大臣（消費者庁）に提出する。食品添加物指定の要請資料は、「食品添加物の指定及び使用基準改定に関する指針について」、「添加物に関する食品健康影響評価指針」などに基づき作成することが求められる。内閣総理大臣（消費者庁）は、指定要請の申請があった添加物のリスク評価を食品安全委員会に依頼し、リスク評価結果に基づいて食品添加物の成分規格や使用基準などを作成し、食品衛生基準審議会に諮問したうえで指定の可否を決定する（図8.1）。

また、国際的に安全性が確認され、汎用されている添加物として選定した添加物42品目および香料54品目（2019年1月現在）を国際汎用食品添加物として、消費者庁において関係資料の収集・分析や必要な追加試験の実施などを行い、食品安全委員会の評価などを経て、順次指定を行っている。

表8.2 食品添加物の指定に必要な資料

```
1. 資料概要
2. 起源または発見の経緯および外国における使用状況に関する資料
   (1) 起源または発見の経緯
   (2) 外国における使用状況
3. 物理化学的性質および成分規格に関する資料
4. 有用性に関する資料
   (1) 食品添加物としての有効性および他の同種の添加物との効果の比較
   (2) 食品中での安定性
   (3) 食品中の栄養成分に及ぼす影響
5. 安全性に関する資料
   (1) 毒性に関する資料
   (2) 体内動態に関する資料
   (3) 食品添加物の1日摂取量に関する資料
6. 使用基準案に関する資料
```

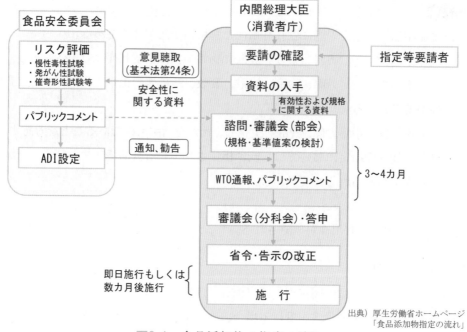

図8.1　食品添加物の指定の流れ

出典）厚生労働省ホームページ
「食品添加物指定の流れ」

　既に指定された食品添加物は再評価される。研究の進歩とともに国内外の安全性評価において発がん性が認められるなどの安全性の疑いが生じたもの、有用性が乏しくなったものやあるいは使用実態がないものは、食品衛生基準審議会の意見を聴き内閣総理大臣（消費者庁）によって指定が取り消され、指定添加物リストから削除される。

　発がん性や健康障害など安全性の疑いのために指定が取り消しになった主な食品添加物（取り消し年）を以下に示す。

> ❖着色料の赤色1号、4号、5号、101号、103号、橙色1号、2号、黄色1号、2号、3号、緑色1号、2号、紫色1号（1965～1972年）。
> ❖甘味料のズルチン（1968年）。❖甘味料のサイクラミン酸ナトリウム（チクロ）（1969年）。
> ❖保存料のAF-2(1974年)。❖製造溶剤のコウジ酸（2003年）。❖着色料のアカネ色素（2004年）。

例題3　食品添加物の指定と削除に関する記述である。正しいのはどれか。1つ選べ。

1. 食品添加物の指定申請があった場合、内閣総理大臣（消費者庁）は厚生労働省に安全性評価を諮問する。
2. 安全性評価結果に基づき、食品安全委員会は食品添加物を指定する。
3. 食品添加物の指定の際の資料として、使用基準案がある。
4. 指定された食品添加物は、都道府県知事によって削除できる。
5. サイクラミン酸ナトリウム（チクロ）は、現在甘味料として指定されている。

4 安全性評価

　食品添加物の安全性評価は、食品安全委員会において最新の科学的知見に基づき中立的な立場で行われる。また、既に指定されている食品添加物については、安全性の再評価が必要に応じて行われている。

4.1 安全性評価に必要な資料

　添加物の指定を要請する事業者は、「**添加物に関する食品健康影響評価指針**」に基づき、安全性試験などに関する資料を作成する。安全性の評価は、添加物関連事業者によって提出された安全性試験資料に基づいて行われる。表8.3 に安全性の評価を行うための主な試験を示す。

表8.3　安全性評価を行うための主な試験

一般毒性試験	28日間反復投与毒性試験 90日間反復投与毒性試験 （従来の亜急性毒性試験）	マウス、ラット、イヌなど実験動物を用いてさまざまな濃度の食品添加物を添加した飼料で28日間あるいは90日間飼育し、中毒症状を観察する。
	1年間反復投与毒性試験 （従来の慢性毒性試験）	実験動物を用いてさまざまな濃度の食品添加物を添加した飼料で 1 年間以上飼育し、一般状態、体重、摂餌量、飲水量、血液検査、尿検査、眼科学的検査、その他機能検査、剖検および病理組織学検査などが行われる。毒性（有毒な）影響が認められない最大投与量（NOAEL）を確認する。
特殊毒性試験	繁殖試験	実験動物を用いて、生殖能力、妊娠、哺育など繁殖に及ぼす影響を調べ、次世代への繁殖への影響を確認する。
	催奇形試験	実験動物を用いて、出産直後の胎児の奇形の有無を確認する。
	発がん性試験	実験動物を用いて、腫瘍の発生の有無を観察し、発がん性の有無の確認を行う。
	抗原性試験	実験動物の皮膚などに食品添加物を塗布し、血中の抗体産生の有無を調べ、アレルギーとの関連を確認する。
	変異原性試験	発がん物質のスクリーニングとして、DNAや染色体への影響を調べる。
その他	体内動態試験	食品添加物の体内への吸収、各組織への分布、代謝、排泄の挙動を調べる。
	一般薬理試験	食品添加物投与後の実験動物の血圧、体温などさまざまな薬理学的作用を観察し、毒性や副作用を確認する。

4.2　一日摂取許容量（ADI）

どのような食品添加物であっても摂取量によっては有害性が疑われる。そのため、健康に悪影響を及ぼさない許容できる摂取量を科学的根拠に基づいて確認することが大切である。食品安全委員会の安全性評価により一日摂取許容量（Acceptable Daily Intake：ADI）が設定される。ADI は「ヒトが一生涯にわたって摂取し続けても健康への悪影響がないと推定される一日当たりの摂取量でヒトの体重 1 kg 当たりの mg（mg/kg 体重/日）」で表される。ADI は、無毒性量（No Observed Adverse Effect Level：NOAEL）に安全係数を乗じて設定される。無毒性量（NOAEL）は、動物を用いた一般毒性試験や発がん性試験、催奇形性試験などの毒性試験結果に基づいて求められ、動物に何段階かの異なる量の食品添加物を与えたときに毒性が認められなくなった最大の量である。この値は動物実験から得られたものであるためヒトにあてはめるためには動物とヒトとの物質に対する感受性の違いを考える必要がある。通常、動物とヒトとの物質の感受性の違いである種差を 10 倍、また、ヒトの男女、年齢差などの違い（個体差）を 10 倍、あわせて 100 倍の安全性（安全係数）を考えてヒトの ADI とする。すなわち、ADI は、一般的に実験動物による無毒性量（NOAEL）に 1/100 を乗じた値となる（図 8.2）。

一日摂取許容量（ADI）（mg/kg 体重/日）
＝無毒性量（NOAEL）（mg/kg 体重/日）× 安全係数（通常 1/100）

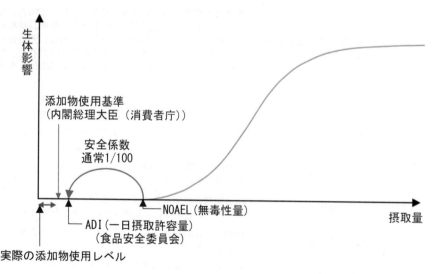

図8.2　食品添加物の安全性確保

例題 4　食品添加物の安全性評価に関する記述である。正しいのはどれか。1つ選べ。

1. 安全性試験資料は「添加物に関する食品健康被害評価指針」に基づき作成する。
2. 食品添加物の指定を新たに受けるためには、安全性試験が任意で必要となる。
3. 食品添加物の安全性評価に、発がん性試験の必要はない。
4. ADI は、ヒトの体重 1 kg 当たりの 1 週間の mg（mg/kg 体重/週）で表される。
5. ADI は、一般的に無毒性量（NOAEL）に 1/100 を乗じて求められる。

解説　1. 安全性試験資料は「添加物に関する食品健康影響評価指針」に基づき作成する。　2. 食品添加物の指定を新たに受けるためには安全性試験が必須である。3. 発がん性、催奇形性などの毒性試験や代謝など体内動態および摂取量を含めた安全性の評価が必要になる。　4. ADI は、一日当たりの摂取量でヒトの体重 1 kg 当たりの mg（mg/kg 体重/日）で表される。　　　解答 5

例題 5　食品添加物の安全性評価に関する記述である。正しいのはどれか。1つ選べ。

1. 食品添加物の指定における安全性評価は、行政で作成された安全性試験資料に基づいて行われる。
2. 食品添加物の一日摂取許容量（ADI）は、厚生労働大臣において設定される。
3. 食品添加物の ADI は、動物を用いた試験結果に基づいて設定される。
4. 食品添加物の安全性評価に、催奇形性試験の必要はない。
5. ADI を求めるためには、動物に何段階かの異なるの量を与えたときに毒性が認められなくなった最小の量である無毒性量（NOAEL）が求められる。

解説　1. 添加物関連事業者により提出された安全性試験資料に基づき安全性評価が行われる。　2. 食品安全委員会において設定される。　4. 発がん性、催奇形性などの毒性試験や代謝など体内動態および摂取量を含めた安全性の評価が必要になる。5. 毒性が認められなくなった最大の量である無毒性量が求められる。　　解答 3

5 規格・基準

　食品添加物の安全性を守るためには、品質のよい食品添加物を使用し、摂取量が一日摂取許容量（ADI）を超えないことが重要である。内閣総理大臣（消費者庁）は、リスク評価結果に基づいて食品添加物の成分規格や使用基準を作成し、食品添加物の品質を管理し、摂取量が ADI を超えないように製造から使用、表示までを管理し

ている。成分規格・使用基準案は世界貿易機関（WTO）に通報するとともに、広く国民からの意見や情報を募集（パブリックコメント）したうえで指定され、省令・告示改正が行われる。

5.1　食品添加物公定書

　作成された食品添加物の規格基準は食品衛生法第 21 条に基づいて、「食品添加物公定書」に収載される。この公定書には、食品添加物の成分規格およびこの規格に関わる通則、一般試験法、試薬・試液や製造基準、使用基準、表示基準、保存基準などの基準が収載されている。これは、内閣総理大臣（消費者庁）によって作成され、食品添加物に関する製造・品質管理技術の進歩および試験法の発達などに対応するため概ね 5 年ごとに改訂される。

　現在、食品添加物公定書第 9 版が作成されており、2023 年 2 月に第 10 版（案）が公表されている。

5.2　規格

　食品衛生法では、内閣総理大臣（消費者庁）が食品添加物の製品の品質を確保する目的で成分規格を定めている。成分規格には、食品添加物の製品ごとに、食品添加物の原料、製法、成分、特徴などを規定するための定義をはじめ含量、性状、確認試験、純度試験、乾燥減量、定量法などの規格が設定されている。この規格に適合しないものは食品添加物として製造、使用、販売することが禁止されている。

5.3　基準

　基準には、製造基準、保存基準、使用基準、表示基準がある。基準にあわない方法で製造された食品添加物は販売、輸入することができない。

(1)　製造基準

　食品添加物を製造する場合、その原料などを制限するために製造基準が定められている。例えば、食品添加物製剤を製造する際には「水道法に基づく水道水基準を満たす水が使用されること」、特定牛のせき柱に由来する原材料は「高温加熱処理した場合以外は食品添加物の製造・加工に使用することを禁止する」、かんすいに使用できる食品添加物は「配合できる食品は小麦粉に限る」などが定められている。

(2)　保存基準

　食品添加物の品質や効果を保持するために密封容器、遮光容器、冷所などの保管に関する基準が定められている。

(3) 使用基準

　安全性が確認された食品添加物であっても一日摂取許容量（ADI）を超える多量の食品添加物が摂取されると健康への有害影響を引き起こす可能性が考えられる。このことから、食品添加物が使用できる食品やその使用量、使用方法を定めた使用基準が設定されている。使用基準は、国民健康・栄養調査から日本人の日常的な食品添加物の摂取量を推定して設定される。このように、ADIを超えて過剰に食品添加物が摂取されないように使用基準を設定して安全性の管理が行われている。使用基準の例として、例えば、防かび剤のイマザリルは、かんきつ類（みかんを除く）とバナナのみ使用が認められ、それぞれの使用量は0.0050 g/kg以下、0.0020 g/kg以下、使用制限として貯蔵または運搬容器中に入れる紙片に浸潤させて使用する場合に限ると定められている。また、着色料（化学的合成品を除く）は、こんぶ類、食肉・生鮮魚介類（鯨肉含む）、茶、のり類、まめ類、野菜およびわかめ類に使用してはならないなど、使用できない食品が規定されている。

　国際化が進むなか、食品の流通もグローバル化している。国際間において食品添加物の規制が異なる場合、貿易摩擦の原因になることもある。そのため、FAO/WHO合同食品規格委員会（コーデックス委員会）の基準値やFAO/WHO合同食品添加物専門家委員会（JECFA）の評価結果など、海外の情報を参考に食品添加物の規格基準や使用基準は定められている。使用基準の詳細については巻末資料を参照。

例題 6　食品添加物の規格・基準に関する記述である。正しいのはどれか。1つ選べ。

1. 食品添加物公定書は、農林水産大臣によって作成される。
2. 成分規格は、食品添加物の製品の品質を確保する目的で定められている。
3. 成分規格に適合しない食品添加物は、販売は可能であるが製造、使用はできない。
4. 食品添加物を製造する場合、使用する原料についての規格は設定されていない。
5. 食品添加物の成分規格や使用基準は、無毒性量（NOAEL）に基づいて作成される。

解説　1. 内閣総理大臣（消費者庁）によって作成される。　3. 成分規格に適合しないものは食品添加物として製造、使用、販売することが禁止されている。　4. 製造時の原料などを制限する製造基準が定められている。　5. 一日摂取許容量（ADI）に基づいて作成される。　　　　　　　　　　　　　　　　　　　　**解答** 2

(4) 表示基準

　食品添加物の表示は、食品中にどのような食品添加物が使用されているのかを知り消費者や食品関係営業者が食品を正しく選択する際の情報源として重要である。食品の表示に関する詳細な事項は「食品表示基準」に定められている。食品表示基準は、内閣総理大臣（消費者庁）が厚生労働大臣、農林水産大臣（酒類以外の食品）、財務大臣（酒類）と協議して消費者委員会の意見を聴いたうえで策定される。

1) 食品添加物を食品に使用した際の表示について

　食品に添加物を使用した場合や使用する原材料に添加物が含まれる場合は、原則として、すべての添加物の物質名を表示しなければならないが、以下の場合は、食品添加物の表示が免除されている。

①製造工程で使用するが最終食品には残らない「加工助剤」や一部の製造助剤。

　　例：油脂の抽出で使用するヘキサン（最終食品前に取り除かれる）。

②食品原材料の製造加工過程で使用され、当該食品の製造加工に用いなくて効果が発揮できない程度の少量の「キャリーオーバー*3」。

　　例：せんべいの製造原料に使われる醤油中の保存料。

③栄養強化の目的で使用されるビタミン類、ミネラル類、アミノ酸類。

　　ただし栄養強化以外の目的（酸化防止など）で使用する場合の表示は必要。

④包装されていなくて表示が困難な「ばら売り食品」については、添加物を含む旨の表示義務はないが、例外として防カビ剤（イマザリル、ジフェニル、オルトフェノール、オルトフェニルフェノールナトリウム、チアベンダゾール）および甘味料（サッカリン、サッカリンナトリウム）については何らかの方法による表示が義務づけられている。

⑤ 表示が難しい表示面積 30 cm^2 以下の小包装食品。

2) 食品添加物の表示の記載方法

①容器を開けなくても容易に見ることができ、日本語で分かりやすい用語で記載する。

②添加物全体に占める重量割合の高いものから順に表示する。

③正式名を基本とするが、**簡略名**や**類別名**を使用してもよい。

　　例：炭酸水素ナトリウム→ 炭酸水素 Na

④通常、複数の配合で効果を発揮して使用するものは**一括表示**が可能である。

　一括表示で表示できる添加物は、イーストフード、ガムベース、かんすい、酵素、

---

*3 **キャリーオーバー**：安息香酸は保存料としてしょう油に添加が許可されているが、せんべいには許可されていない。しかし、しょう油せんべいにはしょう油から安息香酸が持ち込まれる。このような現象をキャリーオーバーという。

光沢材、香料、酸味料、軟化剤、調味料、豆腐用凝固剤、苦味剤、乳化剤、水素イオン濃度調整剤（pH 調整剤）、膨張剤である。

⑤原材料と添加物が明確に区別できるように、一括表示した原材料欄に添加物を表示する場合、両者の間に「/」やラインを引くか改行する。または、原材料名の下に添加物の欄を設けて表示する（図8.3）。

⑥次の８つの目的の添加物は**用途名を併記**する。

　甘味料、着色料、保存料、糊料（安定剤・ゲル化剤・増粘剤）、発色剤、酸化防止剤、漂白剤、防カビ剤

　　例：発色剤（亜硝酸ナトリウム）、保存料（ソルビン酸カリウム）など着色料で色が入っているものは着色料と分かるので省略可能

　　例：着色料（コチニール色素）→ コチニール色素

名　　称	ポテトサラダ
原材料名	じゃがいも、マヨネーズ（卵を含む）、にんじん、たまねぎ、きゅうり　とうもろこし、食塩、香辛料 ／ 調味料（アミ酸など）、pH調整剤

名　　称	ポテトサラダ
原材料名	じゃがいも、マヨネーズ（卵を含む）、にんじん、たまねぎ、きゅうり　とうもろこし、食塩、香辛料
添加物	調味料（アミ酸など）、pH調整剤

図8.3　食品添加物の表示例

例題 7　食品添加物の表示の免除に関する記述である。正しいものを１つ選べ。

1. 加工助剤は、食品添加物の表示が必要である。
2. 酸化防止の目的で使用されるビタミン類は表示を免除できる。
3. キャリーオーバーの場合、食品添加物の表示は必要となる。
4. ばら売りの食品商品は表示が免除される。
5. 表示が難しい表示面積 60 cm^2 以下の小包装食品は、添加物の表示は免除される。

解説　1. 最終食品には残らない加工助剤は表示を免除できる。　2. 栄養強化以外の目的（酸化防止など）で使用する場合の表示は免除されない。　3. キャリーオーバーの場合、食品添加物の表示は免除される。　4. ただし、例外として防カビ剤５種と甘味料２種については表示の義務がある。　5. 表示面積 30 cm^2 以下の小包装食品は食品添加物の表示は免除される。　　　　　**解答 4**

> **例題 8**　食品添加物の表示に関する記述である。正しいのはどれか。1 つ選べ。
>
> 1. 容器への食品添加物の表示は、英語表記が可能である。
> 2. 食品添加物の表示は、添加物全体の重量の低いものから記載する。
> 3. 食品添加物の表示では、炭酸水素 Na などのような簡略名を使用してもよい。
> 4. 複数の配合で効果を発揮して使用するものであっても各物質名の記載が必要である。
> 5. 食品添加物の保存料の表示において、用途名の併記は不要である。

> **解説**　1. 日本語で分かりやすい用語で記載する。　2. 添加物全体の重量の高いものから順に表示する。　4. 複数の配合で効果を発揮して使用するものは一括名表示が可能である。　5. 甘味料、着色料、保存料、糊料（安定剤、ゲル化剤、増粘剤）、発色剤、酸化防止剤、漂白剤、防かび剤は用途名の併記が必要である。　　**解答**　3

6　食品添加物の一日摂取量調査

　一日に摂取する食品添加物の量が ADI を超えているか否かを知ることは、食品添加物のリスク管理を行ううえで重要である。厚生労働省は日常の食生活のなかで日本人の一日の食品添加物の摂取量をマーケットバスケット方式によって調べている。マーケットバスケット方式とは、スーパーなどで売られている日常的に摂取する食品を購入し、各食品を国民健康・栄養調査の食品群ごとの食品摂取量比に基づいて一日当たりの摂取量分を取り、食品群ごとに調理が必要な場合は通常の調理方法によって調理を行って各食品群の食品中に含まれる食品添加物の量を分析によって測定する。この調査では、一般家庭における「平均的な食品添加物の一日摂取量」を知ることができる。現在、食品添加物の摂取量はほとんどが ADI の 1 ％以下である。

> **例題 9**　食品添加物の一日摂取量に関する記述である。<u>誤っている</u>のはどれか。1 つ選べ。
>
> 1. 1 日に摂取する食品添加物の量が ADI を超えていないか調査されている。
> 2. マーケートバスケット方式は、特定の集団の実際の食品添加物の摂取量を調査する方法である。
> 3. マーケートバスケット方式は、各食品を国民健康・栄養調査の食品群ごとの食品摂取量比に基づいて一日当たりの摂取量分を取って求められる。
> 4. マーケートバスケット方式では、通常の調理方法によって調理を行い各食品群の食品中に含まれる食品添加物の量を分析によって測定する。
> 5. 現在、食品添加物の摂取量はほとんどが ADI の 1 ％以下である。

解説 2. マーケートバスケット方式は、日本人の平均的な添加物の摂取量を調査する方法である。 解答 2

7 主な食品添加物の種類と用途

食品添加物には、食品の保存性を高め腐敗、変敗、その他の化学変化などを防ぐもの、食品のおいしさを高めるもの、食品の製造・加工に必要なもの、食品の栄養価を高めるものがある。主な食品添加物の種類と目的を表8.4に示した。

表8.4 食品添加物の種類、目的と例

種 類	目 的	食品添加物例
保存料	微生物の増殖の抑制、保存性向上	安息香酸、ソルビン酸、デヒドロ酢酸ナトリウム、プロピオン酸、パラオキシ安息香酸エステル類
防カビ剤（防ばい剤）	主にかんきつ類のカビの発生防止	イマザリル、オルトフェニルフェノール（OPP）、ジフェニル（DP）、チアベンダゾール（TBZ）、アゾキシストロビン
殺菌料	腐敗、変敗、食中毒の原因となる微生物を死滅	過酸化水素水、次亜塩素酸水、次亜塩素酸ナトリウム、亜塩素酸水、亜塩素酸ナトリウム、高度さらし粉
酸化防止剤	空気中の酸素による食品中の油脂などの酸化防止	二酸化硫黄、ブチルヒドロキシアニソール（BHA）、ブチルヒドロキシトルエン（BHT）、dl-α-トコフェロール、L-アスコルビン酸、エチレンジアミン四酢酸二ナトリウム（EDTA-2Na）、エリソルビン酸
甘味料	食品への甘味づけ	アセスルファムカリウム、アスパルテーム、サッカリン、キシリトール、スクラロース、ステビア抽出物
着色料	食品への色づけ、食品加工の変色・退色を補う	タール色素12種類（食用赤色2号、赤色3号、赤色40号、赤色102号、赤色104号、赤色105号、赤色106号、黄色4号、黄色5号、緑色3号、青色1号、青色2号）、三二酸化鉄、銅クロロフィル、クチナシ色素、コチニール色素、アナトー色素、β-カロチン
発色剤	食肉製品、魚肉製品などの色調を改善	亜硝酸ナトリウム、硝酸カリウム、硝酸ナトリウム
漂白剤	食品中の有色物質の脱色	亜塩素酸ナトリウム、亜硫酸ナトリウム、次亜硫酸ナトリウム、二酸化硫黄、ピロ亜硫酸カリウム、ピロ亜硫酸ナトリウム
増粘剤（安定剤、ゲル化剤、糊料）	滑らかさや粘り気を与え食品のとろみをつける	アルギン酸ナトリウム、カルボキシメチルセルロースナトリウム、メチルセルロース、ポリアクリル酸ナトリウム、アラビアガム、アルギン酸、キトサン、キチン
pH調整剤	食品の酸性やアルカリ性を調整	DL-リンゴ酸、酸化カルシウム、炭酸ナトリウム、乳酸ナトリウム
乳化剤	水と油を均一に混合	ステアロイル乳酸カルシウム、ポリソルベート、植物レシチン、グリセリン脂肪酸エステル
栄養強化剤	栄養成分の補給	アスコルビン酸、チアミン塩、リボフラビン、β-カロチン、カルシウム、鉄、亜鉛、マグネシウム、銅の塩類、アミノ酸

7.1 食品の保存性を高め腐敗、変敗、その他の化学変化などを防ぐもの

(1) 保存料

　保存料は、食品中の微生物の増殖の抑制（静菌作用）によって食品の保存性を高め食中毒を防ぐために用いられる。殺菌料と違って殺菌効果はほとんどなく微生物の増殖を抑えて腐敗を遅らせる。安息香酸やソルビン酸などの酸性保存料は酸性領域で静菌作用を発揮するため pH を低く保つために酸味料や pH 調整剤を併用することが多い。エステル型保存料であるパラオキシ安息香酸エステル類は pH の影響を受けにくく中性においても高い効果を発揮する。

(2) 防カビ剤（防ばい剤）

　防カビ剤（防ばい剤）は、輸入されるレモン、オレンジ、バナナなどの長時間の輸送や保存中のカビの発生を防ぐために用いられる。防カビ剤は、果実の収穫後にポストハーベスト農薬として用いられるが、日本では食品を保存する目的で添加物としての使用が認められている。かんきつ類ではワックス中での混合、容器の中で紙片に湿潤させて揮発、スプレーとして用いられる。防カビ剤は、店頭でばら売りされる場合においても表示が義務づけられている。

(3) 殺菌料

　殺菌料は、食品の腐敗、変敗や食中毒の原因となる微生物を死滅させる目的で用いられる。食品や飲料水以外に、食器類、食品製造用機器類などの殺菌などにも用いられる。加工助剤である過酸化水素、次亜塩素酸水、次亜塩素酸ナトリウム、亜塩素酸ナトリウムは、最終食品が完成する前に分解または除去され最終食品に残存してはならないとされている。

(4) 酸化防止剤

　酸化防止剤は、主に空気中の酸素による食品中の油脂の酸化防止を目的として用いられる。酸化防止の作用は、食品中の酸化を受けやすい油脂などよりも先にアスコルビン酸類、トコフェロール類など還元性のある酸化防止剤が酸化を受けることによる。また、EDTA 類など酸化の触媒となる金属を封鎖して触媒として作用させなくする。

7.2 食品のおいしさを高めるもの

(1) 甘味料

　甘味料は、食品に甘味をつけるために低カロリー食や糖尿病食としても用いられ、合成甘味料（化学的合成品）と天然物由来がある。合成甘味料のアスパルテームは、アミノ酸のアスパラギン酸とフェニルアラニンからなりショ糖の約 200 倍の甘味が

ある。フェニルアラニンは、新生児や乳児に脳障害を起こすフェニルケトン尿症を発症する可能性があるため、アスパルテームを使用した食品には「フェニルアラニン化合物である旨」の表示が義務づけられている。サッカリンはチューインガムに使用が限定されている。天然由来の甘味料としては、ステビア抽出物やカンゾウ抽出物などがある。

(2) 着色料

着色料は、食品に色をつけておいしさや食欲を高め、食品加工における変色や退色を補うために用いられる。着色料は、合成着色料と天然着色料に分類される。合成着色料は、12種類のタール色素などがある。天然着色料しては、アナトー色素、カラメル色素、クチナシ黄色素やコチニール色素などがある。着色料は、生鮮食品（鮮魚魚介類、食肉、野菜類）への使用が禁止されている。これは、着色料を使用することにより品質や鮮度の正しい判断ができなくなる可能性があるためである。

(3) 発色剤

発色剤は、それ自身色はついていないが食品成分と反応させて色をつける添加物である。発色剤の亜硝酸ナトリウムは、食肉製品、魚肉製品、いくら、すじこ、たらこに使用され食肉、魚肉、魚卵などの血色素であるヘモグロビンやミオグロビンに作用して加工途中における変色を防ぎ鮮明な赤色を形成する。多量に摂取すると悪心、嘔吐などを起こす。これは、血液毒、神経毒でもあるため食品衛生法で使用基準が定められている。亜硝酸ナトリウム、硝酸カリウム、硝酸ナトリウムが発色剤として指定されている。

(4) 漂白剤

漂白剤は、食品中の有色物質を脱色するために使用される。漂白剤には酸化漂白剤と還元漂白剤がある。酸化漂白剤は亜塩素酸ナトリウム、還元漂白剤には二酸化硫黄、亜硫酸ナトリウムなど全6品目が指定されている。亜塩素酸ナトリウムは殺菌作用もあり、最終食品に残ってはいけないと規定されている。還元漂白剤は、酸化防止剤、保存料としても用いられる。

7.3 食品の製造・加工に必要なもの

(1) 増粘剤（安定剤、ゲル化剤、糊料）

増粘剤は、水に溶解、分散して滑らかさや粘り気を与え食品のとろみをつける添加物である。食品の形が崩れないようにするために安定剤やゼリー状にするゲル化剤が用いられ、いずれも食感をよくする。カルボキシメチルセルロースナトリウムなどが指定されている。

(2) pH 調整剤

pH 調整剤は、食品の酸性やアルカリ性を調整するために用いられる。pH の調整は、保存料の微生物に対する増殖抑制効果を発揮させ、ゼリーやプリンなどゲル状の食品の硬さを整える。

(3) 乳化剤

乳化剤は、水と油など混ざりにくいものを均一に混ざりやすくするために使用され、マーガリン、マヨネーズやチョコレートなどの製造に用いられる。ステアロイル乳酸塩、ポリソルベート類などが指定されている。

(4) 豆腐用凝固剤

豆腐用凝固剤は、豆腐をつくるときに豆乳を固めるために使用され、塩化カルシウム、硫酸カルシウムが指定されている。

(5) 膨張剤

膨張剤は、ケーキなどを膨らませてソフトにするために用いられベーキングパウダーやふくらし粉ともいわれる。炭酸塩から二酸化炭素を発生させ、アンモニウム塩からはアンモニアガスを発生させて膨らませる。炭酸カルシウム、硫酸アルミニウムアンモニウムなどが指定されている。

(6) その他

パンのイースト発酵の栄養源となるイーストフード、中華めんの食感や風味を出すかんすい、食品の酸味をつける酸味料、苦みをつける苦味料、香りをつける香料、食品表面に光沢を与えて防湿効果を施す光沢剤、食品の製造・加工に使用する酵素やチューインガムの噛みごたえを与える基材のガムベースなどがある。

7.4 食品の栄養価を高めるもの

(1) 栄養強化剤

通常の食品から摂取することが困難な場合に栄養成分として補うために用いられ、ビタミン類、ミネラル類、アミノ酸類などがある。ただし、疾病の治療や予防の目的で使用した場合は医薬品になる。このため、食品添加物としての使用は栄養強化の目的に限られる。

例題10 わが国における食品添加物の使用に関する記述である。正しいのはどれか。1つ選べ。

1. 保存料は、食品の腐敗、変敗や食中毒の原因となる微生物を死滅させる目的で用いられる。
2. 防カビ剤は、ポストハーベスト農薬として用いられ、日本では食品添加物として用いられていない。
3. 防カビ剤は、主に輸入される穀類のカビの発生防止に用いられる。
4. 殺菌料は、食品や飲料水以外に、食器類、食品製造用機器類などの殺菌などにも用いられる。
5. 酸化防止剤は、主に冷凍野菜の酸化防止を目的として用いられる。

解説 1. 食品中の微生物の増殖の抑制（静菌作用）によって食品の保存性を高めて食中毒を防ぐために用いられる。 2. 一般に防カビ剤はポストハーベスト農薬として用いられるが、日本では食品を保存する目的で添加物としての使用が認められている。 3. 主に輸入されるレモン、オレンジなどのかんきつ類やバナナのカビの発生を防ぐために用いられる。 5. 酸化防止剤は、主に食品中の油脂の酸化防止を目的として用いられる。 **解答 4**

例題11 食品添加物とその用途の組み合わせである。正しいのはどれか。1つ選べ。

1. アゾキシストロビン-----防カビ剤
2. 過酸化水素水-----酸化防止剤
3. キシリトール-----保存料
4. 亜硫酸ナトリウム-----発色剤
5. ブチルヒドロキシアニソール（BHA）-----殺菌剤

解説 2. 殺菌剤 3. 甘味料 4. 漂白剤 5. 酸化防止剤 **解答 1**

例題12 食品添加物とその用途の組み合わせである。正しいのはどれか。1つ選べ。

1. プロピオン酸-----防カビ剤
2. アセスルファムカリウム-----甘味料
3. イマザリル-----殺菌剤
4. EDTA-2Na-----保存料
5. 三二酸化鉄-----発色剤

> **解説**　1．保存料　3．防カビ剤　4．酸化防止剤　5．着色料　　　　　　　**解答** 2

章末問題

> **1**　食品添加物に関する記述である。最も適当なのはどれか。1つ選べ。
>
> 1．生涯を通じて週に1日摂取しても健康に影響が出ない量を、一日摂取許容量（ADI）という。
> 2．無毒性量は、ヒトに対する毒性試験の結果をもとに設定される。
> 3．指定添加物は、天然由来の添加物を含まない。
> 4．サッカリンナトリウムは、甘味づけの目的で添加される。
> 5．エリソルビン酸は、細菌の増殖抑制の目的で添加される。　　　　　（第 35 回国家試験）

> **解説**　1．生涯を通じて毎日摂取しても健康に影響が出ない量を一日摂取許容量（ADI）という。　2．無毒性量（NOAEL）は、動物に対する毒性試験の結果をもとに設定される。　3．指定添加物は、天然由来の添加物を含む。　5．エリソルビン酸は、酸化防止の目的で添加される。　　　　　　**解答** 4

> **2**　わが国における食品添加物の使用に関する記述である。正しいのはどれか。1つ選べ。
>
> 1．ソルビン酸カリウムは、殺菌料として使用される。
> 2．食用赤色2号は、鮮魚介類の着色に使用される。
> 3．亜硫酸ナトリウムは、漂白剤として使用される。
> 4．亜硝酸イオンの最大残存量の基準は、食肉製品より魚卵の方が高い。
> 5．アスパルテームは、「Lアスパラギン酸化合物」と表示する。　　　　（第 34 回国家試験）

> **解説**　1．ソルビン酸カリウムは、保存料として使用される。　2．食用赤色2号は、鮮魚介類の着色に使用してはならない。　4．亜硝酸イオンの最大残存量の基準は、食肉製品より魚卵の方が低い。
> 5．アスパルテームは、「L-フェニルアラニン化合物」と表示する。　　　　　　**解答** 3

> **3**　食品添加物に関する記述である。正しいのはどれか。1つ選べ。
>
> 1．無毒性量は、ヒトへの試験をもとに設定される。
> 2．使用基準は、一日摂取許容量（ADI）を超えないように設定される。
> 3．指定添加物は、厚生労働大臣によって指定される。
> 4．ソルビン酸カリウムは、酸化防止の目的で添加される。
> 5．オルトフェニルフェノールは、漂白の目的で添加される。　　　（第 33 回国家試験一部改変）

> **解説**　1．無毒性量は動物実験をもとに設定される。　3．指定添加物は、内閣総理大臣（消費者庁）によって指定される。　4．ソルビン酸カリウムは、保存料として添加される。　5．オルトフェニルフェノールは、防カビ剤として添加される。　　　　　　**解答** 2

---

4 食品添加物とその用途の組合せである。正しいのはどれか。1つ選べ。

1. ソルビン酸カリウム---乳化剤

2. エリソルビン酸---酸化防止剤

3. アスパルテーム---酸味料

4. 亜硝酸ナトリウム---殺菌科

5. 次亜塩素酸ナトリウム---防カビ剤 （第32回国家試験）

解説 1. 保存料 3. 甘味料 4. 発色剤 5. 殺菌料 解答 2

---

5 食品添加物に関する記述である。正しいのはどれか。1つ選べ。

1. 指定添加物は、食品安全委員会が指定する。

2. 天然物は、指定添加物の対象にならない。

3. 生鮮食品の表示では、食品添加物の記載は必要ない。

4. ビタミンを栄養強化の目的で使用した場合には、表示を省略できる。

5. 一日摂取許容量（ADI）は、最大無毒性量（NOAEL）に 1/10 を乗じて求める。

（第31回国家試験一部改変）

解説 1. 指定添加物は、内閣総理大臣（消費者庁）が指定する。 2. 天然物は、指定添加物の対象である。 3. 生鮮食品であっても食品添加物の表示は必要である。 5. 一日摂取許容量（ADI）は、一般的には最大無毒性量（NOAEL）に種差（1/10）と個人差（1/10）の合計 1/100 を乗じて求める。 解答 4

---

6 食品添加物に関する記述である。正しいのはどれか。1つ選べ。

1. 食品添加物は、JAS 法によって定義されている。

2. 加工助剤の表示は、省略できない。

3. キャリーオーバーの表示は、省略できない。

4. 酸化防止の目的で使用したビタミンEの表示は省略できない。

5. 栄養強化の目的で使用したビタミンCの表示は、省略できない。 （第30回国家試験）

解説 1. 食品添加物は、食品衛生法によって定義されている。 2. 加工助剤の表示は、省略できる。 3. 表示が免除できるものとして、「加工助剤」、「キャリーオーバー」、「栄養強化目的」がある。表示の義務がないものとしては、「小包装食品」、「ばら売り食品」などがある。 5. 栄養強化の目的で使用したビタミンCの表示は、省略できる。栄養強化以外の目的で使用する場合には、物質名を表示しなければならない。 解答 4

---

7 食品添加物とその用途の組み合わせである。正しいのはどれか。1つ選べ。

1. オルトフェニルフェノール----防かび剤

2. 亜硝酸ナトリウム----殺菌剤

3. β-カロテン-----酸化防止剤

4. ステビア抽出物----保存料

5. 次亜塩素酸ナトリウム----発色剤 （第30回国家試験）

解説　2.　発色剤　　3.　着色料　　4.　甘味料　　5.　殺菌剤や漂白剤　　　　　　　　　　解答　1

8　食品添加物に関する記述である。正しいのはどれか。1つ選べ。

1.　食品添加物は、健康増進法で定義されている。

2.　指定添加物は、農林水産大臣が指定する。

3.　既存添加物は、天然添加物として使用実績があったものである。

4.　天然香料は、指定添加物に含まれる。

5.　一般飲食物添加物は、既存添加物に含まれる。　　　　　　　　　（第29回国家試験一部改変）

解説　　1.　食品添加物は食品衛生法で定められている。　2.　指定添加物は内閣総理大臣（消費者庁）が指定する。　4.　天然香料は指定添加物に含まれない。　5.　一般飲食物添加物は既存添加物に含まれない。　解答　3

9　食品添加物とその用途の組み合わせである。正しいのはどれか。2つ選べ。

1.　アスパルテーム----着色料

2.　ジフェニル----酸化防止剤

3.　エリソルビン酸----甘味料

4.　亜硝酸ナトリウム----発色剤

5.　次亜塩素酸ナトリウム----殺菌料　　　　　　　　　　　　　　　　　（第29回国家試験）

解説　1.　甘味料　　2.　防カビ剤　　3.　酸化防止剤　　　　　　　　　　　　解答　4、5

10　表示が免除される食品添加物である。誤っているのはどれか。1つ選べ。

1.　大豆油製造で抽出に使用されたヘキサン

2.　飲料に栄養強化の目的で使用されたL-アスコルビン酸

3.　表面積がせまい包装袋のスナック菓子に使用された甘味料

4.　せんべいに使用されたしょうゆに含まれる保存料

5.　寒天ゼリーに使用されたフルーツソースに含まれる着色料　　　　　　　（第29回国家試験）

解説　　1.　大豆油製造で抽出に使用されたヘキサンは、加工助剤として表示が免除される。　2.　飲料に栄養強化の目的で使用されたL-アスコルビン酸は、栄養強化の目的で使用されるものとして表示が免除される。　3.　表面積がせまい包装袋のスナック菓子に使用された甘味料は、小包装食品として表示が免除される。　4.　せんべいに使用されたしょうゆに含まれる保存料は、キャリーオーバーとして表示が免除される。　5.　寒天ゼリーに使用されたフルーツソースに含まれる着色料は、キャリーオーバーの対象外である。　　　　解答　5

11　食品添加物の一日摂取許容量（ADI）に関する記述である。正しいのはどれか。1つ選べ。

1.　1年間摂取し続けても影響を受けない量のことである。

2.　ヒト試験によって求められる。

3.　単位は、mg/kg体重/年で示される。

4.　最大無毒性量を安全係数で除して算出される。

5.　種差と個人差を考慮した安全係数には、10が使われる。　　　　　　　　（第28回国家試験）

1. 一生涯摂取し続けても影響を受けない量のことである。　2. 動物試験によって求められる。
3. 単位はmg/kg 体重/day で示される。　5. 種差と個人差を考慮した安全係数には 100 が使われている。

解答 4

---

12 食品衛生法に基づく食品添加物に関する記述である。正しいのはどれか。2つ選べ。
1. 食品添加物の指定は、厚生労働大臣が行う。
2. 一般飲食物添加物は、食品添加物に含まれる。
3. 既存添加物は、指定添加物に含まれる。
4. 天然由来の化合物は、指定添加物に含まれる。
5. 天然香料は、指定添加物に含まれる。　　　　　　　　　　（第 27 回国家試験一部改変）

解説 （表 8.1 参照）1. 食品添加物の指定は、内閣総理大臣（消費者庁）が行う。　3. 既存添加物は、指定添加物には含まれない。　5. 天然香料は、指定添加物には含まれない。　　解答 2、4

---

13 食品添加物に関する記述である。正しいのはどれか。1 つ選べ。
1.「既存添加物名簿」には、化学合成した添加物が記載されている。
2. L-アスコルビン酸を酸化防止剤として使用する場合は、使用基準がない。
3. dl-α-トコフェロールは、栄養強化の目的で使用することができる。
4. β-カロテンを着色料の目的で使用する場合は、用途名併記の必要はない。
5. イマザリルを防カビ剤として使用する場合は、使用基準がない。　　（第 26 回国家試験）

解説 1.「既存添加物名簿」には、天然物由来の添加物が記載されている。　3. dl-α-トコフェロールは、酸化防止の目的で使用することができる。　4. β-カロテンを着色料の目的で使用する場合は、用途名併記が必要である。　5. イマザリルを防カビ剤として使用する場合は、使用基準がある。　解答 2

---

14 食品添加物に関する記述である。正しいものの組み合わせはどれか。
1. ブチルヒドロキシトルエン（BHT）は、防カビ剤である。
2. L-アスコルビン酸は、清涼飲料水の酸化防止に使用が認められている。
3. 次亜塩素酸ナトリウムは、野菜の消毒に使用が認められている。
4. ソルビン酸カリウムは、漂白剤として使用が認められている。
　1. 1と2　2. 1と3　3. 1と4　4. 2と3　5. 3と4　　　　（第 25 回国家試験）

解説 1. ブチルヒドロキシトルエン（BHT）は、酸化防止剤である。　2. 正　3. 正　4. ソルビン酸カリウムは、保存料として使用が認められている。　　解答 4

第9章

食品用器具・容器包装

達成目標

　食品と接触する「器具・容器包装」は、衛生・安全を確保するために食品衛生法で規格が設定されている。「器具・容器包装」素材の性質とその規格を知り、事故や不注意な取り扱いで起こる衛生学的問題や素材から1次的・2次的に発生する汚染物質と生体・環境への影響を理解する。さらに、食品用器具・容器包装の安全性を確保するためのポジティブリスト制度と容器包装のリサイクル促進のための識別表示を理解する。

1 器具・容器包装の概要

　人類は太古の時代から食料の確保や調理あるいは保存のために、石器や土器を初め種々の器具を用い、これらの器具を有効に利用することにより生活を豊かにしてきた。時代とともに、「器具・容器包装」の素材は複雑となり、その用途も多様化している。近年、急速なグローバル化とともに容器類に関しても輸出入が盛んに行われている。このなか、2005（平成17）年5月に輸入陶器から高濃度の鉛溶出を認める事件が発生し、もはや、わが国だけで安全性を確保することは不可能な状況となっている。現在、「器具・容器包装」に関する安全確保のための国際標準化に向けた速やかな対応が求められている。厚生労働省は2008（平成20）年7月31日にガラス製、陶磁器製、ホウロウ製の食品用器具・容器包装から溶出する鉛、カドミウムの溶出基準（厚生労働省告示第416号）を国際標準化機構（ISO）の規格を参考に改正したところである。

　わが国では、これら「器具・容器包装」に起因する食品衛生上の危害を防止するため、食品衛生法で規定を設けている。

　器具とは、「飲食器、割ぽう具その他食品又は添加物の採取、製造、加工、調理、貯蔵、運搬、陳列、授受又は摂取の用に供され、かつ、食品又は添加物に直接接触する機械、器具その他のものをいう。ただし、農業及び水産業における食品の採取の用に供される機械、器具その他の物は、これを含まない」、また、**容器包装**とは、「食品又は添加物を入れ、又は包んでいる物で、食品又は添加物を授受する場合そのまま引き渡すもの」と定義されている（食品衛生法第4条第4項、第5項）。

　例えば、器具は包丁、まな板、鍋のような調理器具や茶碗、箸、皿のような飲食用器具のように食品や添加物に直接触れる物であり、容器包装はコップ、ビン、缶や包装フィルムのように容器包装の中で食品と直接に接している物である。

　したがって、このように食品に触れる物はすべて食品衛生法の対象となる。「器具及び容器包装」は、「営業上使用する器具及び容器包装は、**清潔で衛生的でなければならない。**」（第15条）、「有毒な、若しくは有害な物質が含まれ、若しくは付着して人の健康を損なうおそれがある器具若しくは容器包装又は食品若しくは添加物に接触してこれらに有害な影響を与えることにより**人の健康を損なうおそれがある器具若しくは容器包装は、これを販売し、販売の用に供するために製造し、若しくは輸入し、又は営業上使用してはならない。**」（第16条）、「厚生労働大臣は、（中略）当該特定の器具又は容器包装に起因する食品衛生上の危害の発生を防止するため特に必

要があると認めるときは、薬事・食品衛生審議会の意見を聴いて、当該特定の器具又は容器包装を販売し、販売の用に供するために製造し、若しくは輸入し、又は営業上使用することを禁止することができる。」(第17条)、「厚生労働大臣は、公衆衛生の見地から薬事・食品衛生審議会の意見を聴いて、販売の用に供し、若しくは営業上使用する器具若しくは容器包装若しくはこれらの原材料につき規格を定め、又はこれらの製造方法につき基準を定めることができる。」(第18条)などの規定がある。

1.1 素材と衛生

　器具・容器包装には種々の素材があり、目的に応じて各種の添加物が使用されている。食品衛生法では素材別に規格基準が定められ、鉛、カドミウムを始め、製品からの有害物質の溶出が規制されている。ヒトにおいて、**鉛**は胃腸管の平滑筋に作用し、消化管症状（食欲不振、腹部不快感）などを呈する。**カドミウム**による主症状には腎機能障害があり、骨軟化症、骨粗鬆症を発症する。したがって、それぞれの製品について規格基準が遵守されていることを監視する必要がある。

1.2 ガラス製、陶磁器製、ホウロウ製

　ガラスの種類は多種あるが、食器類に一般に使用されるものは化学成分で分類するとソーダ石灰ガラス、鉛ガラス（クリスタルガラス）、ホウケイ酸ガラス（耐熱ガラス）の３種である。これらガラスの製品は二酸化ケイ素（SiO_2）を主成分にアルカリ成分や金属酸化物を添加して1200℃程度で溶解して製造される。ガラスは透明であり内容物が見え、表面の硬度は比較的硬く、傷はつきにくい。しかし、一般に衝撃や急激な温度変化に弱く、またアルカリに侵されやすい。

　ソーダ石灰ガラスは食器類に使用される最も普通のガラスで、二酸化ケイ素、酸化ナトリウム、酸化カルシウムが主成分である。ガラスコップなどがある。

　鉛ガラスは高級食器や装飾品に使用されるガラスで、酸化鉛（5〜50%含有）、二酸化ケイ素、酸化カリウムが主成分である。**クリスタルガラス**は酸化鉛を25%以上添加して光の屈折率を大きくすることにより透明感と光沢を増し、高級感がある。ワイングラスなどがある。

　ホウケイ酸ガラス（**耐熱ガラス**）は他のガラスに比べて二酸化ケイ素の割合が大きく、ホウ酸、酸化ナトリウムを含有している。化学的な侵蝕や急激な温度変化に強く、コーヒーメーカーなどに使用されている。

　陶磁器は粘土や陶土を成形・焼成したもので、主成分はアルミニウムとケイ素の酸化物で、表面に釉薬の皮膜を塗り付けている。陶器は焼成温度1200〜1300℃で、

たたくと鈍い音がする。磁器のそれは1300〜1450℃で金属音がする。

　ホウロウ製品は鉄を下地に、表面に釉薬を塗り付け、800℃程度の温度で数時間焼き付けたものである。

　陶磁器製品およびホウロウ製品は着色顔料や釉薬などが使用されるが、これらには有害金属である鉛やカドミウムを含むものがあり、焼成温度が低い製品では金属が溶出することがある。着色顔料の黄色にクロム酸鉛や硫化カドミウムが、赤色にセレン化カドミウムが多く使用されている。

　ガラス製、陶磁器製、ホウロウ製容器類には鉛、カドミウムに関して溶出試験（4%酢酸使用、常温、暗所に24時間放置を行う）が設定されている。表9.1にその規格基準を示す。基準値は細かく設定されているが、これは容器の素材の違いや大きな器では溶液が多く入り溶出物の濃度が薄められ溶出量が異なること、また、加熱用調理器具は高温条件になり使用状況が厳しいことによる。

表9.1　ガラス製、陶磁器製、ホウロウ製容器類の鉛・カドミウムの溶出基準

(1) ガラス製の器具・容器包装

区　　　分		鉛	カドミウム
液体を満たすことができない試料または液体を満たしたときにその深さが2.5cm未満である試料		$8\mu g/cm^2$	$0.7\mu g/cm^2$
液体を満たしたときにその深さが2.5cm以上である試料	加熱調理用器具以外のもの（容量600mL未満）	$1.5\mu g/mL$	$0.5\mu g/mL$
	容量600mL以上3L未満	$0.75\mu g/mL$	$0.25\mu g/mL$
	容量3L以上	$0.5\mu g/mL$	$0.25\mu g/mL$
	加熱調理用器具	$0.5\mu g/mL$	$0.05\mu g/mL$

(2) 陶磁器製の器具・容器包装

区　　　分		鉛	カドミウム
液体を満たすことができない試料または液体を満たしたときにその深さが2.5cm未満である試料		$8\mu g/cm^2$	$0.7\mu g/cm^2$
液体を満たしたときにその深さが2.5cm以上である試料	加熱調理用器具以外のもの（容量1.1L未満）	$2\mu g/mL$	$0.5\mu g/mL$
	容量1.1L以上3L未満	$1\mu g/mL$	$0.25\mu g/mL$
	容量3L以上	$0.5\mu g/mL$	$0.25\mu g/mL$
	加熱調理用器具	$0.5\mu g/mL$	$0.05\mu g/mL$

(3) ホウロウ製の器具・容器包装

区　　　分		鉛	カドミウム
液体を満たすことができない試料または液体を満たしたときにその深さが2.5cm未満である試料	加熱調理用器具以外のもの	$8\mu g/cm^2$	$0.7\mu g/cm^2$
	加熱調理用器具	$1\mu g/cm^2$	$0.5\mu g/cm^2$
液体を満たしたときにその深さが2.5cm以上である試料	容量が3L以上のもの	$1\mu g/cm^2$	$0.5\mu g/cm^2$
	容量が3L未満のもの（加熱調理用器具以外のもの）	$0.8\mu g/mL$	$0.07\mu g/mL$
	加熱調理用器具	$0.4\mu g/mL$	$0.07\mu g/mL$

1.3 合成樹脂（プラスチック）

　合成樹脂とは、加温した状態で固体や流動体の状態から所定の形に成形される高分子化合物からなる物質で、成型品や薄膜（フィルム）にして使用することを目的に製造されたものをいう。プラスチックとは可塑物という意味で、その語源はギリシャ語 plastos（形成される）に由来する。現在では、合成樹脂とプラスチックは同意語として使用されている。合成樹脂は主に石油を原料として製造される。一般に成形が容易で、多量に生産される。

　特徴として軽量、耐水・耐薬品性が強くて腐食しにくく、電気絶縁性にすぐれ、着色も可能である。また、燃えやすく、紫外線に弱く、太陽光による劣化が早い。最近は目的に応じて添加剤を使用することで、導電性、難燃性、酸化防止性、光劣化抑制性、弾性・柔軟性、着色促進性あるいは微生物分解性にすぐれた樹脂が開発されている。

　合成樹脂は、高分子化合物の分子構造により熱硬化性樹脂と熱可塑性樹脂とに分類される。現在、食品に使用されることの多い合成樹脂には次の熱硬化性樹脂3種類と熱可塑性樹脂12種類がある。

(1) 熱硬化性樹脂

　熱硬化性樹脂は、加熱すると重合を起こし高分子化合物を形成し、硬化してもとの形状に戻らない樹脂をいう。代表的なものにフェノール樹脂、メラミン樹脂、ユリア樹脂があり、いずれもホルムアルデヒドとの縮合反応で得られるポリマーが主成分である。未反応のモノマーが残留した場合や使用中にポリマーが加水分解した場合にホルムアルデヒドが溶出することがある。ホルムアルデヒドは特有の刺激臭のある無色の気体（水溶液はホルマリンという）であり、細菌などを用いた試験で変異原性が認められ、ラットの吸入試験では鼻腔がんの発生が証明されている。また、ホルムアルデヒドは接着剤の防腐剤として使用されており、建材、家具などから揮散してシックハウス症候群や化学物質過敏症の主要原因物質と考えられている。

1) フェノール樹脂（PF）

　フェノールとホルムアルデヒドの縮合物であり、石炭酸樹脂ともいう。合成樹脂のなかでも特に耐熱性、難燃性にすぐれている。耐油、耐薬品性は高いがアルカリに弱い。外観は漆器に似ている。椀などのように繰り返し使用される食器や弁当箱に使用される。

2) メラミン樹脂（MF）

　メラミンとホルムアルデヒドをアルカリ下で縮合させメチロールメラミンを加工原料とし、原料の加熱時に相溶性増大にベンゾグアナミンを添加して製造される。

酸、アルカリ、油に耐性がある。耐摩耗性はあるが、電子レンジのような高周波加熱は材質が破損するため適さない。耐熱性にすぐれ、繰り返し加熱消毒が可能であるので、学校や病院用の食器に使用される。

3) ユリア樹脂（UF）

ユリアとホルムアルデヒドの縮合物である。尿素樹脂ともいう。耐熱性、耐油性はあるが、酸・アルカリ・熱水

写真9.1　メラミン樹脂（MF）

に浸食される。硬度は比較的大きいが、耐衝撃性は低い。高温加熱により微量のホルマリンが溶出しやすいことから、最近では食品用には使用されなくなった。

(2) 熱可塑性樹脂

熱可塑性樹脂は、加熱により自由に形状を変えられ、冷却により用途にあった形状を保ち、再度硬化する樹脂をいう。代表的なものに、ポリ塩化ビニル、ポリエチレン、ポリプロピレン、ポリスチレン、ポリ塩化ビニリデン、ポリエチレンテレフタレート、ポリメタクリル酸メチル、ナイロン、ポリメチルペンテン、ポリカーボネート、ポリビニルアルコール、ポリ乳酸など12種類がある。

1) ポリ塩化ビニル（PVC）

塩化ビニル（クロロエチレン）モノマーの重合物である。柔軟性を目的に可塑剤（**クレゾールリン酸エステル**、アジピン酸エステル、クエン酸エステル）と劣化防止に安定剤（**ジブチルスズ**）を添加する。水、アルカリ、油、アルコールに耐性がある。耐熱温度は50〜80℃であり、加熱で軟化する。業務用包装フィルム、卵の容器、イチゴパックなどに使用される。乳幼児が口にする玩具に対しては、内分泌かく乱作用の疑いがあるフタル酸エステルを含むポリ塩化ビニルの使用が制限されている。

2) ポリエチレン（PE）

エチレンが重合した構造の高分子である。製造に伴う構造によって高密度ポリエチレン（HDPE）と低密度ポリエチレン（LDPE）があり、酸やアルカリに安定である。高密度ポリエチレンは耐薬品性、耐熱温度120〜250℃で、食用油などの硬質ボトルに使用される。**低密度ポリエチレンは溶剤に対して膨張し、ガスバリアー性は小さく**（通気性がある）、耐熱温度80〜90℃であり、包装フィルム、包装袋などに使用される。

3) ポリプロピレン (PP)

プロピレンの重合物で、比重が小さく、酸、アルカリ、鉱物油など多くの薬品に対して耐性があり、耐熱温度は130〜150℃と高い。用途は建材、おもちゃ、電気製品、繊維、文具、実験器具など幅広くあるが、食品用としてはヒートシール性、耐油性があることから、レトルトパウチの内層シートに利用される。その他、ストロー、アイスクリームカップ、マーガリン容器、タッパー容器、トレーなどがある。

写真9.2 ポリエチレン (PE)

4) ポリスチレン (PS)

スチレンモノマーの重合物である。透明性や光沢度にすぐれ、酸、アルカリに強いが、耐熱温度80〜95℃であり、熱や油に弱い。使い捨てナイフ、フォークに使用する。ポリスチレンに発泡剤（プロパン、ブタン）を用いて成型する**発泡ポリスチレン（発泡スチロール）**は軽量で断熱性、緩衝撃性に富む。カップラーメンの容器に使用されている。また、AS 樹脂や ABS 樹脂は、スチレンとアクリロニトリルやアクリロニトリル・ブタジエン系ゴムとの共重合物であり酒類用パックや台所用器具などに利用されている。

写真9.3 ポリプロピレン (PE)

5) ポリ塩化ビニリデン (PVDC)

塩化ビニリデンモノマーの重合物である。重合による製造時に安定剤

写真9.4 ポリスチレン (PS)

（脂肪酸バリウム）を加える。無色透明で熱安定性があり気密性に富む。耐薬品性と耐水性にすぐれている。140℃まで安定で、難燃性がある。**防湿性とガスバリア一性が大きい**。常温長期保存用包装フィルムとして、特にハム・ソーセージ包装に

利用される。

6）ポリエチレンテレフタレート（PET）

エチレングリコールとテレフタル酸の脱水縮重合物である。融点は約264℃と高く、透明性が高く、**ガスバリアー性と水分遮断性が大きい**。耐圧性、耐熱性にすぐれている。炭酸飲料容器（いわゆる**ペットボトル**）、食用油ボトルやレトルトパウチの外層に使用されている。

7）ポリメタクリル酸メチル（PMMA）

アクリル酸エステルあるいはメタクリル酸エステルの重合物である。透明性にすぐれ、硬く、ガラスに近い感触があることから、**アクリルガラス**ともよばれる。水族館の大型水槽に使用されている。耐熱性は強くない。食品用としてはコップ、しょう油・ソースの容器に利用されている。

8）ナイロン（NY）

脂肪族骨格を含むポリアミドをナイロンという。一般に炭素原子数6個の ε-カプロラクタムを開環重合して製造する。耐薬品性にすぐれ、耐摩耗性、耐油性、柔軟性、強靱性がある。レトルトパウチの外層、日本酒容器の内張りに使用されている。

9）ポリメチルペンテン（PMP）

プロピレンをアルカリ金属触媒下でメチルペンテンとし、これを重合して製造する。密度は0.83ときわめて小さい。耐熱温度は190〜200℃と高く、融点は230〜240℃である。導電率は小さく、耐薬品性にすぐれている。医療や理化学器具として利用されている。食品用としては包装用ラップフィルム、電子レンジや圧力釜などの調理器具に使用される。

10）ポリカーボネート（PC）

ビスフェノールAとホスゲンの縮合物である。透明性、耐衝撃性、難燃性にすぐれている。150℃まで安定。アルカリや溶剤には劣化しやすく、薬品耐久性はよくない。高温・高湿下では加水分解する。サングラス、文房具や雑貨類など用途は広いが、食品用としては、食品用機器部品、サラダボールなどに使用されている。**ビスフェノールA**の内分泌かく乱作用が指摘される以前は哺乳びんの本体に使用されていた。

11）ポリビニルアルコール（PVA）

酢酸ビニルモノマーをケン化して製造する。分子中に多くのヒドロキシ基があるので、**温水に溶解する性質**がある。強い親水性がある。エチレンとのコポリマー（共重合体）は酸素バリアー性にすぐれている。単独での使用は少なく、複合フィルムの構成成分として用いられる。錠剤の結合剤として利用される。

12) ポリ乳酸（PLA）

乳酸のエステル結合による重合物である。原料が農産物由来であり、**持続可能な材料**として研究、開発されている。力学物性の性状や特徴は既存の石油由来のものに比べ、結晶性、柔軟性、耐衝撃性、耐熱性が劣っている。しかし、堆肥中の微生物による分解性が大きく循環型素材として注目を集めている。包装用フィルムやレジ袋に利用されている。

(3) 合成樹脂の一般規格と個別規格

合成樹脂についての規格は、**すべての合成樹脂に一般規格が適用される**。これに加えて特定材料については個別規格（**表9.2**）が適用される。一般規格は材質試験項目として鉛、カドミウムが、溶出試験項目として重金属、過マンガン酸カリウム消費量が設定されている。ただし、ホルムアルデヒド原料樹脂（フェノール樹脂、メラミン樹脂、ユリア樹脂を含む）の溶出試験項目に過マンガン酸カリウム消費量は削除されている。

表9.2　合成樹脂の個別試験項目

合 成 樹 脂 名 称	個別試験項目（材質：材料試験、溶出：溶出試験）
フェノール樹脂(PF)、メラミン樹脂(MF)、ユリア樹脂(UF)	溶出：フェノール、ホルムアルデヒド、蒸発残留物
ホルムアルデヒド原料樹脂（フェノール樹脂、メラミン樹脂、ユリア樹脂を除く）	溶出：ホルムアルデヒド、蒸発残留物
ポリ塩化ビニル(PVC)	材質：ジブチルスズ化合物[*1]、クレゾールリン酸エステル[*2]、塩化ビニル　溶出：蒸発残留物
ポリエチレン(PE)、ポリプロピレン(PP)	溶出：蒸発残留物
ポリスチレン(PS)	材質：揮発性物質[*3]　溶出：蒸発残留物
ポリ塩化ビニリデン(PVDC)	材質：脂肪酸バリウム[*1]、塩化ビニリデン　溶出：蒸発残留物
ポリエチレンテレフタレート(PET)	溶出：アンチモン、ゲルマニウム、蒸発残留物
ポリメタクリン酸メチル(PMA)	溶出：メタクリル酸メチル、蒸発残留物
ナイロン(ポリアミド)(NY)	溶出：カプロラクタム、蒸発残留物
ポリメチルペンテン(PHP)	溶出：蒸発残留物
ポリカーボネート(PC)	材質：ビスフェノールA、ジフェニルカーボネート、アミン類　溶出：ビスフェノールA、蒸発残留物
ポリビニルアルコール(PVA)	溶出：蒸発残留物
ポリ乳酸(PLA)	溶出：総乳酸、蒸発残留物

＊1：安定剤　＊2：可塑剤　＊3：揮発性物質は、モノマーであるスチレンと原材料中不純物であるトルエン、エチルベンゼン、イソプロピルベンゼン、n-プロピルベンゼンの5成分の総量をいう。

1.4 金属

食品の金属缶には、鋼板にスズを電気メッキしたブリキや電解クロム酸処理したティンフリースチール（TFS）、アルミニウムなどが用いられ、これらの金属から溶

出する可能性があるヒ素、鉛、カドミウムの溶出試験の規格基準がある。ブリキ缶の内面には金属の腐食防止あるいは食品の品質保持のためにエポキシ系、フェノール系、ポリ塩化ビニル系の樹脂塗料が塗装されている。樹脂塗装された缶には蒸発残留物の他、フェノール、ホルムアルデヒド、塩化ビニル、エピクロルヒドリンの溶出規格が設定されている。最近では樹脂塗料の代替にポリエチレンテレフタレート（PET）フィルムを貼り合わせた缶が利用されている。

　ミカン、モモなど果物缶に利用されるブリキ缶の多くは、内層の樹脂塗装は上下部のみで、胴部には塗装を施していない。開缶するとスズの溶出が進むので、開缶後の食品は他の容器に移し替えるべきである。1960（昭和35）年代にオレンジジュース缶詰による急性スズ中毒が発生したが、これは原料の中に含まれていた硝酸イオンにより缶原料のスズが多量に溶出したことが原因であった。

1.5　ゴム

　ゴム製器具には分子結合を強化するために**加硫剤（亜鉛化合物）**、**加硫促進剤（ホルムアルデヒド化合物）**が使用される。さらに安定剤、改質剤も添加される。ゴム製器具には材質試験と溶出試験の規格が設定されている。表9.3に試験項目と規格を示す。一般にゴム（シリコーン以外）は他の素材に比べて劣化しやすいので、密閉容器に入れて冷暗所に保存するのが望ましい。

表9.3　ゴム製品の試験項目と規格

	試験項目	規格
材質試験	鉛	100μg/g以下
	カドミウム	100μg/g以下
	2-メルカプトイミダゾリン*1	陰性
溶出試験	重金属	1μg/mL以下
	フェノール	5μg/mL以下
	ホルムアルデヒド	陰性
	亜鉛	15μg/mL以下
	蒸発残留物*2	60μg/mL以下

*1 塩素化ゴムを含むものが対象となる。
*2 接触する食品により、溶出液は水、4%酢酸、20%エチルアルコールを使用する。

1.6　紙類

　主原料のパルプに種々の加工を施して器具・容器包装に利用している。**硫酸紙**は耐水性、耐油性がありカニ缶やバターに、**グラシン紙**（原料は亜硫酸パルプ）は耐水性、耐油性に加えて透明感が高く光沢がありクッキングシートに、**パラフィン紙**（グラシン紙などにパラフィンを塗布・浸透させたもの）はさらに耐水性、耐油性が増す性状をもち、紙コップなどに使用されている。最近は、酒類、牛乳、果汁の紙パック容器として内面にポリエチレンやポリエチレン・アルミニウムをラミネート（接着）した**ポリエチレン加工紙**が多く利用されている。また、リサイクル促進を

目指し、卵パックに100%古紙が使用されている。

例題1 プラスチックに関する記述である。正しいのはどれか。1つ選べ。

1. メラミン樹脂は熱可塑性樹脂である。
2. ポリエチレンは熱硬化性樹脂である。
3. ポリスチレンは微生物で分解される生分解性のある樹脂（プラスチック）である。
4. ポリカーボネイトは破壊されにくいので乳児用哺乳瓶に使用される。
5. フェノール樹脂はフェノールとホルムアルデヒドの縮合物である。

解説 1. メラミン樹脂は熱硬化性樹脂である。 2. ポリエチレンは熱可塑性樹脂である。 3. ポリスチレンは微生物で分解されない。生分解プラスチックにはポリ乳酸(PLA)がある。 4. ポリカーボネイトはビスフェノールAとホスゲンの縮合物であり、ビスフェノールAは内分泌かく乱作用が指摘されているので哺乳瓶の使用は禁止されている。 5. 熱硬化性樹脂（フェノール樹脂・ユリア樹脂・メラミン樹脂）の原材料にホルムアルデヒドが使用されている。 **解答** 5

---

2 食品包装の技術

2.1 包装の種類

　食品への包装の役割は、微生物をはじめ多種の有害物質からの汚染を防ぎ、腐敗の防止など食品の衛生を確保することにある。下記の食品包装の技術が用いられている。

(1) 真空包装

　包装内を脱気（空気を除去）して、密封状態とする。好気性細菌やカビの発育を抑制し、食品の脂質の変敗（酸敗）や色素の酸化も抑制される。

(2) ガス置換包装

　ガスバリヤー性の高いフィルムを使用し、包装内の空気を窒素などのガスで置換し、食品の変質・劣化を防止する。食品は削り節、スライスハムなどがある。

(3) レトルト殺菌包装（レトルトパウチ）

　ガスバリヤー性の高い気密性容器に食品を詰め、シール・パックした後に、**芽胞の殺滅温度**（120℃、4分以上）で殺菌する。調理済カレー（内層：ポリプロピレン、中間層：アルミ箔、外層：ポリエチレンテレフタレートを使用）などがある。

(4) 脱酸素剤封入包装

酸素バリヤー性の高い素材の器具・容器包装に食品を入れ、これに脱酸素剤（酸化反応を利用して酸素を吸収する鉄粉などを使用）を入れ密封する。食品は和菓子、もちなどがある。

(5) 無菌充填包装

食品と器具・容器包装を別々に殺菌し、無菌的に充填および密封して食品を製造する。常温流通も可能であることから、利用性は広い。ロングライフミルク（LL 牛乳）がよく知られており、医療現場での日常食品として利用されている。

例題 2　食品包装に関する記述である。誤っているのはどれか。1つ選べ。

1. ガス置換包装はフィルム包装内の窒素を酸素で置換する。
2. レトルトパウチは芽胞生成細菌の増殖防止に有効である。
3. ロングライフミルクは常温保存で2カ月保存できる。
4. 真空包装でカビの増殖は防止できる。
5. 和菓子の保存に脱酸素剤封入包装は有効である。

解説　1.　食品の変質・劣化を防止するためフィルム包装内の酸素を窒素で置換する。

解答　1

---

3 素材と環境汚染

「器具・容器包装」素材の環境汚染に関する問題は、「ゴミ」と「内分泌かく乱化学物質」に関連する事柄になる。学校のゴミ焼却はそれぞれの焼却炉において行われていたが、ダイオキシンの発生源になることから撤去された。また、合成樹脂の可塑剤であるフタル酸エステルやビスフェノール A による内分泌かく乱作用の不安はまだ解消されていない。

3.1 素材とゴミ問題

ポリ塩化ビニルやポリ塩化ビニリデンをはじめとする**塩素系合成樹脂**は 600 ℃以下（200〜300 ℃で多く発生する）の低温度で燃焼することにより**ダイオキシンを生成**する。ダイオキシン類は塩素系合成樹脂のみならず塩素と芳香族含有化合物が含まれる廃棄物の不完全燃焼処分で発生すると考えられている。第 6 章 2.4 を参照すること。

　また、「器具・容器包装」は分別してリサイクルすることにより資源として有効なものとなる。経済産業省は、容器包装のリサイクルを促進させるため、事業者に対して素材に**リサイクル識別マーク**の表示を義務づけている。複合素材の場合は、主な素材（最大重量）の略号を先頭に記載して下線を付して表示している。何れにしても消費者の適切なゴミ分別行動が大切である。

　ポリプロピレンはポリマー鎖中に塩素を含まないので、完全燃焼するとほぼ水と二酸化炭素になるのでリサイクルが比較的容易な合成樹脂である。

　ポリ乳酸は植物起源の素材から合成できるのでバイオ樹脂ともいわれる。ポリ乳酸はグルコース（じゃがいも、トウモロコシ、さとうきびから抽出される）などに乳酸菌を入れてその発酵作用で得られる乳酸から製造される。使用後に、ポリ乳酸は微生物により水と二酸化炭素に分解されて、大気中に放出された二酸化炭素は植物の光合成によりデンプンを合成する。トータルとして地球温暖化の原因物質である二酸化炭素の量を増やさないと考えられる（**カーボンニュートラル説**）。しかし、ポリ乳酸合成時にエネルギーを使用すること、ポリスチレンに比べて二酸化炭素の発生量が多いなどの意見もある。さらに現在のところ、ポリ乳酸の特性を生かした処理方法が適切に実施されず、一般の合成樹脂と同様に焼却処理されているなど、今後に多くの課題が残されている。

3.2 素材と内分泌かく乱化学物質問題

　合成樹脂の添加剤には可塑剤としてビスフェノールA、フタル酸エステルを、安定剤としてブチルスズ化合物などを使用する。これらは内分泌かく乱作用（環境ホルモン）の疑いがあることから、器具・容器包装からの溶出を低下させるとともに、当該物質の使用については十分に配慮する必要がある。しかし、その作用については不明な点があり、今後、ヒトや環境への影響に関する正しい評価が必要である。

　わが国は、内分泌かく乱化学物質について、1998（平成10）年4月に厚生労働省が「内分泌かく乱物質の健康影響に関する検討会」を設置し、現在に至るまでその作用などに関する研究の推進を図っている。一方、環境省（当時環境庁）は1998（平成10）年5月「内分泌かく乱化学物質問題への環境庁の対策方針について－環境ホルモン戦略計画SPEED'98－」を策定し、作用の研究と環境汚染実態調査を実施した。その成果を受けて2005（平成17）年3月に「化学物質の内分泌かく乱物質に関する環境省の今後の方針について －EXTEND 2005－」により、作用や環境汚染実態の基礎的研究の続行と生物試験法開発の国際協力を発表した。

　続く、2010（平成22）年7月に「化学物質の内分泌かく乱作用に関する今後の対

応 -EXTEND 2010-」を発表し、そのまとめとして、今後 5 年間をめどに作用に関する対応の方向性をまとめて見直しを行う、欧米における対策を注視して対応を行う、環境リスクの評価を進めるために評価手法の確立と評価の実施を加速化するなどとしており、ヒトや環境への影響について科学的根拠（エビデンス）に基づいた評価が期待された。その後、環境省は対応の方向性を「化学物質の内分泌かく乱作用に関する今後の対応 -EXTEND 2016-」としてとりまとめた。これは EXTEND 2010 の基本理念を踏襲し、着実に推進させることで的確に対応を進めていこうとするものである。

　また、「器具・容器包装」の安全性を確保するために、製品の製造時に安全性が確認された物質のみを使用するポジティブリスト制度が 2020（令和 2）年 6 月 1 日に施行された。

　例題3　素材の環境汚染に関する記述である。<u>誤っている</u>のはどれか。 1 つ選べ。

1. 微生物により分解されるバイオ樹脂はトウモロコシから製造される。
2. 塩素系合成樹脂は 800 ℃で燃焼するとダイオキシンが多く発生する。
3. ポリ塩化ビニルには内分泌かく乱作用の疑いがあるフタル酸エステルが使用されている。
4. ポリカーボネイトには内分泌かく乱作用の疑いがあるビスフェノール A が使用されている。
5. わが国は食品用器具・容器包装の安全性確保のためのポジティブリスト制度を導入している。

　解説　2. 塩素系合成樹脂は 200〜300 ℃で燃焼するとダイオキシンが多く発生する。

解答　2

4　器具・容器包装のポジティブリスト制度

　ポジティブリスト制度とは、安全性が担保された原材料物質のリスト（これを「ポジティブリスト」という）を作成し、器具・容器包装の製造時にはこのリストに収載の物質のみを使用し、以外は原則として使用禁止する規制制度である。

4.1　海外のポジティブリスト制度
　海外諸国では、器具・容器包装に対してポジティブリスト制度が採用されている。米国、欧州、中国はポジティブリスト制度がすでに完全移行されており、新たな原

材料物質については安全性の評価を受けて承認された後にリストに追加されている。わが国近隣の東南アジア諸国もポジティブリスト化に向けた動きがある。昨今の輸入食品量の増加に伴い、容器包装も海外で生産されたものを使用し、また容器包装製造事業者が原材料物質を海外から輸入することもある。このような現状下、食品用器具・容器包装の安全性や規制に関する国際社会との整合性の確保が食品衛生上の急務な課題となっている。

4.2 わが国のポジティブリスト制度

　食品用器具・容器包装のポジティブリスト制度は、2020（令和2）年6月1日に施行され、現在、合成樹脂の既存物質リストは整理段階にある。

　2025（令和7年）6月1日以降は、食器用器具・容器包装のポジティブリスト制度が完全施行となり、合成樹脂については従前からのネガティブリスト規制による管理に加えて、ポジティブリストによる管理へとなる。これに伴い、リストに収載されていない物質は原材料物質として使用不可となる。

　さらにポジティブリスト制度を確実に運用するために、容器等製造事業者に対して製造管理（①原材料物質の確認、②製品の規格基準適合情報の提供、③製造記録の保存）が制度化された。このように、容器等製造事業者、次への容器等販売事業者・食品製造事業者へのポジティブリスト適合性を確認できる情報を提供することが義務づけられたことにより、消費者への容器包装の食品衛生上の安全性に関する情報提供が可能となった。

5 容器包装の表示

5.1 識別表示

　容器包装のリサイクルの促進を目指して、事業者に対して、**容器包装リサイクル法**に基づく再商品化義務（小規模事業者は除く）を、**資源有効利用促進法**に基づく識別表示義務（小規模事業者にも義務づけ）をそれぞれ定めている。識別表示義務の対象となる事業者は、①容器の製造事業者、②容器包装の製造を発注する事業者(利用事業者)、③輸入販売事業者である。

5.2 識別マーク

　識別表示の役割は容器包装廃棄物を消費者が適切に分別排出できるようにすることであり、識別表示のマークは消費者にとって分かりやすいことが重要である。識

別マークの様式は法令に定められているが、そのデザインは規定の様式に反しない範囲であれば多少の変更はできる。図9.1に識別マークの例を示す。

容器包装廃棄物を消費者が適切に分別排出できるように、資源有効利用促進法では、事業者に容器包装の識別表示を義務づけています。

これが識別表示の対象となる容器包装です。

識別表示の対象となる「ペットボトル」には、平成29年4月から料理酒、クッキングワインなどのアルコール発酵調味料が追加されます。

| 紙製容器包装 | プラスチック製容器包装 | 飲料・酒類用スチール缶 | 飲料・酒類用アルミ缶 | 飲料・酒類・特定調味料用ペットボトル |

（段ボールと飲料用紙パックでアルミが使われてないものを除く）（飲料・酒類・特定調味料用ペットボトルを除く）　　　　　　　　　　　　　　　　　　（内容積が150ml未満のものを除く）

■識別表示義務の対象となる事業者　　容器の製造事業者　　容器包装の製造を発注する事業者　　輸入販売事業者　

識別表示は、容器包装リサイクル法の再商品化義務と異なり、小規模事業者にも義務づけられています。

※特定調味料には、しょうゆ、しょうゆ加工品、みりん風調味料、食酢、調味酢、ドレッシングタイプ調味料、アルコール発酵調味料（平成29年4月〜）が含まれます。

資料）容器包装の識別表示について：識別表示が必要な容器等（農林水産省HP）

図9.1　容器包装の識別マークの例

例題4　容器包装に関する記述である。<u>誤っている</u>のはどれか。1つ選べ。

1. 再商品化の義務は、容器包装リサイクル法に定められている。
2. 識別表示の義務は、資源有効利用促進法に定められている。
3. 容器包装を利用する事業者に識別表示の義務はある。
4. 輸入販売事業者に識別表示の義務はない。
5. 識別マークのデザインは、規定の様式内であれば変更できる。

解説　4. 輸入販売事業者についても識別表示の義務はある。　　　　　　　解答　4

章末問題

---

1 食品の容器・包装に関する記述である。最も適当なのはどれか。1つ選べ。
1. ガラスは、プラスチックに比べて化学的安定性が低い。
2. 生分解プラスチックは、微生物によって分解されない。
3. ラミネート包材は、単一の素材から作られる。
4. 無菌充填包装では、包装後の加熱殺菌は不要である。
5. 真空包装は、嫌気性微生物の生育を阻止する。 （第34回国家試験）

解説 1. ガラスはプラスチックに比べて物理的安定性は低いが化学的安定性は高い。 2. ポリ乳酸のような生分解プラスチックは微生物の働きにより二酸化炭素と水に分解され、持続可能な材料として注目されている。 3. 調理済みカレーのようなラミネートによるレトルト殺菌包材は、内層はポリプロピレン、中間層はアルミ箔、外層はポリエチレンテレフタレート（PET）を使用している。 5. 真空包装は、好気性細菌やカビの発育を抑制して食品の酸敗や色素の酸化も抑制されるが、嫌気性微生物の生育は阻止されない。 **解答 4**

---

2 食品包装材に関する記述である。正しいのはどれか。
1. ポリエチレンは、ポリエチレンテレフタレート（PET）に比較して気体遮断性が高い。
2. ポリ塩化ビニリデンは、ポリエチレンに比べて耐熱性に優れている。
3. プラスチック容器は、紙容器に比べ遮光性に優れる。
4. ポリエチレンテレフタレートの燃焼により、ダイオキシンが発生する。
5. ブリキ缶は、容器包装リサイクル法の対象外である。 （第22回国家試験）

解説 1. 包装袋などに使用される低密度ポリエチレンはガスバリアー性が小さい。PET いわゆるペットボトルはガスバリアー性と水分遮断性が大きい。 2. ポリ塩化ビニリデンはハム・ソーセージ包装に使用され、140℃まで安定である。ポリエチレンの耐熱温度は80〜90℃である。 3. プラスチック容器は紙容器に比べ遮光性に劣る。 4. ポリエチレンテレフタレートの燃焼でダイオキシンは発生しない。ダイオキシンはポリ塩化ビニル、ポリ塩化ビニリデンのような塩素系合成樹脂の焼却（200〜300℃）や薬品の合成の際に生成する。 5. ブリキ缶・段ボール・紙パック、ガラス性容器、PET ボトル、紙製容器包装、プラスチック性容器包装は容器包装リサイクル法の対象である。 **解答 2**

---

3 食品の容器と包装に関する記述である。正しいのはどれか。1つ選べ。
1. ガラス容器は、気体遮断性が低い。
2. ポリエチレンテレフタレートは、ヒートシール性に優れている。
3. TFS（Tin Free Steel）缶は、食品との反応性がブリキ缶よりも高い。
4. アルミ箔は、遮光性に優れている。
5. ポリエチレンは、気体透過性が低い。 （第30回国家試験）

解説　1. ガラス容器はプラスチックや紙容器に比べて、気体遮断性が高い。　2. ポリエチレンテレフタレートは、加熱により密閉性は低下する。　3. TFS (Tin Free Steel) 缶は、スズを使用していない鋼板であり食品との反応性が低く食缶や飲料缶に利用される。　5. ポリエチレンは、気体透過性が比較的高い。　　　　　　　　　　　　　　　　　　　　　　　　　　　　　　　　　　　　解答 4

4　食品の容器包装に関する記述である。正しいのはどれか。1つ選べ。

1. ラミネートは、2種類以上の包装素材を層状に成型したものである。

2. ガラスは、容器包装リサイクル法の対象外である。

3. プラスチック容器のリサイクル識別表示マークは、1種類である。

4. アルミニウムは、プラスチックに比べて光透過性が高い。

5. PET は、プロピレンを原料として製造される。　　　　　　　　　（第26回国家試験）

解説　2. ガラス容器やブリキ缶は、容器包装リサイクル法の対象である。　3. プラスチック容器のリサイクル識別表示マークは、14種類ある。　4. 一般にアルミニウムなどの金属は、プラスチックに比べて光透過性が低い。　5. PET は、ポリエチレンテレフタレートを原料として製造される。　　　　解答 1

5　食品の保存と包装に関する記述である。正しいのはどれか。

1. 冷凍によるドリップの発生は、緩慢凍結により抑制される。

2. ガス置換包装では、酸素を封入する。

3. 食塩の添加により、食品は滅菌される。

4. 無菌包装では、包装後の流通段階で侵入する細菌も殺菌される。

5. 脱酸素剤封入包装では、脂質の酸化は抑制される。　　　　（第25回国家試験追試）

解説　1. 冷凍によるドリップは、急速凍結により細胞の損傷を抑えることでその発生が抑制される。　2. ガス置換包装では、窒素を封入することで食品の酸化を防ぐことができる。　3. 食塩の添加により細菌増殖が抑制されることはあるが、十分に滅菌されるとは限らない。　4. 無菌包装とは、食品を無菌状態で製造・包装することであり、以後の流通段階で侵入する細菌については殺菌されない。　解答 5

第**10**章

食品衛生管理

達成目標

　食品の安全・安心を確保する手法としてHACCPシステムが提唱され、すでに食品製造企業で取り入れられている。ここではHACCPシステムとはどのようなものなのか、また、HACCPシステムを実施するためにはどのような準備が必要なのか理解する。

1 HACCP システムについて

1.1 HACCP システムとは

　HACCP は Hazard Analysis and Critical Control Point の頭文字をとった略語である。HACCP システムは 1960 年代に米国で宇宙食の安全確保をするために開発された食品の衛生管理方式である。この方式はコーデックス委員会から発表され、各国にその採用を推奨している国際的に認められた手法である。

　日本でも国の食品衛生レベルを高めるため、2020 年 6 月から「HACCP の制度化」が実施されることになった。この制度は「HACCP に基づく衛生管理」と「HACCP の考え方を取り入れた衛生管理」に分けられ、食品を取り扱うすべての業種が対象なっている。また、日本の大手食品企業が中心となって設立された一般財団法人食品安全マネジメント協会が HACCP を取り入れた独自の規格として JFS 規格を立ち上げている。

1.2 HACCP システムと従来の製造方法の違い

　これまでの食品の安全性への考え方は、製造する環境を清潔にし、きれいにすれば安全な食品が製造できるであろうという考えのもと、製造環境の整備や衛生の確保に重点が置かれてきた。そして、製造された食品の安全性の確認は、製品のすべてを検査することはできないことから主に最終製品の抜き取り検査（微生物の培養検査など）により行われてきた。これに対し HACCP システムは、これらの考え方・やり方に加え、原料の入荷から製造・出荷までのすべての工程において、あらかじめ危害要因を予測しその発生を防止（予防、消滅、許容レベルまでの減少）するための重要管理点を特定し、その重要管理点を継続的に監視・記録し、異常が認められた時点で、速やかに対策を取り解決する方式なので、不良製品の出荷を未然に防ぐことができるシステムである。惣菜や弁当などの消費期限が短い食品は、出荷時の細菌検査の結果が出たときは既に食べられていることが多く、HACCP システムの考え方が有効に働く好例といえる。

　しかしながら、この HACCP システムを食品の製造工程に導入すれば、食品の安全性は従来の方式より高まるが、製造された食品の安全性が完全に確保されるわけではない。HACCP システムを導入した施設において、必要な教育・訓練を受けた従業員によって、定められた手順や方法が日常の製造工程において遵守されることが不可欠である。

1.3 危害分析（Hazard Analysis：HA）

　微生物、化学物質、異物などによる危害とその発生条件についての情報を収集し、評価することにより、原料の生産から製造加工および流通を経て消費に至るまでの過程における食品中に含まれる潜在的な危害要因を、その危害要因の起こりやすさや起こった場合の重篤性を含めて明らかにし、さらにそれぞれの危害要因に対する管理手段を明らかにすることである。

1.4 重要管理点（Critical Control Point：CCP）

　殺菌工程、包装工程などでの特定した潜在的危害要因を消滅（病原菌の死滅など）または許容範囲まで低減するか排除するために、HAに基づき特に重要な製造・加工過程を管理することをいう。

1.5 HACCP システムの7原則12手順

　HACCP システムに基づいた製造工程の管理のために、事業者は製品の製造工程に下記のようなHACCP 手法のコーデックス7原則・12手順を適用して製造工程の管理を図ることとし、このための工場の整備、機械・装置の整備を行うとともに、その運用体制の整備もあわせて行うことが求められる。

【コーデックス7原則12手順】

① 手順1：HACCP チームの編成。
❖製品の製造工程について専門的な知識と技術を有する者をメンバーとするチームを編成する。
❖HACCP チームは製造施設の責任者をリーダーとし、製造管理の責任者、品質管理の責任者、施設管理の責任者などで構成する。
❖HACCP チームは以下の業務を行う。
　ⅰ）HACCP プランの作成と導入
　ⅱ）従業員の教育訓練
　ⅲ）HACCP プランの見直しと修正
　ⅳ）HACCP システム全体の検証の実施と評価および見直し
② 手順2：製品の特徴を確認する。
　　製品の原材料、保存条件、流通方法などについて製品の安全性に関連する文書を作成する。
③ 手順3：製品の使用方法を確認する。

　　消費者および利用者が製品を摂取または製造加工する方法・形態を特定する。
②、③の内容については、製品説明書としてまとめておく。加熱惣菜の製品説明
書の例を表10.1に示す。

表10.1　製品説明書の例

事　　項	説　明　内　容	
1 製品の名称及び種類	商品名：筑前煮（加熱後包装する食品　簡易包装）	
2 原材料の種類と由来	冷凍剥き里芋（〇〇フーズ（株））：タイ 冷凍乱切筍（〇×商事（株））：中国 冷凍乱切蓮根（（株）〇△食品）：中国 乾燥椎茸ホール（（株）□□物産）：中国 乱切り人参（△□食品（有））：国産 冷凍鶏肉（（株）□△）：アメリカ 蒟蒻（（有）△△食品）：国産 いんげん（八百〇）：中国	醤油（〇〇醤油） みりん（（株）□〇） 清酒（（株）□△） だしの素（△△食品（株）） 砂糖（〇△製糖（株）） 食塩（（株）□△塩業） でん粉（〇製粉（株）） サラダ油（△△食品（株））
3 添加物の名称（表示が必要な添加物）	グリシン、酢酸Na、水酸化Ca、グルタミン酸Na、リボヌクレオタイドNa、カラメル色素、香料	
4 容器包装の材質及び形態	本体：PP製（150mm×110mm×25mm） ふた：PE製（150mm×110mm×10mm）	
5 製品の特徴	具材たっぷりの筑前煮　重量120g/パック	
6 製品の規格	（一般規格）※設定根拠記載 一般生菌：$1.0×10^5$個/g以下　大腸菌群：陰性 （自主規制） 一般生菌：$1.0×10^4$個/g以下 大腸菌群：陰性　黄色ブドウ球菌：陰性	
7 消費期限及び保存方法	消費期限：製造後2日以内 保存方法：10℃以下	
8 喫食又は利用の方法	そのまま摂取	
9 喫食対象消費者	一般消費者	

④　手順4：原材料から最終製品に至るすべての工程を含んだ製品の製造工程図（以
　　下「フローダイアグラム」という）を作成する。同時に以下の図面を作成する。
　ⅰ）製造工程における製品などの移動の経路を示す図面
　ⅱ）従業員の動線を示す図面
　ⅲ）清浄度の区分を示す図面
⑤　手順5：フローダイアグラムの現地確認。
⑥　手順6：危害要因を分析する。（原則1）
　　各工程のすべての危害要因をリストアップして評価し、危害要因の管理方法を
　明確化する。フローダイアグラムに従って、原材料および製造工程ごとに以下の
　項目を記載した危害リストを作成する。（危害要因の内容は表10.2、危害リスト
　の例は表10.3参照）

表10.2　主な危害要因

生物的危害要因	病原菌	サルモネラ属菌、腸炎ビブリオ、カンピロバクター・ジェジュニ、カンピロバクター・コリ、病原性大腸菌、O157、黄色ぶどう球菌、セレウス菌、ウェルシュ菌、その他病原性微生物
	寄生虫	魚介類・精肉原料など
化学的危害要因	貴金属	カドミウム・鉛・ヒ素など
	残留農薬	使用原材料の産地関係情報による使用もしくはドリフトが考えられる農業など
	動物用医薬品	使用原材料の産地関係情報による使用が考えられる医薬品など
	殺菌剤	施設清掃用等施設設備で使用している化学物質など
	機械油	施設内装置用等施設設備で使用している化学物質など
物理的危害要因	金属破片	製造加工機械・器具類の部品など
	ガラス破片	窓ガラス・時計・計器メータ類のガラス片など
	石等	原材料への噛み込み・床材など

表10.3　危害リストの例

1) 原材料/工程	7-1　加熱工程
2) 発生が予想される危害要件は何か	生物的：病原微生物の生残 　　　　サルモネラ属菌 　　　　黄色ぶどう球菌 化学的：なし 物理的：なし
3) 食品から減少・排除が必要な重要な危害要因か	○(yes)
4) 判断根拠は何か	加熱不足による病原微生物が生残する
5) 重要と認めた危害要因の管理手段は何か	85℃以上で10分以上加熱 （中心品温85℃で1分以上）
6) この工程はCCPか	CCP1

※重要管理点(CCP)が複数あるときは、CCP1・CCP2のように記載

ⅰ）危害の発生する可能性のある原材料または工程

ⅱ）各原材料および工程における危害要因とその概要

ⅲ）各原材料および工程における危害要因の発生原因

ⅳ）危害要因を制御するための管理手段

⑦　手順7：重要管理点（CCP）を設定する。（原則2）

　⑥でリストアップされた食品中の危害要因の発生を予防、除去または許容できる水準まで軽減することが必要な重要管理点（CCP）を決定する。

　危害分析の結果、明らかにされた危害要因のうち、特にその工程で食品から低減・排除しないと最終製品の安全性が損なわれる重要な要因の場合は、その工程を重要管理点として定める。

　　重要管理点はあらかじめ設定したモニタリング方法で、管理基準を連続的また
は相当の頻度で監視し、そのパラメータが管理基準を逸脱した場合には短時間の
うちに改善措置を行うことによって危害要因のコントロールが可能な工程とする。

　　惣菜を例に取ると、少なくとも次の工程を必須の重要管理点とする。ただし、
調理を目的とする加熱は必ずしも重要管理点とする必要はない。

　i) 加熱殺菌する惣菜については加熱工程

　ii) 加熱しないで原材料を洗浄・殺菌する惣菜については洗浄・殺菌工程

　iii) 加熱および洗浄・殺菌しない惣菜については、原材料の受入れ・保管の工程

　iv) 共通管理点として異物の混入防止

⑧ 手順8：管理基準を設定する（**原則3**）

　　⑦の重要管理点において、危害要因の発生を防止するため管理基準を設定する
すべての重要管理点に対し、必ずひとつ以上の管理基準を設定する。管理基準は
危害要因が許容範囲まで低減されていることなどを確認するためのパラメータで
あり、科学的根拠（エビデンス）で立証された数値でかつ可能な限りリアルタイ
ムで判断できる指標を用いる。

⑨ 手順9：測定方法を設定する（**原則4**）

　　⑦で決定した管理基準を適切な頻度で監視するシステムを設定する。重要管理
点において管理基準を逸脱していないことを確認するため、連続的または相当の
頻度で重要管理点を監視し、その結果を記録するための体制を整えておく。

⑩ 手順10：改善措置を設定する（**原則5**）

　　⑨の監視システムで、管理基準からの逸脱を発見した場合の改善措置を設定す
る。管理基準の逸脱が判明した場合には、管理基準の逸脱により影響を受けた製
品を隔離し、その処理方法を定めておくとともに、管理状況を迅速に正常に戻す
ための改善措置の方法を定めておく。

⑪ 手順11：検証の手順の設定（**原則6**）

　　重要管理点において設定された管理手段がその通りに実行され、かつHACCPシ
ステムが安全な製品を製造加工するために機能しているか否かについての検証方
法を定めておく。

⑫ 手順12：文書の作成および保存（**原則7**）

　　①から⑪までの手順の文書の備え置きおよび⑨の監視システムによる記録、改
善措置の記録手順を設定する。

　　加熱惣菜を例として、⑦から⑪までの内容をまとめてHACCPプランを作成すると、
表10.4のようになる。

表10.4 HACCPプランの例

CCP 番号	CCP1
工　程	8-2　加熱混合
危害要因	生物的：病原微生物の生残
発生要因	加熱時の温度・時間の不足
管理手段	規定の加熱温度と時間の厳守
管理基準	85℃以上で 10 分以上加熱（中心品温 85℃で 1 分以上）
モニタリング方法 1）何を 2）どうやって 3）どの位の頻度で 4）誰が	1）加熱調理時の中心温度 2）デジタル温度計・タイマーを使用 3）調理ロットごと 4）作業管理者が監視・記録
改善措置	管理基準を逸脱したロット品は再加熱する（逸脱した ロット品は正常品と識別できるようにしておく） ただし、再加熱後の風味が許容範囲外であれば廃棄する 管理基準逸脱の原因を調査し、対策を検討する
検証方法 1）何を 2）どうやって 3）どの位の頻度で 4）誰が	1）デジタル温度計 2）標準温度計により校正 3）1 カ月に 1 回 4）品質管理担当者
記録文書名・内容	1）到達温度・時間と加熱終了時間を作業記録表に記録する 2）温度計校正結果を校正確認表に記録する 3）作業記録表は 2 週間、温度計校正記録表は 3 カ月保管する

2 日本における HACCP の制度化

　食品衛生法が改正（平成 30 年 6 月 13 日公布・令和 2 年 6 月 1 日施行）され、日本でも HACCP の制度化が実施されている。食品業界の現状を踏まえ、すべての営業者に一律に HACCP の原則に基づいた衛生管理を要求せず、小規模事業者も考慮した下記の内容になっている。また HACCP の制度化に付随して、営業許可の内容や施設基準の見直しも行われている。例えば、手洗い場では蛇口に手を触れない設備（自動水栓など）の設置が基準化されている。

(1) HACCP に基づいた衛生管理

　コーデックスのガイドラインに示された、HACCP7 原則を要件とする衛生管理（屠畜場・食鳥処理場（認定小規模食鳥処理場は除く）および省令で定める業種で食品の取り扱いに従事する者の数が 50 名以上の大規模事業場を有する営業者が対象）

(2) HACCP の考え方を取り入れた衛生管理

　一般的衛生管理を基本として、各業界団体が事業者の実情を踏まえ、厚生労働省

と調整して策定した手引書を参考にした衛生管理

（省令で定める業種（惣菜製造業・飲食店営業・喫茶店営業・食品を分割し、容器包装に入れ、または容器包装で包み販売する営業を行う者　など）および小規模事業者（食品を製造し、加工し、貯蔵し、販売し、または処理する営業を行う者のうち、食品の取扱いに従事する者の数が 50 名未満である小規模事業所を有する営業者）が対象）

3　食品工場における一般的衛生管理事項

　一般的衛生管理事項とは HACCP システム導入にあたり、前もって準備すべき基本的事項である。ここではコーデックス（2020年改訂）の「食品衛生の一般原則」を参考にしている。最新鋭の製造施設や製造設備を整えたとしても、汚れた手で食材を取り扱ったり、不衛生な服装で作業したりしていたら、いくら HACCP システムの導入を目指しても問題が生じることは容易に想像がつく。

　以下に一般的衛生管理事項を示す。

① 食品と接触する水および氷の製造に使用される水の安全性
  ❖コーデックスでは食品製造に使用する水は「食品の安全性及び適切性を損なわない水を使用すること」と規定されている
  ❖日本では食品製造に使用する水は「食品製造用水」とされており 26 項目の水質基準が定められている。なお、各自治体にも独自の水質基準が設けられている場合もある

② 食品と接する器具、手袋、外衣の清潔さ
  ❖清潔であれば、製品の表面に触れたときも、汚染の原因にならない

③ 汚染度が高いものと清潔なものとの接触防止
  ❖汚染度が高い備品・原材料と製品との交差汚染がない
  ❖一般的には作業区域を汚染区域、準清潔区域、清潔区域に分けるゾーニングで対応

④ 手の清潔さおよびトイレ設備の維持管理
  ❖爪は伸びてなく、容易に適切な手洗いができ、トイレは清潔であること（健康な人間にも微生物が付着している）

⑤ 食品の安全をおびやかす生物的、化学的、物理的な汚染物質からの保護
  ❖食中毒菌、カビ毒、潤滑油、金属異物、アレルゲンなどの混入防止対策ができている

⑥ 有毒物質の適切な表示、保管および使用

❖次亜塩素酸 Na、食品添加物などと一般原料との区別保管ができている

⑦ 従業員の健康状態管理

　❖定期的に検便を実施し、疾病のある従業員に作業をさせない

⑧ 有害小動物の排除

　❖鼠(そ)族、昆虫などの衛生動物を屋内に侵入させない

　食品の製造販売に携わる者の心得として、5S（整理、整頓、清掃、清潔、躾）に洗浄、殺菌を加えた 7S が提唱されているが、基本的には同じ概念に基づくものといえる。

　以上、HACCP システムおよび一般的衛生管理事項について記したが、これらの関係の概念図を示すと 図 10.1 のようになる。

図 10.1 「食の安全」を支える「HACCP システム」と「一般的衛生管理」

4 家庭における衛生管理

　自然界には多くの微生物が生存している。生野菜・鮮魚・生肉などにも微生物は多く付着し、特に土壌中には 10^8 個/g 以上の微生物が生存している。そのため、ヒトは微生物に囲まれて生活しているといえるものの、ヒトの眼には見えないため、その存在を実感できない。

　家庭において発生数（事件数・患者数）が多い食中毒の原因物質として、ノロウイルス、カンピロバクター、サルモネラ属菌、腸炎ビブリオがあげられる。

　これらの原因物質による食中毒防止の 3 原則として「微生物をつけない」「微生物を増やさない」「微生物を殺滅する」がある。

4.1 微生物をつけない

　微生物は主に手を介して、食器や器具などを汚染する。汚染を除去するための基本は手洗いであるが、爪が伸びていると汚れが取れにくいので普段からよく手入れをしておく必要がある。ここでは家庭でもできる手洗いのやり方の例を紹介する。

　① 手を流水で濡らす。

　② 石鹸をつけて、よく泡立てる。

　③ 手のひら、甲、指先、指の間を両手の指をからませながら 30 秒間程度洗う。

④　流水で20秒間程度よくすすぐ。

⑤　乾いた清潔なタオルで水気を取る。

❖家族全員が使用するタオルは汚れている可能性大

❖使い捨てペーパータオルで水気を取るのが理想的

❖できれば最後に殺菌用アルコールを噴霧

また、付着菌数が多い生魚や生肉を冷蔵庫に入れるときは、それらのドリップが他の食品に付着しないように、必ずタッパー容器などに入れて保管する。

4.2　微生物を増やさない

微生物の増殖に重要な因子のひとつには温度がある。日持ちのしない食品には保存温度と消費期限が記載されているので、忠実に守らなくてはならない。要冷蔵品には「10℃以下に保存」と記載されていることが多いが、10℃を超えると微生物の増殖速度が速まることへの注意喚起と受け止める。冷蔵庫への詰め過ぎも冷却不十分の原因になる。

食品の保存に冷蔵庫を利用するが、微生物によっては低温でも増殖するもの（エルシニア・エンテロコリチカ；*Yersinia enterocolitica*）もあるので、過信は禁物である。定期的に冷蔵庫内の整理・清掃をすることは、食中毒防止には有効である。

台所用品（まな板、包丁、布きんなど）も食材由来の細菌によって汚染されやすいので注意を要する。家庭では、使用後に温水・洗剤でよく洗った後に水気を切り、乾燥させることが肝要である。できれば生肉や生魚を切ったまな板・包丁は熱湯をかけておくとよい。

4.3　微生物を殺滅する

家庭では、殺滅に相当する作業は調理での加熱である。食中毒菌は75℃1分以上の加熱が必要で、ノロウイルスの殺滅には食品の中心部が85〜90℃で90秒以上の加熱が必要とされているが、家庭では一般に温度計はないので、微沸騰状態で蒸気が立ち始めたら90℃以上と理解しておけばよい。また、カレーやシチューなどを大きな鍋で煮込んだ場合は、加熱後の冷却速度が遅いと腐敗を起こす場合がある。これは耐熱性の芽胞菌（ウェルシュ菌；*Clostridium perfringens*）の芽胞（100℃以上の加熱でも残存）が、放冷中に適温（30℃〜50℃；ウェルシュ菌の増殖至適温度は43〜46℃）に長時間置かれた際に、発芽・増殖して起こる。

5 HACCP を取り入れた国際規格

5.1 ISO

ISO とは International Organization for Standardization の略で国際標準化機構と訳されている。国際的な標準となる国際規格を策定するための非政府組織である。工業製品、食品安全、農業、医療など多くの分野にわたる規格が策定され、その規格はISO ＊＊＊＊などと表記される。

5.2 ISO22000

ISO22000「食品安全マネジメントシステム」（2018年改訂）は、食品に関わる一次生産から消費に到る全プロセスのなかで、発生する可能性のある危害を管理するための仕組みを構築することを目的とした規格である。HACCP システムは食品製造加工を対象にした管理システムであるが、食品の安全を確保するためには、食品の製造加工だけではなく、殺虫剤や化学肥料の製造、包装資材、流通などにおける安全管理が必要である。ISO22000はこの全行程を対象にしたシステムである。したがって、ISO22000は HACCP の範囲を含むシステムであり、対象となる業種も農業・漁業などの一次産品、小売り、製造加工機材、輸送など、フードチェーン全般に直接・間接に関わる業種である。図10.2 に HACCP と ISO22000 の関係を示した。

また、ISO9001 という規格があるが、これは食品に限定せず製品の品質管理に特化した規格である。食品の安全は食品の品質に含まれるので、食品の安全に特化した規格である ISO22000 は ISO9001 規格に含まれることになる。その関係を図示すると図10.3 のようになる。

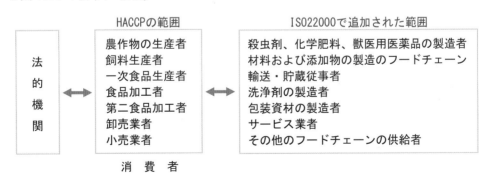

図 10.2　HACCP の範囲とISO22000の関係

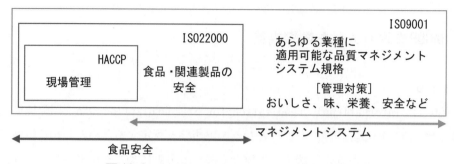

図 10.3　HACCP、ISO22000、ISO9001の関係

5.3 FSSC22000

　ISO22000 は一般的衛生管理の内容がやや不十分であることが指摘され、2011（平成 23）年に GFSI（国際的食品企業グループ）が新たな食品安全規格として FSSC22000 を立ち上げた。その概要を図 10.4 に示す。内容は毎年見直しがなされている。

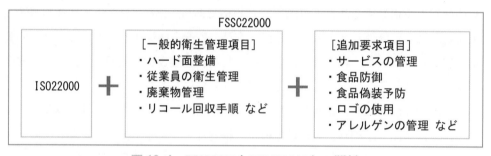

図 10.4　ISO22000とFSSC22000との関係

6　農業生産工程管理（GAP）

6.1 GAPとは

　GAP（ギャップ、ジーエーピー）は Good Agricultural Practice の略であり「適正な農業生産の実施」と訳することができる。農林水産省では「農業生産工程管理」とよんでおり、「農業生産活動を行う上で必要な関係法令等の内容に則して定められる点検項目に沿って、農業生産活動の各工程の正確な実施、記録、点検及び評価を行うことによる持続的な改善活動のこと」と定義している。GAP は本来農業に関するものであり、適正な農業を実践するための管理ということができる。適正な管理を行うためには、環境保全、農産物の品質向上、労働安全や労働環境などを適正に行うことが含まれる。また、同時に農業生産物である食品の安全にも深く関連している。食品の安全の確保という目的からこれをみた場合「食品安全のための GAP」（食品安全 GAP）ということができる。

　農作物の生産過程において食品安全を阻害する要因としては、残留農薬などの有害化学物質、重金属、有害微生物、異物などの混入が考えられる。まず、これらの影響を可能な限り排除し得る生産方法を決定する必要がある。具体的には、水田周辺の状況、農薬の適正使用、水管理期間、収穫用機器の清掃、生産資材の適切な管理、選果場の清掃・整頓などがあるが、これらについてどのような方法をとるかを決定する。これらを確実に実施・記録し、見直しを繰り返し、より安全性の高い方法に高めてゆくことになる。

　GAP は本来食品の安全のみに関わる概念ではなく、農業生産に関わる労働者の安全、農業による環境負荷を低減し地球規模での環境保全を含む広い概念であるので、具体的に GAP を実施する場合は、このような観点をも同時に考えてゆく必要がある。農業は地域により、生産規模により、また農作物の種類により多様であるので、適正な農業生産管理も一律ではない。現在、日本においても多様な GAP が導入されている。

　農林水産省は、「農業生産工程管理（GAP）の共通基盤に関するガイドライン」を策定し、農作物を分類し、分類ごとに具体的なガイドラインを作成している。各種の GAP がこのガイドラインに沿うことが期待されている。各種の GAP とガイドラインの関係は図10.5 のようになる。

　農作物の分類は、表10.5 の通りである。このガイドラインでは、例えば、米について「食品安全を主な目的とする取り組み」「環境保全を主な目的とする取り組み」、「労働安全を主な目的とする取り組み」および「農業生産工程管理の全般に関わる取り組み」という 4 つの項目を設定している。このうち「食品安全を主な目的とする取り組み」においては、「ほ場環境の確認と衛生管理」、「農薬の使用」、「カドミウム濃度の低減対策」、「収穫以降の農作物の管理」という区分を設定し、具体的な取り組み事項を設定している。

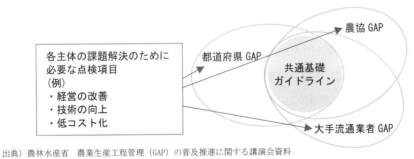

出典）農林水産省　農業生産工程管理（GAP）の普及推進に関する講演会資料

図 10.5　各種 GAP とガイドラインの関係（イメージ）

表 10.5　ガイドラインにおける作物の分類

1　野菜　　　2　米（飼料用のものを除く）　　　3　麦（飼料用のものを除く）　　　4　果樹　　　5　茶
6　飼料作物
7　その他の作物（食用）（上記1～6以外の作物のうち食用（食品の原材料となるものを含む）を対象とする。ただし、生で食べる可能性がある品目は野菜の取り組み事項を適用する）
8　その他の作物（非食用）（上記1～6以外の作物のうち非食用のものを対象とする）
9　きのこ（原木栽培、菌床栽培および堆肥栽培を行うものを対象とする。ただし、生で食べる可能性がある品目（マッシュルームなど）は野菜の取り組み事項を併用する。
※上記の1から9については、各分類に含まれる品目が共通して使用できるものとして作成しているため、品目特有の取り組み事項が必要になる場合がある。

出典）農林水産庁　農業生産工程管理（GAP）の共通基盤に関するガイドライン　2012 年 3 月 6 日

6.2　GAP と HACCP との違い

　GAP は農業に適用するためのものであるが、HACCP は食品工場に適用するためのものである。工場は、閉鎖系であり同一の工程が多いので再現性が高く、重要管理点を定めることが可能である。これに対し、開放系である水田、畑、果樹園などの作業は、工場内に比べると再現性が低い。そのため、重要管理点を一律に定めることが困難である。農作物や気候などの多様な条件を考慮し取り組むことが必要となる。

6.3　GLOBAL G. A. P.

　欧州の大手スーパーなどの大手小売が独自に策定していた食品安全規格を標準化するために、民間団体である欧州小売業組合（EUREP）が 2000（平成 12）年に EUREP G. A. P. を設立した。その後、2007（平成 19）年に GLOBAL G. A. P. に改称した。この基準は国際的に重要な役割を占めており、事実上の世界基準となっている。運営主体は、ドイツに本部を置く非営利組織・フードプラスである。

　目的は、農産物生産における安全管理を向上させることにより、円滑な農産物取引環境の構築を図るとともに、農産物事故の低減をもたらすこととされている。食べる人の安全（食品安全）、つくる人の安全（労働安全）、地球環境の安全（環境保全）を確保することが目的となる。

　GAP の導入が進んでいる各国では、GLOBAL G. A. P. の各国支部である国別技術作業部会（NTWG）において、各国の GAP に対する解釈ガイドラインを作成し、GLOBAL G. A. P. との同等性の確認を行っている。日本においても、国の農業を国際基準まで押し上げるという取り組みが 2016（平成 28）年頃から高まり、一般財団法人日本 GAP 協会が運用している日本独自の GAP 認証として JGAP が広がりをみせている。JGAP の特長としては労働環境における人権についての明確な記載がある。

章末問題

---

1 食品衛生管理に関する記述である。正しいのはどれか。1つ選べ。

1. 一般的衛生管理は HACCP システムにおいては重要視されていない。

2. 日本では HACCP に基づく衛生管理が制度化されている。

3. HACCP システムでは、抜き取り検査が重要視される。

4. コーデックス（Codex）委員会は、国際標準化機構（ISO）の下部組織である。

5. FSSC22000 には ISO22000 の概念が含まれていない。 　　　　（第 24 回国家試験一部改変）

解説 1. 一般的衛生管理は HACCP システムの土台となる重要管理事項である。 　2. 食品衛生法が改定され、日本でも HACCP の制度化が始まっている。 　3. 抜き取り検査では食品の安全が担保できないため、HACCP システムが考案された。 　4. コーデックス（Codex）委員会は、世界保健機関（WHO）と国連食糧農業機関（FAO）の下部組織である。 　5. FSSC22000 には ISO22000 の概念が組み込まれている。 　解答 2

第11章

遺伝子組換え
食品（GMO）

達成目標

　遺伝子組換え技術の概要を把握、安全性評価の要
点を理解する。また、わが国における遺伝子組換え
食品の表示制度を学ぶ。

1 遺伝子組換え食品 (genetically modified organism：GMO)

　遺伝子組換え食品とは遺伝子組換え技術を利用して生産される農作物（食品）である。日常に食している農作物の多くは長い年月をかけた交配等による品種改良を行い作り出された物であるが、遺伝子組換え食品は自然では交配しない生物から、生産性の向上や特殊な栄養素の産生など種々の目的の遺伝子を組み込むことで生産された新たな性質をもつ農作物である。

　遺伝子組換え食品は新規な遺伝子をもつ農作物であり、これをヒトが摂取した場合に健康に悪影響があってはならない。また、従来の自然環境には存在していない農作物でもあり、生物多様性への負の影響があってはならない。

　ところで、地球的規模の問題のひとつに食糧危機がある。国際連合の世界人口白書2022によると、2022（令和4）年3月30日、世界人口は79億人を突破したとしている。20世紀後半のいわゆる人口爆発（人口ビッグバン）に伴う食糧の確保は緊急の課題であり、新たな遺伝子組換え技術を利用した農作物の生産性の向上は危急のグローバルな食糧不足問題の解決に有用であると考える。

　2019（令和元）年における世界の遺伝子組換え農作物の栽培面積は29カ国で約1億9千万ヘクタールとなっている。主要な遺伝子組換え農作物（遺伝子組換え農作物の栽培面積割合）は、大豆（48%）、とうもろこし（32%）、わた（14%）、なたね（5%）である。遺伝子組換え農作物の栽培面積の推移（図11.1）、遺伝子組換え農作物の栽培面積割合（図11.2）、および世界の栽培状況（図11.3）をそれぞれ示した。

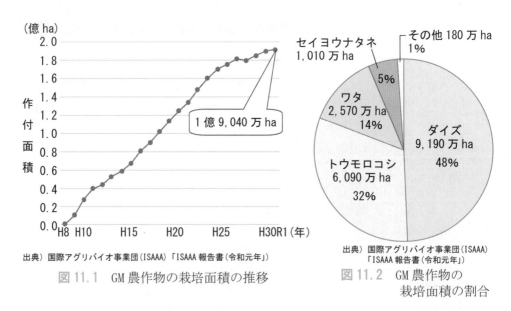

出典）国際アグリバイオ事業団（ISAAA）「ISAAA報告書（令和元年）」

図11.1　GM農作物の栽培面積の推移

出典）国際アグリバイオ事業団（ISAAA）「ISAAA報告書（令和元年）」

図11.2　GM農作物の栽培面積の割合

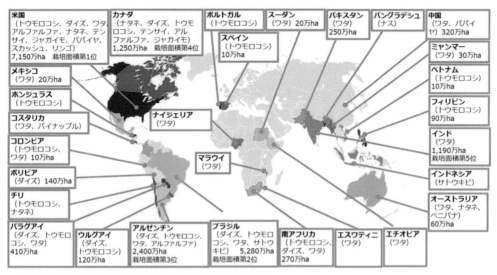

図 11.3 世界の栽培状況（栽培国 29 カ国）

　近年、世界の遺伝子組換え農作物の栽培面積は増加しており、今後ますます、栽培面積（農作物収穫量）や栽培国が増大すると考えられる。

　食糧自給率が低いわが国は遺伝子組換え農作物を大量に輸入しており、食用油（大豆油、コーン油、なたね油）、しょうゆなどの加工用や家畜（豚・牛・鶏）の飼料用として使用している。わが国がこれらの農作物を輸入している主な国は、アメリカ、ブラジル、カナダおよびオーストラリアがある。アメリカとブラジルからは、大豆、とうもろこしおよびわたを、カナダとオーストラリアからは主になたねを輸入している。これらの国々ではそれぞれ農作物の作付面積の約 90％程度で遺伝子組換えを栽培している。これらの国からの輸入農作物はすべてが遺伝子組換えというわけではなく、非遺伝子組換え農作物を分別管理して輸入する場合もある。

1.1 遺伝子組換え技術

　現在、開発・利用されている遺伝子組換え農作物には、害虫抵抗性とうもろこし、除草剤耐性大豆、DHA 産生なたね、害虫抵抗性わた、除草剤耐性てんさい、害虫・ウイルス抵抗性じゃがいも、低リグニンアルファルファ、ウイルス抵抗性パパイア、除草剤耐性カラシナなどがある。

　遺伝子組換え技術農作物のひとつに害虫抵抗性とうもろこしがある。害虫抵抗性をもつとうもろこしは、害虫に対して殺虫作用がある Bt たんぱく質（土壌生息微生物の *Bacillus thuringiensis* が産生する殺虫性たんぱく質）の遺伝情報をとうもろこしの細胞に組み込み、Bt たんぱく質を含む植物体を害虫が摂取すると Bt たんぱ

く質は害虫の腸内の消化酵素で活性系に変換され、この活性系 Bt たんぱく質が害虫の中腸細胞に作用することにより害虫は死に至る。Bt たんぱく質は高い特異性があり標的害虫に有効に作用する。このような機序で、特定の害虫を死滅させる毒素をもつ遺伝子を組み込むことにより殺虫剤を使用せずに植物の深部に至る害虫の食害を軽減することができる。Bt たんぱく質はヒトや家畜では消化管で分解され、さらに動物の消化管には Bt たんぱく質の受容体がないことから害虫に見られるような毒性作用はないとされている。

例題 1　遺伝子組換え食品に関する記述である。<u>誤っている</u>のはどれか。1 つ選べ。

1. 遺伝子組換え食品はヒトの健康や環境生態系へ悪影響があってはならない。
2. 2019 年における世界の遺伝子組換え農作物の栽培面積は、約 1 億ヘクタールである。
3. 近年、世界の遺伝子組換え農作物の栽培面積は増加傾向にある。
4. わが国は食用油や飼料用に遺伝子組換えとうもろこしを輸入、利用している。
5. 殺虫作用がある Bt たんぱく質はヒトや家畜には無害である。

解説　2. 2019 年における世界の遺伝子組換え農作物の栽培面積は約 1 億 9 千万ヘクタールであり、今後、増大すると考えられる。　　　　　　　　　　**解答** 2

1.2 遺伝子組換え食品の安全性の確保

　2003(平成 15)年 7 月、コーデックス委員会は遺伝子組換え食品のリスク分析に関する安全面および栄養面での包括的枠組みおよび安全性評価実施のためのガイドラインを作成した。遺伝子組換え食品の安全性評価は、従来の食品と比べ、安全性が「実質的に同等である」という考えに基づく。

　わが国の遺伝子組換え食品の安全性評価の考えは、コーデックス委員会が提示した国際的なガイドラインに従っている。遺伝子組換え食品を輸入、流通、栽培する場合には、「食品」「飼料」「生物多様性」について、それぞれ以下の法律に基づき、科学的に安全性を審査して問題が生じないと評価されたもののみが使用できる。

❖「食品」としての安全性を確保するために、「食品衛生法」および「食品安全基本法」。
❖「飼料」としての安全性を確保するために、「飼料安全法」および「食品安全基本法」。
❖「生物多様性」への影響がないようにするために、「カルタヘナ法[*1]」。

＊1 **カルタヘナ法**：カルタヘナ議定書に基づき、遺伝子組換え生物について生物多様性の保全および持続可能な利用に悪影響を及ぼさないよう、安全な移送、取扱いおよび利用について十分な保護を確保するための措置を規定している。

遺伝子組換え農作物の安全を確保する仕組みを図11.4に示した。

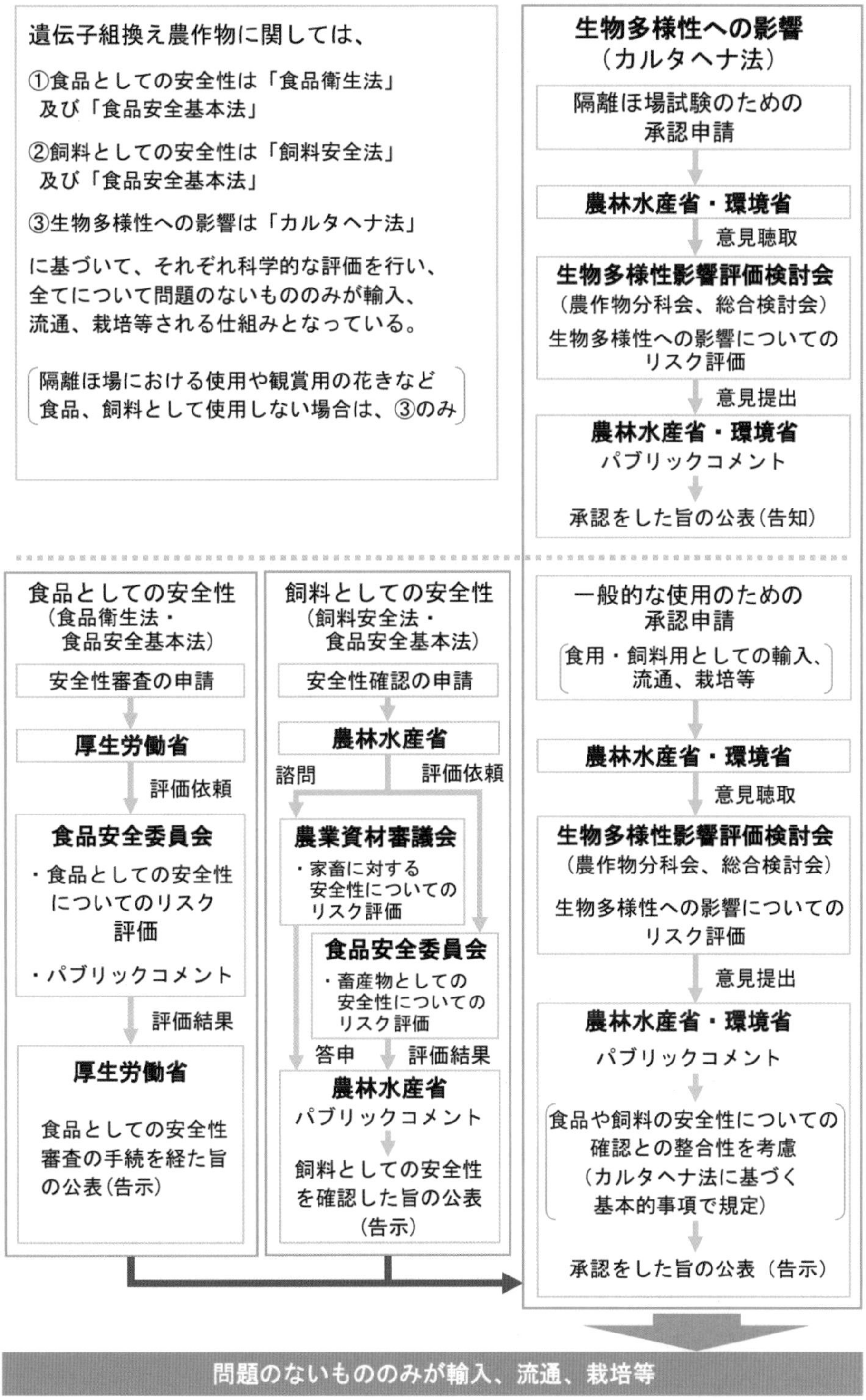

遺伝子組換え農作物に関しては、

①食品としての安全性は「食品衛生法」
　及び「食品安全基本法」

②飼料としての安全性は「飼料安全法」
　及び「食品安全基本法」

③生物多様性への影響は「カルタヘナ法」

に基づいて、それぞれ科学的な評価を行い、全てについて問題のないもののみが輸入、流通、栽培等される仕組みとなっている。

〔隔離ほ場における使用や観賞用の花きなど食品、飼料として使用しない場合は、③のみ〕

生物多様性への影響
（カルタヘナ法）

隔離ほ場試験のための
承認申請
↓
農林水産省・環境省
意見聴取
↓
生物多様性影響評価検討会
（農作物分科会、総合検討会）
生物多様性への影響についての
リスク評価
↓意見提出
農林水産省・環境省
パブリックコメント
↓
承認をした旨の公表（告知）

食品としての安全性
（食品衛生法・
食品安全基本法）
↓
安全性審査の申請
↓
厚生労働省
↓評価依頼
食品安全委員会
・食品としての安全性
についてのリスク
評価
・パブリックコメント
↓評価結果
厚生労働省
食品としての安全性
審査の手続を経た旨
の公表（告示）

飼料としての安全性
（飼料安全法・
食品安全基本法）
↓
安全性確認の申請
↓
農林水産省
諮問　　評価依頼
↓
農業資材審議会
・家畜に対する
安全性についての
リスク評価
↓
食品安全委員会
・畜産物としての
安全性についての
リスク評価
答申　　評価結果
↓
農林水産省
パブリックコメント
↓
飼料としての安全性
を確認した旨の公表
（告示）

一般的な使用のための
承認申請
〔食用・飼料用としての輸入、
流通、栽培等〕
↓
農林水産省・環境省
意見聴取
↓
生物多様性影響評価検討会
（農作物分科会、総合検討会）
生物多様性への影響についての
リスク評価
↓意見提出
農林水産省・環境省
パブリックコメント
↓
〔食品や飼料の安全性についての
確認との整合性を考慮
（カルタヘナ法に基づく
基本的事項で規定）〕
↓
承認をした旨の公表（告示）

問題のないもののみが輸入、流通、栽培等

出典）農林水産省ウェブサイト「生物多様性と遺伝子組換え（基礎情報）」より抜粋。

図11.4　遺伝子組換え農作物の安全を確保する仕組み

　「食品」としての安全性は、厚生労働省および内閣府食品安全委員会（食品としての安全性についてのリスク評価）の審査を経て、また「飼料」としての安全性は、農林水産省農業資材審議会（家畜に対する安全性についてのリスク評価）および内閣府食品安全委員会（畜産物としての安全性についてのリスク評価）の審査を経ることになる。その後、「食品」と「飼料」はともに農林水産省・環境省生物多様性影響評価検討会においてカルタヘナ法に基づく生物多様性への影響を検討し、問題のないものを承認し、その旨が公表される。また、それぞれの過程において消費者からの情報・意見収集のパブリックコメントを実施し、広く意見交換の場が設定されている。

　例題2　遺伝子組換え食品の安全性に関する記述である。<u>誤っている</u>のはどれか。1つ選べ。

1. 食品としての安全性は食品安全委員会のリスク評価を受ける。
2. 飼料としての安全性は食品安全委員会のリスク評価を受ける
3. 観賞用の花などで食品、飼料として使用しない遺伝子組換え植物は、カルタヘナ法のみでリスク評価が審査される。
4. 農業資材審議会は生物多様性への影響について審査する。
5. 生物多様性への影響はカルタヘナ法に基づく基本事項で規定している。

　解説　4.　農業資材審議会は飼料の安全性のリスク評価を行う。生物多様性への影響についてのリスク評価は「生物多様性影響評価検討会」が行う。　　　**解答** 4

1.3 遺伝子組換え食品の表示制度

　2023（令和5）年3月現在、国内で流通が認められている遺伝子組換え農作物およびそれを原材料とした加工食品は、大豆、とうもろこし、じゃがいも、なたね、わた、アルファルファ、てんさい、パパイヤ、カラシナの9農作物およびそれを原材料とした33加工食品である（表11.1）。これらの遺伝子組換え食品を取り扱う場合、遺伝子組換え食品の表示制度に従うことになっている。食品表示法（平成25年法律第70号）による食品表示の一元化に伴い、2015（平成27）年4月に食品表示基準が定められ、2023（令和5）年4月1日から新たな遺伝子組換え食品の表示制度が施行された。上記の9農作物、33加工食品を利用する場合は、下記の内容に従い、その旨の表示をしなければならない。

　①分別生産流通管理*2（以下「IPハンドリング」と記す）を行なった遺伝子組換

表11.1　遺伝子組換え表示義務対象食品

義務対象[*1]

安全性審査を経て流通が認められた9農産物及びそれを原材料とした33加工食品群[*2]

対象農産物	加工食品[*3]
大豆 （枝豆及び 大豆もやしを含む）	1 豆腐・油揚げ類、2 凍り豆腐、おから及びゆば、3 納豆、4 豆乳類、5 みそ、6 大豆煮豆、7 大豆缶詰及び大豆瓶詰、8 きなこ、9 大豆いり豆、10 1から9までに掲げるものを主な原材料とするもの、11 調理用の大豆を主な原材料とするもの、12 大豆粉を主な原材料とするもの、13 大豆たんぱくを主な原材料とするもの、14 枝豆を主な原材料とするもの、15 大豆もやしを主な原材料とするもの
とうもろこし	1 コーンスナック菓子、2 コーンスターチ、3 ポップコーン、4 冷凍とうもろこし、5 とうもろこし缶詰及びとうもろこし瓶詰、6 コーンフラワーを主な原材料とするもの、7 コーングリッツを主な原材料とするもの（コーンフレークを除く）、8 調理用のとうもろこしを主な原材料とするもの、9 1から5までに掲げるものを主な原材料とするもの
ばれいしょ	1 ポテトスナック菓子、2 乾燥ばれいしょ、3 冷凍ばれいしょ、4 ばれいしょでん粉、5 調理用のばれいしょを主な原材料とするもの、6 1から4までに掲げるものを主な原材料とするもの
なたね	
綿　実	
アルファルファ	アルファルファを主な原材料とするもの
てん菜	調理用のてん菜を主な原材料とするもの
パパイア	パパイアを主な原材料とするもの
からしな	

★しょうゆや植物油などは、最新の技術によっても組換えDNA等が検出できないため、表示義務はありませんが、任意で表示することは可能です。この場合は、義務対象品目と同じ表示ルールに従って表示してください。

＊1　従来のものと組成、栄養価等が同等のもの
＊2　組換えDNA等が残存し、科学的検証が可能と判断された品目
＊3　表示義務の対象となるのは主な原材料（原材料の重量に占める割合の高い原材料の上位3位までのもので、かつ、原材料及び添加物の重量に占める割合が5%以上であるもの）

出典）遺伝子組換え食品．消費者庁（令和5年3月30日）

え農作物およびそれを加工食品の原材料として使用した場合は、IPハンドリングが行われた遺伝子組換え農作物である旨の表示義務がある。例えば、「大豆（遺伝子組換え）」。

　②IPハンドリングをせず、遺伝子組換え農作物および非遺伝子組換え農作物を区別していない場合およびそれを加工食品の原材料として使用した場合は、遺伝子組換え農作物と非遺伝子組換え農作物が分別されていない旨の表示義務がある。例えば、「大豆（遺伝子組換え不分別）」。

　③大豆およびとうもろこしについて、IPハンドリングを行なったが、遺伝子組換え農作物の意図しない混入が5%を超えていた場合およびそれを加工食品の原材と

＊2　**分別生産流通管理**（IPハンドリング：Identity Preserved Handling）：遺伝子組換え農作物と非遺伝子組換え農作物を生産、流通および加工の各段階で混入が起こらないように管理し、そのことが書類により証明されていることをいう。

して使用した場合は、遺伝子組換え農作物と非遺伝子組換え農作物が分別されていない旨の表示義務がある。例えば、「大豆（遺伝子組換え不分別）」。

　④大豆およびとうもろこしについて、IPハンドリングを行ない、遺伝子組換え農作物の意図しない混入を5%以下に抑えている場合およびそれを加工食品の原材料として使用した場合は、適切にIPハンドリングを行なった旨の表示が可能である。例えば、「大豆（遺伝子組換え防止管理済）」、「大豆（分別生産流通管理済）」。

　⑤大豆およびとうもろこしについて、IPハンドリングを行ない、遺伝子組換え農作物の混入がないと認められる場合およびそれを加工食品の原材料として使用した場合は、遺伝子組換えでない旨の表示が可能である。例えば、「大豆（遺伝子組換えでない）」、「大豆（非遺伝子組換え）」。

　現在、大豆ととうもろこし以外の遺伝子組換え農作物については、意図しない混入についての規定はない。したがって、それらを原材料とする加工食品に「遺伝子組換えでない」と表示する場合は、遺伝子組換え農作物の混入がないことが条件になる。

　また、加工食品の原材料に遺伝子組換え農作物を用いた植物油やしょうゆについては、現在のところ食品中DNAの検出が技術的に不可能なため、その旨の表示義務はない。

例題3　遺伝子組換え食品の表示制度に関する記述である。<u>誤っている</u>のはどれか。1つ選べ。

1. 2023年現在、国内で流通が認められている遺伝子組換え食品は、9農作物、33加工食品である。
2. IPハンドリングを行なった遺伝子組換え食品を使用した場合は、「遺伝子組換え」の表示義務がある。
3. IPハンドリングを行ない、遺伝子組換え食品の意図しない混入が5%以下に抑えている場合は、「遺伝子組換え防止管理済」の表示が可能である。
4. IPハンドリングを行ない、遺伝子組換え食品の混入がないと認められる場合は、「遺伝子組換えでない」の表示が可能である。
5. 遺伝子組換え大豆を原料に加工した大豆油は「遺伝子組換え」の表示義務がある。

解説　5. 現在、遺伝子組換え農作物を原材料に加工した植物油やしょうゆについては表示義務はない。　　　　　　　　　　　　　　　　　　　　**解答** 5

直前対策文章問題

文章中の赤文字の語句は国家試験に頻出する重要なキーワードです。
この（**赤文字**）の語句を短時間で理解して覚えておいてください。

第1章　食品衛生の概念

(1)WHOの食品衛生の定義：「食品衛生は、食べ物についてその生育、生産および製造から最終的な消費に至るすべての段階における（**安全性**）、（**健全性**）および（**完全性**）を確保するのに必要なあらゆる手段を意味する。」

(2)持続可能な開発目標(SDGs)において、17目標のひとつとして、2030（令和12）年までに（**飢餓をゼロにする**）ことをあげて、誰もが十分に食べられる世界の実現を約束している。

第2章　食品衛生と食品衛生関連法規・食品衛生行政

(1)食品安全基本法では、（**フードチェーンアプローチ**）と（**食品リスク分析手法**）を用いて食品安全を確保するという基本的な考え方が示され、関係省庁、食品等事業者、および消費者の役割が明記されている。

(2)食品衛生の対象は、（**食品・添加物**）のように経口的に摂取する物だけでなく、（**食器・割烹具**）などの器具、（**包装紙・びん・缶**）などの容器包装、（**乳幼児玩具**）、（**野菜・食器用**）洗剤がある。

(3)食品衛生法による表示に関する業務は（**消費者庁**）が行う。

(4)食品安全委員会は（**食品安全基本**）法に基づいて設置された機関であり、食品衛生のリスク（**評価**）を行う。

(5)食品衛生に関するリスク管理は（**厚生労働省**）、（**農林水産省**）、（**消費者庁**）が行う。

(6)食品衛生監視員は、国（**検疫所**）や地方自治体（**保健所**）に所属し、食品検査、食中毒調査、飲食店の衛生監視・指導・教育を行う。食品衛生管理者は、乳製品・食肉製品・添加物製造業の（**事業所**）における工程の衛生管理を行う。

(7)輸入される食肉、乳・乳製品や水産食品には、（**衛生証明書**）の添付が輸入要件となっている。

第3章　微生物の基礎

(1)食品中の水分は（**結合水**）と（**自由水**）がある。細菌が増殖に利用できるのは（**自由水**）である。食品中の（**自由水**）の割合を（**水分活性**）という。多くの細菌は（**水分活性**）が（**0.9**）以下では増殖できない。酵母は（**0.88**）以上、カビは（**0.7**）程度の（**水分活性**）が必要である。大部分の微生物は食品中の（**水分活性**）が（**0.5**）以下だと増殖できないので、食品の乾燥は微生物の増殖防止に有効である。

(2)ノロウイルスは、脂質二重膜構造の（**エンベロープ**）を持たない（**RNA**）ウイル

スであり、エチルアルコールへの（感受性）はない。

(3)プリオンは通常の調理温度では病原性の（不活）化はできない。

第4章 食中毒

(1) ここ数年、食中毒の原因物質で患者数が圧倒的に多いものは（ノロウイルス）である。食中毒原因施設は、患者数・事件数共に（飲食店）が最も多い。

(2)サルモネラ食中毒の主な症状は（胃腸炎）であり、幼児が感染した場合、（敗血症）や髄膜炎を起こすことがある。原因食品は（肉）や（卵）が多い。

(3)腸炎ビブリオは世代時間が約（8分）と短い。原因食品は（海水産魚介類）が多い。

(4)大腸菌はグラム（陰）性、（通性嫌）気性、（無芽胞）桿菌、（乳糖）を分解し酸とガスを生成する。

(5)腸管出血性大腸菌は（ベロ）毒素による（溶血性尿毒症）症候群を発症する。原因食品は牛肉・（内臓）肉。潜伏期間は約（6日間）と長い。75℃、1分間で死滅するので食品の（加熱）は中毒予防になる。

(6)カンピロバクターは（微好）気性細菌である。（25）℃以下では増殖できない。抹消神経障害である（ギラン・バレー）症候群を発症する。原因食品は（鶏肉）が多い。

(7)黄色ぶどう球菌食中毒は菌体外毒素の（エンテロトキシン）による（嘔吐）を主症状とする。菌そのものは熱に弱いが、菌対外毒素は（耐）熱性である。ヒトの（皮膚）や（鼻腔）に存在することから中毒原因食品は多彩である。感染から中毒発症までの潜伏期間は約（3時間）と短い。

(8)ボツリヌス菌は（芽胞）形成グラム（陽）性、（偏性嫌）気性菌である。ボツリヌス毒は（神経麻痺）症状を発症する。芽胞は（耐）熱性であるが、ボツリヌス毒は熱で（不活）化する。（いずし）、からし蓮根が原因食品となる。（ハチミツ）による乳児ボツリヌス症に注意。

(9)リステリア菌の原因食品は（牛乳）、（チーズ）がある。妊婦感染で（流産）・（死産）を起こす。

(10)ノロウイルスは（エンベロープ）を持たない（RNA）ウイルスである。（エチルアルコール）や（塩化ベンザルコニウム）による殺滅は無効であるが、（次亜塩素酸ナトリウム）はノロウイルスの殺滅に有効である。（カキ）などの貝類の生食が原因となる。ノロウイルスは（カキ）体内に（蓄積）して、ヒトの腸管内で（増殖）する。

(11)フグ毒は神経毒の（テトロドトキシン）で、（耐熱）性が高い。（卵巣）や

（肝臓）は毒力が強く食してはいけない。

(12)シガテラ毒は（ドライアイスセンセーション）という神経症状を発症する。（バラフエダイ）が原因となる。

(13)パリトキシンは（横紋筋融解）症を発症する。（アオブダイ）が原因となる。

(14)ワックスエステルにより（下痢）を起こす。（アブラソコムツ）や（バラムツ）の筋肉が原因となる。

(15)ビタミンA過剰摂取で（皮膚剥離）を起こす。（イシナギ）の肝臓が原因となる。

(16)麻痺性貝毒は（サキシトキシン）群や（ゴニオトキシン）群が、下痢性貝毒は（オカダ）酸や（ディノフィシストキシン）群があり、ホタテガイやアサリが原因となる。

(17)毒キノコ（毒成分；食用キノコ）。➡クサウラベニタケ（ムスカリン；ホンシメジ）、ツキヨタケ（イルジンS；シイタケ）、カキシメジ（ウスタリン酸；マツタケモドキ）。

(18)トリカブトは山草の（ニリンソウ）に似る。毒成分は（アコニチン）である。

(19)スイセンは（ニラ）に似る。毒成分は（リコリン）や（ガランタミン）である。

(20)アンズや梅の果実や種子には（アミグダリン）、ビルマ豆やキャッサバには（リナマリン）などの青酸配糖体が含まれる。

(21)じゃがいもの発芽部分や緑色部分には（ソラニン）や（チャコニン）などのアルカロイド配糖体が含まれる。

(22)食物アレルギーの特定原材料は、（えび）、（かに）、（くるみ）、（そば）、（小麦）、（卵）、（落花生）、（乳または乳製品）の8品目があり、表示が（義務）付けられている。また、特定原材料に準ずる食品として20品目があり、表示が（推奨）されている。

第5章　食品媒介感染症

(1)原虫であるクドア寄生の（ヒラメ）やサルコシスティス寄生の（馬肉）の生食で食中毒を発症する。

(2)アニサキス症は（サバ）、（スルメイカ）、（サケ）、（タラ）の生食で発症する。アニサキスは −30℃、15時間の（冷凍）で死滅する。

(3)有刺顎口虫症は（ドジョウ）、（ライギョ）、（フナ）の生食で発症する。

(4)原虫であるクリプトスポリジウムは通常の（塩素）殺菌では死滅しないので、クリプトスポリジウム汚染水の（上水道）への利用は公衆衛生上問題となる。

(5)エキノコックス症は（キタキツネ）の糞便による汚染を受けた水や食品の経口で発症する。

(6) ジアルジア症の病原体は（ランブル鞭毛虫）である。（シスト）で汚染された飲食物の摂取で感染する。

第6章　有害物質による食品汚染

(1) アフラトキシンは（コウジ）カビの仲間で、全食品に総アフラトキシン（B_1, B_2, G_1, G_2の合計）の規格基準がある。（肝臓がん）を発症する。B群は（ピーナッツ）などから、M群は（乳製品）などから検出される。

(2) パツリンは（青）カビの仲間で、（リンゴ加工品）に規格基準がある。（消化器系）障害を起こす。

(3) デオキシニバレノールは（赤）カビの仲間で、（小麦）に規格基準がある。（消化器系）障害を起こす。

(4) ヒスタミンは、（サバ）・（サンマ）・（イワシ）などの赤身魚の（ヒスチジン）が（脱炭酸）酵素を有する細菌で生成・蓄積することにより、（アレルギー様）食中毒を起こす。

(5) 発がん物質(食品名；がん部位)。➡　アフラトキシン（ピーナッツ；肝臓がん）。ステリグマトシスチン（穀類；肝臓がん）。ギロミトリン（シャグマアミガサタケ；肝臓がん）。サイカシン（ソテツ；肝臓がん）。プタキロサイド(ワラビ；膀胱がん)。ペタシテニン（フキノトウ；肝臓がん）。シンフィチン（コンフリー；肝臓がん）。ヘテロサイクリックアミン（肉・魚の焦げ；肝臓がん）。アクリルアミド（炭水化物；腎臓がん）。ニトロソアミン（魚卵；肝臓がん）。

(6) フェオホルバイドはアワビの（中腸腺）の摂取により、（光過敏）症を発症する。

(7) 有機水銀、特に（メチル）水銀は（中枢神経）障害を発症する（公害病の水俣病）。特徴は（ハンター・ラッセル）症候群(主症状は運動失調・構音障害・求心性視野狭窄)である。

(8) カドミウムは（腎臓）に蓄積して（カルシウム）代謝異常を起こす（公害病のイタイイタイ病）。食品衛生法の規格基準として（玄米および精米）に対し 0.4ppm 以下である。

(9) 無機ヒ素は（発がん）性があるが、有機ヒ素(アルセノベタイン)は（有害）性はない。有機ヒ素は（魚介類）、（海藻類）に含まれる。

(10) 食品中の放射性セシウム基準（放射能：ベクレル：Bq）は、飲料水（10）Bq/kg 以下、乳児用食品・牛乳（50）Bq/kg 以下、一般食品（100）Bq/kg 以下である。

(11) 食品への放射線照射は、バレイショの（発芽防止）を目的に、コバルト60の（ガンマ）線を（150）（吸収線量：グレイ：Gy）以下、（再）照射してはいけない条件で

使用を許可されている。

(12)トランス脂肪酸は（**心疾患**）、（**糖尿病**）などの発症リスクを高めることが知られている。植物油に（**水素**）添加して製造される（**マーガリン**）、（**ショートニング**）に含有される。また、（**牛乳**）や乳製品にも微量に含まれている。

第7章　食品の変質と防止

(1)K値は（**魚肉**）のたんぱく質の鮮度指標で、ATP分解課程における最終産物の（**イノシン**）、（**ヒポキサンチン**）が占める割合である。腐敗が進めばK値が（**大きく**）なる。

(2)過酸化物価は油脂変性の時間経過と共に（**上昇**）するが、ある時点から（**減少**）するので、初期の変敗を示す。

(3)カルボニル価は油脂の過酸化物がさらに分解されて生じる（**アルデヒド**）、（**ケトン**）の値である。変敗が進むと過酸化物価の（**減少**）に伴い、カルボニル価は（**上昇**）する。

(4)油脂の変敗防止法には、（**真空**）包装、（**窒素などの不活性ガス**）置換、（**脱**）気、（**脱酸素剤**）封入、（**着色や不透明包装**）による光の遮断、（**低**）温、（**キレート剤**）による金属除去、（**熱処理**）による酵素の失活などがある。

第8章　食品添加物

(1)原則、食品に添加する物質は全て表示するが、（**加工助剤**）、（**キャリーオーバー**）、（**栄養強化剤**）、（**容器・包装面積が30cm^{2}以下のもの**）、（**ばら売りのもの**）は表示が免除できる。

(2)酸化防止剤には（**エリソルビン酸**）、（**dl-α-トコフェロール**）、（**L-アスコルビン酸**）、（**二酸化硫黄**）がある。

(3)発色剤には（**亜硝酸ナトリウム**）、（**硝酸カリウム**）がある。

(4)漂白剤には（**亜硫酸ナトリウム**）がある。

(5)防カビ剤には（**イマザリル**）、（**オルトフェニルフェノール**）、（**ジフェニル**）、（**チアベンダゾール**）がある。

(6)保存料は微生物の増殖を抑える（**静菌**）作用はあるが、（**殺菌**）効果はない。（**安息香酸**）、（**ソルビン酸**）、（**デヒドロ酢酸**）、（**プロピオン酸**）がある。

(7)殺菌料には（**過酸化水素**）、（**次亜塩素酸水**）がある。殺菌料は（**加工助剤**）であり最終食品に残存してはいけない。

(8)乳化剤には（**ポリソルベート**）、（**ステアロイル乳酸カルシウム**）がある。

第9章　食品用器具・容器包装

(1)ガラス製・陶磁器製・ホウロウ製の器具・容器包装には、有害金属である（鉛）・（カドミウム）溶出試験の規格基準がある。

(2)食品用器具・容器包装は安全性や国際整合性の確保のため、製造の原材料は安全性が担保されたもののみを使用する（ポジティブリスト）制度が導入されている。

(3)容器包装のリサイクルを促進するため、事業者に対して（資源有効利用促進）法の基に識別表示を義務づけている。

第10章　食品衛生管理

(1)食品製造現場における衛生管理には（HACCP）方式が、食品・関連製品の安全確保には（ISO22000）が運用されている。また、あらゆる業種に適用可能な品質マネジメントシステム規格は（ISO9001）で衛生管理を行う。

(2)全ての食品事業者に（HACCP）に沿った衛生管理の導入が義務化され、原材料、製造・調理工程の衛生管理の（計画策定）、（記録保存）が求められている。不備があれば営業停止などの行政処分が下される。衛生管理計画書の策定は、従業員（50）人以上の事業者は「HACCPに基づく衛生管理」が必須で、（50）人未満は厚労省の手引書を使った「HACCPの考えを取り入れた衛生管理」でよい。

第11章　遺伝子組換え食品（GMO）

(1)世界の遺伝子組換え農作物の栽培面積割合で、遺伝子組換え全栽培面積の約80%は（大豆）と（とうもろこし）が占めている。

(2)わが国において、安全性審査を経て流通が認められた遺伝子組換えの9農作物は（大豆）（とうもろこし）（じゃがいも）（なたね）（わた）（アルファルファ）（てんさい）（パパイヤ）（カラシナ）である。

(3)遺伝子組換え農作物や加工食品原材料として遺伝子組換え農作物を用いた場合は、（「遺伝子組換え」）の表示義務がある。

(4)分別生産流通管理（IPハンドリング）を行い、遺伝子組換えの混入がない大豆やとうもろこしとその加工食品には、（「遺伝子組換えでない」）の表示が可能である。

付　録

1．食品安全基本法（抜粋）

（昭和15年法律第48号　　施行日：令和3年6月1日）

第一章　総則

（目的）

第一条　この法律は、科学技術の発展、国際化の進展その他の国民の食生活を取り巻く環境の変化に適確に対応することの緊要性にかんがみ、食品の安全性の確保に関し、基本理念を定め、並びに国、地方公共団体及び食品関連事業者の責務並びに消費者の役割を明らかにするとともに、施策の策定に係る基本的な方針を定めることにより、食品の安全性の確保に関する施策を総合的に推進することを目的とする。

（定義）

第二条　この法律において「食品」とは、全ての飲食物（医薬品、医療機器等の品質、有効性及び安全性の確保等に関する法律（昭和三十五年法律第百四十五号）に規定する医薬品、医薬部外品及び再生医療等製品を除く。）をいう。

（食品の安全性の確保のための措置を講ずるに当たっての基本的認識）

第三条　食品の安全性の確保は、このために必要な措置が国民の健康の保護が最も重要であるという基本的認識の下に講じられることにより、行われなければならない。

（食品供給行程の各段階における適切な措置）

第四条　農林水産物の生産から食品の販売に至る一連の国の内外における食品供給の行程（以下「食品供給行程」という。）におけるあらゆる要素が食品の安全性に影響を及ぼすおそれがあることにかんがみ、食品の安全性の確保は、このために必要な措置が食品供給行程の各段階において適切に講じられることにより、行われなければならない。

（国民の健康への悪影響の未然防止）

第五条　食品の安全性の確保は、このために必要な措置が食品の安全性の確保に関する国際的動向及び国民の意見に十分配慮しつつ科学的知見に基づいて講じられることによって、食品を摂取することによる国民の健康への悪影響が未然に防止されるようにすることを旨として、行われなければならない。

（国の責務）

第六条　国は、前三条に定める食品の安全性の確保についての基本理念（以下「基本理念」という。）にのっとり、食品の安全性の確保に関する施策を総合的に策定し、及び実施する責務を有する。

（地方公共団体の責務）

第七条　地方公共団体は、基本理念にのっとり、食品の安全性の確保に関し、国との適切な役割分担を踏まえて、その地方公共団体の区域の自然的経済的社会的諸条件に応じた施策を策定し、及び実施する責務を有する。

（食品関連事業者の責務）

第八条　肥料、農薬、飼料、飼料添加物、動物用の医薬品その他食品の安全性に影響を及ぼすおそれがある農林漁業の生産資材、食品（その原料又は材料として使用される農林水産物を含む。）若しくは添加物（食品衛生法（昭和二十二年法律第二百三十三号）第四条第二項に規定する添加物をいう。）又は器具（同条第四項に規定する器具をいう。）若しくは容器包装（同条第五項に規定する容器包装をいう。）の生産、輸入又は販売その他の事業活動を行う事業者(以下「食品関連事業者」という。）は、基本理念にのっとり、その事業活動を行うに当たって、自らが食品の安全性の確保について第一義的責任を有していることを認識して、食品の安全性を確保するために必要な措置を食品供給行程の各段階において適切に講ずる責務を有する。

2　前項に定めるもののほか、食品関連事業者

は、基本理念にのっとり、その事業活動を行うに当たっては、その事業活動に係る食品その他の物に関する正確かつ適切な情報の提供に努めなければならない。

3　前二項に定めるもののほか、食品関連事業者は、基本理念にのっとり、その事業活動に関し、国又は地方公共団体が実施する食品の安全性の確保に関する施策に協力する責務を有する。

（消費者の役割）

第九条　消費者は、食品の安全性の確保に関する知識と理解を深めるとともに、食品の安全性の確保に関する施策について意見を表明するように努めることによって、食品の安全性の確保に積極的な役割を果たすものとする。

（法制上の措置等）

第十条　政府は、食品の安全性の確保に関する施策を実施するため必要な法制上又は財政上の措置その他の措置を講じなければならない。

第二章　施策の策定に係る基本的な方針

（食品健康影響評価の実施）

第十一条　食品の安全性の確保に関する施策の策定に当たっては、人の健康に悪影響を及ぼすおそれがある生物学的、化学的若しくは物理的な要因又は状態であって、食品に含まれ、又は食品が置かれるおそれがあるものが当該食品が摂取されることにより人の健康に及ぼす影響についての評価（以下「食品健康影響評価」という。）が施策ごとに行われなければならない。ただし、次に掲げる場合は、この限りでない。

　一　当該施策の内容からみて食品健康影響評価を行うことが明らかに必要でないとき。

　二　人の健康に及ぼす悪影響の内容及び程度が明らかであるとき。

　三　人の健康に悪影響が及ぶことを防止し、又は抑制するため緊急を要する場合で、あらかじめ食品健康影響評価を行ういとまがないとき。

2　前項第三号に掲げる場合においては、事後において、遅滞なく、食品健康影響評価が行われなければならない。

3　前二項の食品健康影響評価は、その時点において到達されている水準の科学的知見に基づいて、客観的かつ中立公正に行われなければならない。

（国民の食生活の状況等を考慮し、食品健康影響評価の結果に基づいた施策の策定）

第十二条　食品の安全性の確保に関する施策の策定に当たっては、食品を摂取することにより人の健康に悪影響が及ぶことを防止し、及び抑制するため、国民の食生活の状況その他の事情を考慮するとともに、前条第一項又は第二項の規定により食品健康影響評価が行われたときは、その結果に基づいて、これが行われなければならない。

（情報及び意見の交換の促進）

第十三条　食品の安全性の確保に関する施策の策定に当たっては、当該施策の策定に国民の意見を反映し、並びにその過程の公正性及び透明性を確保するため、当該施策に関する情報の提供、当該施策について意見を述べる機会の付与その他の関係者相互間の情報及び意見の交換の促進を図るために必要な措置が講じられなければならない。

（緊急の事態への対処等に関する体制の整備等）

第十四条　食品の安全性の確保に関する施策の策定に当たっては、食品を摂取することにより人の健康に係る重大な被害が生ずることを防止するため、当該被害が生じ、又は生じるおそれがある緊急の事態への対処及び当該事態の発生の防止に関する体制の整備その他の必要な措置が講じられなければならない。

（関係行政機関の相互の密接な連携）

第十五条　食品の安全性の確保に関する施策の策定に当たっては、食品の安全性の確保のために必要な措置が食品供給行程の各段階において適切に講じられるようにするため、関係行政機関の相互の密接な連携の下に、これが行われな

ければならない。

（試験研究の体制の整備等）

第十六条　食品の安全性の確保に関する施策の策定に当たっては、科学的知見の充実に努めることが食品の安全性の確保上重要であることにかんがみ、試験研究の体制の整備、研究開発の推進及びその成果の普及、研究者の養成その他の必要な措置が講じられなければならない。

（国の内外の情報の収集、整理及び活用等）

第十七条　食品の安全性の確保に関する施策の策定に当たっては、国民の食生活を取り巻く環境の変化に即応して食品の安全性の確保のために必要な措置の適切かつ有効な実施を図るため、食品の安全性の確保に関する国の内外の情報の収集、整理及び活用その他の必要な措置が講じられなければならない。

（表示制度の適切な運用の確保等）

第十八条　食品の安全性の確保に関する施策の策定に当たっては、食品の表示が食品の安全性の確保に関し重要な役割を果たしていることにかんがみ、食品の表示の制度の適切な運用の確保その他食品に関する情報を正確に伝達するために必要な措置が講じられなければならない。

（食品の安全性の確保に関する教育、学習等）

第十九条　食品の安全性の確保に関する施策の策定に当たっては、食品の安全性の確保に関する教育及び学習の振興並びに食品の安全性の確保に関する広報活動の充実により国民が食品の安全性の確保に関する知識と理解を深めるために必要な措置が講じられなければならない。

（環境に及ぼす影響の配慮）

第二十条　食品の安全性の確保に関する施策の策定に当たっては、当該施策が環境に及ぼす影響について配慮して、これが行われなければならない。

（措置の実施に関する基本的事項の決定及び公表）

第二十一条　政府は、第十一条から前条までの規定により講じられる措置につき、それらの実施に関する基本的事項（以下「基本的事項」と

いう。）を定めなければならない。

2　内閣総理大臣は、食品安全委員会及び消費者委員会の意見を聴いて、基本的事項の案を作成し、閣議の決定を求めなければならない。

3　内閣総理大臣は、前項の規定による閣議の決定があったときは、遅滞なく、基本的事項を公表しなければならない。

4　前二項の規定は、基本的事項の変更について準用する。

第三章　食品安全委員会

（設置）

第二十二条　内閣府に、食品安全委員会（以下「委員会」という。）を置く。

（所掌事務）

第二十三条　委員会は、次に掲げる事務をつかさどる。

一　第二十一条第二項の規定により、内閣総理大臣に意見を述べること。

二　次条の規定により、又は自ら食品健康影響評価を行うこと。

三　前号の規定により行った食品健康影響評価の結果に基づき、食品の安全性の確保のため講ずべき施策について内閣総理大臣を通じて関係各大臣に勧告すること。

四　第二号の規定により行った食品健康影響評価の結果に基づき講じられる施策の実施状況を監視し、必要があると認めるときは、内閣総理大臣を通じて関係各大臣に勧告すること。

五　食品の安全性の確保のため講ずべき施策に関する重要事項を調査審議し、必要があると認めるときは、関係行政機関の長に意見を述べること。

六　第二号から前号までに掲げる事務を行うために必要な科学的調査及び研究を行うこと。

七　第二号から前号までに掲げる事務に係る関係者相互間の情報及び意見の交換を企画

し、及び実施すること。

2　委員会は、前項第二号の規定に基づき食品健康影響評価を行ったときは、遅滞なく、関係各大臣に対して、その食品健康影響評価の結果を通知しなければならない。

3　委員会は、前項の規定による通知を行ったとき、又は第一項第三号若しくは第四号の規定による勧告をしたときは、遅滞なく、その通知に係る事項又はその勧告の内容を公表しなければならない。

4　関係各大臣は、第一項第三号又は第四号の規定による勧告に基づき講じた施策について委員会に報告しなければならない。

第二十四条　省略

（資料の提出等の要求）

第二十五条　委員会は、その所掌事務を遂行するため必要があると認めるときは、関係行政機関の長に対し、資料の提出、意見の表明、説明その他必要な協力を求めることができる。

第二十六条　省略

第二十七条　委員会は、食品の安全性の確保に関し重大な被害が生じ、又は生じるおそれがある緊急の事態に対処するため必要があると認めるときは、国の関係行政機関の試験研究機関に対し、食品健康影響評価に必要な調査、分析又は検査を実施すべきことを要請することができる。

2　国の関係行政機関の試験研究機関は、前項の規定による委員会の要請があったときは、速やかにその要請された調査、分析又は検査を実施しなければならない。

3　省略

（組織）

第二十八条　委員会は、委員七人をもって組織する。

2　委員のうち三人は、非常勤とする。

（委員の任命）

第二十九条　委員は、食品の安全性の確保に関して優れた識見を有する者のうちから、両議院の同意を得て、内閣総理大臣が任命する。

2　委員の任期が満了し、又は欠員が生じた場合において、国会の閉会又は衆議院の解散のために両議院の同意を得ることができないときは、内閣総理大臣は、前項の規定にかかわらず、同項に定める資格を有する者のうちから、委員を任命することができる。

3　前項の場合においては、任命後最初の国会で両議院の事後の承認を得なければならない。この場合において、両議院の事後の承認を得られないときは、内閣総理大臣は、直ちにその委員を罷免しなければならない。

（委員の任期）

第三十条　委員の任期は、三年とする。ただし、補欠の委員の任期は、前任者の残任期間とする。

2　委員は、再任されることができる。

3　委員の任期が満了したときは、当該委員は、後任者が任命されるまで引き続きその職務を行うものとする。

第三十一条　省略

（専門委員）

第三十六条　委員会に、専門の事項を調査審議させるため、専門委員を置くことができる。

2　専門委員は、学識経験のある者のうちから、内閣総理大臣が任命する。

3　専門委員は、当該専門の事項に関する調査審議が終了したときは、解任されるものとする。

4　専門委員は、非常勤とする。

第三十七条　省略

（政令への委任）

第三十八条　この章に規定するもののほか、委員会に関し必要な事項は、政令で定める。

（施行期日）

第一条　この法律は、公布の日から起算して三月を超えない範囲内において政令で定める日から施行する。ただし、第二十九条第一項中両議院の同意を得ることに関する部分は、公布の日から施行する。

2．食品衛生法（抜粋）

（昭和22年法律第233号　施行日：令和3年6月1日）

第一章　総則

第一条　この法律は、食品の安全性の確保のために公衆衛生の見地から必要な規制その他の措置を講ずることにより、飲食に起因する衛生上の危害の発生を防止し、もつて国民の健康の保護を図ることを目的とする。

第二条　国、都道府県、地域保健法（昭和二十二年法律第百一号）第五条第一項の規定に基づく政令で定める市（以下「保健所を設置する市」という。）及び特別区は、教育活動及び広報活動を通じた食品衛生に関する正しい知識の普及、食品衛生に関する情報の収集、整理、分析及び提供、食品衛生に関する研究の推進、食品衛生に関する検査の能力の向上並びに食品衛生の向上にかかわる人材の養成及び資質の向上を図るために必要な措置を講じなければならない。

②　国、都道府県、保健所を設置する市及び特別区は、食品衛生に関する施策が総合的かつ迅速に実施されるよう、相互に連携を図らなければならない。

③　国は、食品衛生に関する情報の収集、整理、分析及び提供並びに研究並びに輸入される食品、添加物、器具及び容器包装についての食品衛生に関する検査の実施を図るための体制を整備し、国際的な連携を確保するために必要な措置を講ずるとともに、都道府県、保健所を設置する市及び特別区（以下「都道府県等」という。）に対し前二項の責務が十分に果たされるように必要な技術的援助を与えるものとする。

第三条　食品等事業者（食品若しくは添加物を採取し、製造し、輸入し、加工し、調理し、貯蔵し、運搬し、若しくは販売すること若しくは器具若しくは容器包装を製造し、輸入し、若しくは販売することを営む人若しくは法人又は学校、病院その他の施設において継続的に不特定若しくは多数の者に食品を供与する人若しくは法人をいう。以下同じ。）は、その採取し、製造し、輸入し、加工し、調理し、貯蔵し、運搬し、販売し、不特定若しくは多数の者に授与し、又は営業上使用する食品、添加物、器具又は容器包装（以下「販売食品等」という。）について、自らの責任においてそれらの安全性を確保するため、販売食品等の安全性の確保に係る知識及び技術の習得、販売食品等の原材料の安全性の確保、販売食品等の自主検査の実施その他の必要な措置を講ずるよう努めなければならない。

②　食品等事業者は、販売食品等に起因する食品衛生上の危害の発生の防止に必要な限度において、当該食品等事業者に対して販売食品等又はその原材料の販売を行つた者の名称その他必要な情報に関する記録を作成し、これを保存するよう努めなければならない。

③　食品等事業者は、販売食品等に起因する食品衛生上の危害の発生を防止するため、前項に規定する記録の国、都道府県等への提供、食品衛生上の危害の原因となつた販売食品等の廃棄その他の必要な措置を適確かつ迅速に講ずるよう努めなければならない。

第四条　この法律で食品とは、全ての飲食物をいう。ただし、医薬品、医療機器等の品質、有効性及び安全性の確保等に関する法律（昭和三十五年法律第百四十五号）に規定する医薬品、医薬部外品及び再生医療等製品は、これを含まない。

②　この法律で添加物とは、食品の製造の過程において又は食品の加工若しくは保存の目的で、食品に添加、混和、浸潤その他の方法によつて使用する物をいう。

③　この法律で天然香料とは、動植物から得られた物又はその混合物で、食品の着香の目的で

使用される添加物をいう。

④　この法律で器具とは、飲食器、割ぽう具その他食品又は添加物の採取、製造、加工、調理、貯蔵、運搬、陳列、授受又は摂取の用に供され、かつ、食品又は添加物に直接接触する機械、器具その他の物をいう。ただし、農業及び水産業における食品の採取の用に供される機械、器具その他の物は、これを含まない。

⑤　この法律で容器包装とは、食品又は添加物を入れ、又は包んでいる物で、食品又は添加物を授受する場合そのままで引き渡すものをいう。

⑥　この法律で食品衛生とは、食品、添加物、器具及び容器包装を対象とする飲食に関する衛生をいう。

⑦　この法律で営業とは、業として、食品若しくは添加物を採取し、製造し、輸入し、加工し、調理し、貯蔵し、運搬し、若しくは販売すること又は器具若しくは容器包装を製造し、輸入し、若しくは販売することをいう。ただし、農業及び水産業における食品の採取業は、これを含まない。

⑧　この法律で営業者とは、営業を営む人又は法人をいう。

⑨　この法律で登録検査機関とは、第三十三条第一項の規定により厚生労働大臣の登録を受けた法人をいう。

第二章　食品及び添加物

第五条　販売（不特定又は多数の者に対する販売以外の授与を含む。以下同じ。）の用に供する食品又は添加物の採取、製造、加工、使用、調理、貯蔵、運搬、陳列及び授受は、清潔で衛生的に行われなければならない。

第六条　次に掲げる食品又は添加物は、これを販売し（不特定又は多数の者に授与する販売以外の場合を含む。以下同じ。）、又は販売の用に供するために、採取し、製造し、輸入し、加工し、使用し、調理し、貯蔵し、若しくは陳列し

てはならない。

一　腐敗し、若しくは変敗したもの又は未熟であるもの。ただし、一般に人の健康を損なうおそれがなく飲食に適すると認められているものは、この限りでない。

二　有毒な、若しくは有害な物質が含まれ、若しくは付着し、又はこれらの疑いがあるもの。ただし、人の健康を損なうおそれがない場合として厚生労働大臣が定める場合においては、この限りでない。

三　病原微生物により汚染され、又はその疑いがあり、人の健康を損なうおそれがあるもの。

四　不潔、異物の混入又は添加その他の事由により、人の健康を損なうおそれがあるもの。

第七条　厚生労働大臣は、一般に飲食に供されることがなかつた物であつて人の健康を損なうおそれがない旨の確証がないもの又はこれを含む物が新たに食品として販売され、又は販売されることとなつた場合において、食品衛生上の危害の発生を防止するため必要があると認めるときは、薬事・食品衛生審議会の意見を聴いて、それらの物を食品として販売することを禁止することができる。

②　厚生労働大臣は、一般に食品として飲食に供されている物であつて当該物の通常の方法と著しく異なる方法により飲食に供されているものについて、人の健康を損なうおそれがない旨の確証がなく、食品衛生上の危害の発生を防止するため必要があると認めるときは、薬事・食品衛生審議会の意見を聴いて、その物を食品として販売することを禁止することができる。

③　厚生労働大臣は、食品によるものと疑われる人の健康に係る重大な被害が生じた場合において、当該被害の態様からみて当該食品に当該被害を生ずるおそれのある一般に飲食に供されることがなかつた物が含まれていることが疑われる場合において、食品衛生上の危害の発生を防止するため必要があると認めるときは、薬

事・食品衛生審議会の意見を聴いて、その食品を販売することを禁止することができる。

④ 厚生労働大臣は、前三項の規定による販売の禁止をした場合において、厚生労働省令で定めるところにより、当該禁止に関し利害関係を有する者の申請に基づき、又は必要に応じ、当該禁止に係る物又は食品に起因する食品衛生上の危害が発生するおそれがないと認めるときは、薬事・食品衛生審議会の意見を聴いて、当該禁止の全部又は一部を解除するものとする。

⑤ 厚生労働大臣は、第一項から第三項までの規定による販売の禁止をしたとき、又は前項の規定による禁止の全部若しくは一部の解除をしたときは、官報で告示するものとする。

第八条 食品衛生上の危害の発生を防止する見地から特別の注意を必要とする成分又は物であつて、厚生労働大臣が薬事・食品衛生審議会の意見を聴いて指定したもの（第三項及び第七十条第一項において「指定成分等」という。）を含む食品（以下この項において「指定成分等含有食品」という。）を取り扱う営業者は、その取り扱う指定成分等含有食品が人の健康に被害を生じ、又は生じさせるおそれがある旨の情報を得た場合は、当該情報を、厚生労働省令で定めるところにより、遅滞なく、都道府県知事、保健所を設置する市の市長又は特別区の区長（以下「都道府県知事等」という。）に届け出なければならない。

② 都道府県知事等は、前項の規定による届出があつたときは、当該届出に係る事項を厚生労働大臣に報告しなければならない。

③ 医師、歯科医師、薬剤師その他の関係者は、指定成分等の摂取によるものと疑われる人の健康に係る被害の把握に努めるとともに、都道府県知事等が、食品衛生上の危害の発生を防止するため指定成分等の摂取によるものと疑われる人の健康に係る被害に関する調査を行う場合において、当該調査に関し必要な協力を要請されたときは、当該要請に応じ、当該被害に関する情報の提供その他必要な協力をするよう努めな

ければならない。

第九条 厚生労働大臣は、特定の国若しくは地域において採取され、製造され、加工され、調理され、若しくは貯蔵され、又は特定の者により採取され、製造され、加工され、調理され、若しくは貯蔵される特定の食品又は添加物について、第二十六条第一項から第三項まで又は第二十八条第一項の規定による検査の結果次に掲げる食品又は添加物に該当するものが相当数発見されたこと、生産地における食品衛生上の管理の状況その他の厚生労働省令で定める事由からみて次に掲げる食品又は添加物に該当するものが相当程度含まれるおそれがあると認められる場合において、人の健康を損なうおそれの程度その他の厚生労働省令で定める事項を勘案して、当該特定の食品又は添加物に起因する食品衛生上の危害の発生を防止するため特に必要があると認めるときは、薬事・食品衛生審議会の意見を聴いて、当該特定の食品又は添加物を販売し、又は販売の用に供するために、採取し、製造し、輸入し、加工し、使用し、若しくは調理することを禁止することができる。

一 第六条各号に掲げる食品又は添加物
二 第十二条に規定する食品
三 第十三条第一項の規定により定められた規格に合わない食品又は添加物
四 第十三条第一項の規定により定められた基準に合わない方法により添加物を使用した食品
五 第十三条第三項に規定する食品

② 厚生労働大臣は、前項の規定による禁止をしようとするときは、あらかじめ、関係行政機関の長に協議しなければならない。

③ 厚生労働大臣は、第一項の規定による禁止をした場合において、当該禁止に関し利害関係を有する者の申請に基づき、又は必要に応じ、厚生労働省令で定めるところにより、当該禁止に係る特定の食品又は添加物に起因する食品衛生上の危害が発生するおそれがないと認めるときは、薬事・食品衛生審議会の意見を聴いて、

当該禁止の全部又は一部を解除するものとする。

④　厚生労働大臣は、第一項の規定による禁止をしたとき、又は前項の規定による禁止の全部若しくは一部の解除をしたときは、官報で告示するものとする。

第十条　第一号若しくは第三号に掲げる疾病にかかり、若しくはその疑いがあり、第一号若しくは第三号に掲げる異常があり、又はへい死した獣畜（と畜場法（昭和二十八年法律第百十四号）第三条第一項に規定する獣畜及び厚生労働省令で定めるその他の物をいう。以下同じ。）の肉、骨、乳、臓器及び血液又は第二号若しくは第三号に掲げる疾病にかかり、若しくはその疑いがあり、第二号若しくは第三号に掲げる異常があり、又はへい死した家きん（食鳥処理の事業の規制及び食鳥検査に関する法律（平成二年法律第七十号）第二条第一号に規定する食鳥及び厚生労働省令で定めるその他の物をいう。以下同じ。）の肉、骨及び臓器は、厚生労働省令で定める場合を除き、これを食品として販売し、又は食品として販売の用に供するために、採取し、加工し、使用し、調理し、貯蔵し、若しくは陳列してはならない。ただし、へい死した獣畜又は家きんの肉、骨及び臓器であつて、当該職員が、人の健康を損なうおそれがなく飲食に適すると認めたものは、この限りでない。

一　と畜場法第十四条第六項各号に掲げる疾病又は異常

二　食鳥処理の事業の規制及び食鳥検査に関する法律第十五条第四項各号に掲げる疾病又は異常

三　前二号に掲げる疾病又は異常以外の疾病又は異常であつて厚生労働省令で定めるもの

②　獣畜の肉、乳及び臓器並びに家きんの肉及び臓器並びに厚生労働省令で定めるこれらの製品（以下この項において「獣畜の肉等」という。）は、輸出国の政府機関によつて発行され、かつ、前項各号に掲げる疾病にかかり、若しくはその疑いがあり、同項各号に掲げる異常があり、又はへい死した獣畜の肉、乳若しくは臓器若しくは家きんの肉若しくは臓器又はこれらの製品でない旨その他厚生労働省令で定める事項（以下この項において「衛生事項」という。）を記載した証明書又はその写しを添付したものでなければ、これを食品として販売の用に供するために輸入してはならない。ただし、厚生労働省令で定める国から輸入する獣畜の肉等であつて、当該獣畜の肉等に係る衛生事項が当該国の政府機関から電気通信回線を通じて、厚生労働省の使用に係る電子計算機（入出力装置を含む。）に送信され、当該電子計算機に備えられたファイルに記録されたものについては、この限りでない。

第十一条　食品衛生上の危害の発生を防止するために特に重要な工程を管理するための措置が講じられていることが必要なものとして厚生労働省令で定める食品又は添加物は、当該措置が講じられていることが確実であるものとして厚生労働大臣が定める国若しくは地域又は施設において製造し、又は加工されたものでなければ、これを販売の用に供するために輸入してはならない。

②　第六条各号に掲げる食品又は添加物のいずれにも該当しないことその他厚生労働省令で定める事項を確認するために生産地における食品衛生上の管理の状況の証明が必要であるものとして厚生労働省令で定める食品又は添加物は、輸出国の政府機関によつて発行され、かつ、当該事項を記載した証明書又はその写しを添付したものでなければ、これを販売の用に供するために輸入してはならない。

第十二条　人の健康を損なうおそれのない場合として厚生労働大臣が薬事・食品衛生審議会の意見を聴いて定める場合を除いては、添加物（天然香料及び一般に食品として飲食に供されている物であつて添加物として使用されるものを除く。）並びにこれを含む製剤及び食品は、これを販売し、又は販売の用に供するために、製造し、輸入し、加工し、使用し、貯蔵し、若しくは陳

列してはならない。

第十三条　厚生労働大臣は、公衆衛生の見地から、薬事・食品衛生審議会の意見を聴いて、販売の用に供する食品若しくは添加物の製造、加工、使用、調理若しくは保存の方法につき基準を定め、又は販売の用に供する食品若しくは添加物の成分につき規格を定めることができる。

②　前項の規定により基準又は規格が定められたときは、その基準に合わない方法により食品若しくは添加物を製造し、加工し、使用し、調理し、若しくは保存し、その基準に合わない方法による食品若しくは添加物を販売し、若しくは輸入し、又はその規格に合わない食品若しくは添加物を製造し、輸入し、加工し、使用し、調理し、保存し、若しくは販売してはならない。

③　農薬（農薬取締法（昭和二十三年法律第八十二号）第二条第一項に規定する農薬をいう。次条において同じ。）、飼料の安全性の確保及び品質の改善に関する法律（昭和二十八年法律第三十五号）第二条第三項の規定に基づく農林水産省令で定める用途に供することを目的として飼料（同条第二項に規定する飼料をいう。）に添加、混和、浸潤その他の方法によつて用いられる物及び医薬品、医療機器等の品質、有効性及び安全性の確保等に関する法律第二条第一項に規定する医薬品であつて動物のために使用されることが目的とされているものの成分である物質（その物質が化学的に変化して生成した物質を含み、人の健康を損なうおそれのないことが明らかであるものとして厚生労働大臣が定める物質を除く。）が、人の健康を損なうおそれのない量として厚生労働大臣が薬事・食品衛生審議会の意見を聴いて定める量を超えて残留する食品は、これを販売の用に供するために製造し、輸入し、加工し、使用し、調理し、保存し、又は販売してはならない。ただし、当該物質の当該食品に残留する量の限度について第一項の食品の成分に係る規格が定められている場合については、この限りでない。

第十四条　厚生労働大臣は、前条第一項の食品の成分に係る規格として、食品に残留する農薬、飼料の安全性の確保及び品質の改善に関する法律第二条第三項に規定する飼料添加物又は医薬品、医療機器等の品質、有効性及び安全性の確保等に関する法律第二条第一項に規定する医薬品であつて専ら動物のために使用されることが目的とされているもの（以下この条において「農薬等」という。）の成分である物質（その物質が化学的に変化して生成した物質を含む。）の量の限度を定めるとき、同法第二条第九項に規定する再生医療等製品であつて専ら動物のために使用されることが目的とされているもの（以下この条において「動物用再生医療等製品」という。）が使用された対象動物（同法第八十三条第一項の規定により読み替えられた同法第十四条第二項第三号ロに規定する対象動物をいう。）の肉、乳その他の生産物について食用に供することができる範囲を定めるときその他必要があると認めるときは、農林水産大臣に対し、農薬等の成分又は動物用再生医療等製品の構成細胞、導入遺伝子その他厚生労働省令で定めるものに関する資料の提供その他必要な協力を求めることができる。

第三章　器具及び容器包装

第十五条　営業上使用する器具及び容器包装は、清潔で衛生的でなければならない。

第十六条　有毒な、若しくは有害な物質が含まれ、若しくは付着して人の健康を損なうおそれがある器具若しくは容器包装又は食品若しくは添加物に接触してこれらに有害な影響を与えることにより人の健康を損なうおそれがある器具若しくは容器包装は、これを販売し、販売の用に供するために製造し、若しくは輸入し、又は営業上使用してはならない。

第十七条　厚生労働大臣は、特定の国若しくは地域において製造され、又は特定の者により製造される特定の器具又は容器包装について、第二十六条第一項から第三項まで又は第二十八条

第一項の規定による検査の結果次に掲げる器具又は容器包装に該当するものが相当数発見されたこと、製造地における食品衛生上の管理の状況その他の厚生労働省令で定める事由からみて次に掲げる器具又は容器包装に該当するものが相当程度含まれるおそれがあると認められる場合において、人の健康を損なうおそれの程度その他の厚生労働省令で定める事項を勘案して、当該特定の器具又は容器包装に起因する食品衛生上の危害の発生を防止するため特に必要があると認めるときは、薬事・食品衛生審議会の意見を聴いて、当該特定の器具又は容器包装を販売し、販売の用に供するために製造し、若しくは輸入し、又は営業上使用することを禁止することができる。

　　一　前条に規定する器具又は容器包装

　　二　次条第一項の規定により定められた規格に合わない器具又は容器包装

　　三　次条第三項の規定に違反する器具又は容器包装

②　厚生労働大臣は、前項の規定による禁止をしようとするときは、あらかじめ、関係行政機関の長に協議しなければならない。

③　第九条第三項及び第四項の規定は、第一項の規定による禁止が行われた場合について準用する。この場合において、同条第三項中「食品又は添加物」とあるのは、「器具又は容器包装」と読み替えるものとする。

第十八条　厚生労働大臣は、公衆衛生の見地から、薬事・食品衛生審議会の意見を聴いて、販売の用に供し、若しくは営業上使用する器具若しくは容器包装若しくはこれらの原材料につき規格を定め、又はこれらの製造方法につき基準を定めることができる。

②　前項の規定により規格又は基準が定められたときは、その規格に合わない器具若しくは容器包装を販売し、販売の用に供するために製造し、若しくは輸入し、若しくは営業上使用し、その規格に合わない原材料を使用し、又はその基準に合わない方法により器具若しくは容器包

装を製造してはならない。

③　器具又は容器包装には、成分の食品への溶出又は浸出による公衆衛生に与える影響を考慮して政令で定める材質の原材料であつて、これに含まれる物質（その物質が化学的に変化して生成した物質を除く。）について、当該原材料を使用して製造される器具若しくは容器包装に含有されることが許容される量又は当該原材料を使用して製造される器具若しくは容器包装から溶出し、若しくは浸出して食品に混和することが許容される量が第一項の規格に定められていないものは、使用してはならない。ただし、当該物質が人の健康を損なうおそれのない量として厚生労働大臣が薬事・食品衛生審議会の意見を聴いて定める量を超えて溶出し、又は浸出して食品に混和するおそれがないように器具又は容器包装が加工されている場合（当該物質が器具又は容器包装の食品に接触する部分に使用される場合を除く。）については、この限りでない。

第四章　表示及び広告

第十九条　内閣総理大臣は、一般消費者に対する器具又は容器包装に関する公衆衛生上必要な情報の正確な伝達の見地から、消費者委員会の意見を聴いて、前条第一項の規定により規格又は基準が定められた器具又は容器包装に関する表示につき、必要な基準を定めることができる。

②　前項の規定により表示につき基準が定められた器具又は容器包装は、その基準に合う表示がなければ、これを販売し、販売の用に供するために陳列し、又は営業上使用してはならない。

③　販売の用に供する食品及び添加物に関する表示の基準については、食品表示法（平成二十五年法律第七十号）で定めるところによる。

第二十条　食品、添加物、器具又は容器包装に関しては、公衆衛生に危害を及ぼすおそれがある虚偽の又は誇大な表示又は広告をしてはならない。

第五章　食品添加物公定書

第二十一条　厚生労働大臣及び内閣総理大臣は、食品添加物公定書を作成し、第十三条第一項の規定により基準又は規格が定められた添加物及び食品表示法第四条第一項の規定により基準が定められた添加物につき当該基準及び規格を収載するものとする。

第六章　監視指導

第二十一条の二〜第二十四条　省略

第七章　検査

第二十五条〜第二十八　省略

第二十九条　国及び都道府県は、第二十五条第一項又は第二十六条第一項から第三項までの検査（以下「製品検査」という。）及び前条第一項の規定により収去した食品、添加物、器具又は容器包装の試験に関する事務を行わせるために、必要な検査施設を設けなければならない。

②　保健所を設置する市及び特別区は、前条第一項の規定により収去した食品、添加物、器具又は容器包装の試験に関する事務を行わせるために、必要な検査施設を設けなければならない。

③　都道府県等の食品衛生検査施設に関し必要な事項は、政令で定める。

第三十条　第二十八条第一項に規定する当該職員の職権及び食品衛生に関する指導の職務を行わせるために、厚生労働大臣、内閣総理大臣又は都道府県知事等は、その職員のうちから食品衛生監視員を命ずるものとする。

②　都道府県知事等は、都道府県等食品衛生監視指導計画の定めるところにより、その命じた食品衛生監視員に監視指導を行わせなければならない。

③　内閣総理大臣は、指針に従い、その命じた食品衛生監視員に食品、添加物、器具及び容器包装の表示又は広告に係る監視指導を行わせるものとする。

④　厚生労働大臣は、輸入食品監視指導計画の定めるところにより、その命じた食品衛生監視員に食品、添加物、器具及び容器包装の輸入に係る監視指導を行わせるものとする。

⑤　前各項に定めるもののほか、食品衛生監視員の資格その他食品衛生監視員に関し必要な事項は、政令で定める。

第八章　登録検査機関

第三十一条〜第四十七条　省略

第九章　営業

第四十八条　乳製品、第十二条の規定により厚生労働大臣が定めた添加物その他製造又は加工の過程において特に衛生上の考慮を必要とする食品又は添加物であつて政令で定めるものの製造又は加工を行う営業者は、その製造又は加工を衛生的に管理させるため、その施設ごとに、専任の食品衛生管理者を置かなければならない。ただし、営業者が自ら食品衛生管理者となつて管理する施設については、この限りでない。

②　営業者が、前項の規定により食品衛生管理者を置かなければならない製造業又は加工業を二以上の施設で行う場合において、その施設が隣接しているときは、食品衛生管理者は、同項の規定にかかわらず、その二以上の施設を通じて一人で足りる。

③　食品衛生管理者は、当該施設においてその管理に係る食品又は添加物に関してこの法律又はこの法律に基づく命令若しくは処分に係る違反が行われないように、その食品又は添加物の製造又は加工に従事する者を監督しなければならない。

④　食品衛生管理者は、前項に定めるもののほか、当該施設においてその管理に係る食品又は添加物に関してこの法律又はこの法律に基づく

命令若しくは処分に係る違反の防止及び食品衛生上の危害の発生の防止のため、当該施設における衛生管理の方法その他の食品衛生に関する事項につき、必要な注意をするとともに、営業者に対し必要な意見を述べなければならない。

⑤　営業者は、その施設に食品衛生管理者を置いたときは、前項の規定による食品衛生管理者の意見を尊重しなければならない。

⑥　次の各号のいずれかに該当する者でなければ、食品衛生管理者となることができない。

　一　医師、歯科医師、薬剤師又は獣医師

　二　学校教育法（昭和二十二年法律第二十六号）に基づく大学、旧大学令（大正七年勅令第三百八十八号）に基づく大学又は旧専門学校令（明治三十六年勅令第六十一号）に基づく専門学校において医学、歯学、薬学、獣医学、畜産学、水産学又は農芸化学の課程を修めて卒業した者（当該課程を修めて同法に基づく専門職大学の前期課程を修了した者を含む。）

　三　都道府県知事の登録を受けた食品衛生管理者の養成施設において所定の課程を修了した者

　四　学校教育法に基づく高等学校若しくは中等教育学校若しくは旧中等学校令（昭和十八年勅令第三十六号）に基づく中等学校を卒業した者又は厚生労働省令で定めるところによりこれらの者と同等以上の学力があると認められる者で、第一項の規定により食品衛生管理者を置かなければならない製造業又は加工業において食品又は添加物の製造又は加工の衛生管理の業務に三年以上従事し、かつ、都道府県知事の登録を受けた講習会の課程を修了した者

⑦　前項第四号に該当することにより食品衛生管理者たる資格を有する者は、衛生管理の業務に三年以上従事した製造業又は加工業と同種の製造業又は加工業の施設においてのみ、食品衛生管理者となることができる。

⑧　第一項に規定する営業者は、食品衛生管理

者を置き、又は自ら食品衛生管理者となつたときは、十五日以内に、その施設の所在地の都道府県知事に、その食品衛生管理者の氏名又は自ら食品衛生管理者となつた旨その他厚生労働省令で定める事項を届け出なければならない。食品衛生管理者を変更したときも、同様とする。

第四十九条　省略

第五十条　厚生労働大臣は、食品又は添加物の製造又は加工の過程において有毒な又は有害な物質が当該食品又は添加物に混入することを防止するための措置に関し必要な基準を定めることができる。

②　営業者（食鳥処理の事業の規制及び食鳥検査に関する法律第六条第一項に規定する食鳥処理業者を除く。）は、前項の規定により基準が定められたときは、これを遵守しなければならない。

第五十一条　厚生労働大臣は、営業（器具又は容器包装を製造する営業及び食鳥処理の事業の規制及び食鳥検査に関する法律第二条第五号に規定する食鳥処理の事業（第五十四条及び第五十七条第一項において「食鳥処理の事業」という。）を除く。）の施設の衛生的な管理その他公衆衛生上必要な措置（以下この条において「公衆衛生上必要な措置」という。）について、厚生労働省令で、次に掲げる事項に関する基準を定めるものとする。

　一　施設の内外の清潔保持、ねずみ及び昆虫の駆除その他一般的な衛生管理に関すること。

　二　食品衛生上の危害の発生を防止するために特に重要な工程を管理するための取組（小規模な営業者（器具又は容器包装を製造する営業者及び食鳥処理の事業の規制及び食鳥検査に関する法律第六条第一項に規定する食鳥処理業者を除く。次項において同じ。）その他の政令で定める営業者にあつては、その取り扱う食品の特性に応じた取組）に関すること。

②　営業者は、前項の規定により定められた基

準に従い、厚生労働省令で定めるところにより公衆衛生上必要な措置を定め、これを遵守しなければならない。

③　都道府県知事等は、公衆衛生上必要な措置について、第一項の規定により定められた基準に反しない限り、条例で必要な規定を定めることができる。

第五十二条　厚生労働大臣は、器具又は容器包装を製造する営業の施設の衛生的な管理その他公衆衛生上必要な措置(以下この条において「公衆衛生上必要な措置」という。)について、厚生労働省令で、次に掲げる事項に関する基準を定めるものとする。

　一　施設の内外の清潔保持その他一般的な衛生管理に関すること。

　二　食品衛生上の危害の発生を防止するために必要な適正に製造を管理するための取組に関すること。

②　器具又は容器包装を製造する営業者は、前項の規定により定められた基準(第十八条第三項に規定する政令で定める材質以外の材質の原材料のみが使用された器具又は容器包装を製造する営業者にあつては、前項第一号に掲げる事項に限る。)に従い、公衆衛生上必要な措置を講じなければならない。

③　都道府県知事等は、公衆衛生上必要な措置について、第一項の規定により定められた基準に反しない限り、条例で必要な規定を定めることができる。

第五十三条　第十八条第三項に規定する政令で定める材質の原材料が使用された器具又は容器包装を販売し、又は販売の用に供するために製造し、若しくは輸入する者は、厚生労働省令で定めるところにより、その取り扱う器具又は容器包装の販売の相手方に対し、当該取り扱う器具又は容器包装が次の各号のいずれかに該当する旨を説明しなければならない。

　一　第十八条第三項に規定する政令で定める材質の原材料について、同条第一項の規定により定められた規格に適合しているもの

のみを使用した器具又は容器包装であること。

　二　第十八条第三項ただし書に規定する加工がされている器具又は容器包装であること。

②　器具又は容器包装の原材料であつて、第十八条第三項に規定する政令で定める材質のものを販売し、又は販売の用に供するために製造し、若しくは輸入する者は、当該原材料を使用して器具又は容器包装を製造する者から、当該原材料が同条第一項の規定により定められた規格に適合しているものである旨の確認を求められた場合には、厚生労働省令で定めるところにより、必要な説明をするよう努めなければならない。

第五十四条〜第六十一条　省略

第十章　雑則

第六十二条〜第六十六条　省略

第六十七条　都道府県等は、食中毒の発生を防止するとともに、地域における食品衛生の向上を図るため、食品等事業者に対し、必要な助言、指導その他の援助を行うように努めるものとする。

②　都道府県等は、食品等事業者の食品衛生の向上に関する自主的な活動を促進するため、社会的信望があり、かつ、食品衛生の向上に熱意と識見を有する者のうちから、食品衛生推進員を委嘱することができる。

③　食品衛生推進員は、飲食店営業の施設の衛生管理の方法その他の食品衛生に関する事項につき、都道府県等の施策に協力して、食品等事業者からの相談に応じ、及びこれらの者に対する助言その他の活動を行う。

第六十八条　第六条、第九条、第十二条、第十三条第一項及び第二項、第十六条から第二十条まで(第十八条第三項を除く。)、第二十五条から第六十一条まで(第五十一条、第五十二条第一項第二号及び第二項並びに第五十三条を除く。)並びに第六十三条から第六十五条までの

規定は、乳幼児が接触することによりその健康を損なうおそれがあるものとして厚生労働大臣の指定するおもちゃについて、これを準用する。この場合において、第十二条中「添加物（天然香料及び一般に食品として飲食に供されている物であつて添加物として使用されるものを除く。）」とあるのは、「おもちゃの添加物として用いることを目的とする化学的合成品（化学的手段により元素又は化合物に分解反応以外の化学的反応を起こさせて得られた物質をいう。）」と読み替えるものとする。

② 第六条並びに第十三条第一項及び第二項の規定は、洗浄剤であつて野菜若しくは果実又は飲食器の洗浄の用に供されるものについて準用する。

③ 第十五条から第十八条まで、第二十五条第一項、第二十八条から第三十条まで、第五十一条、第五十四条、第五十七条及び第五十九条から第六十一条までの規定は、営業以外の場合で学校、病院その他の施設において継続的に不特定又は多数の者に食品を供与する場合に、これを準用する。

第六十九条〜第八十章　省略

第十一章　罰則

第八十一条〜第八十九条　省略

附　則

第一条　この法律は、昭和二十三年一月一日から施行する。

I. 食　　　品

1.　食品一般・食品別

区　　分		規　格　基　準	備　　考
食 品 一 般	成分規格	1 食品は，抗生物質又は化学的合成品*たる抗菌性物質を含有してはならない．ただし，次のいずれかに該当する場合にあっては，この限りでない． (1) 当該物質が，食品衛生法（昭和22年法律第233号）第10条の規定により人の健康を損なうおそれのない場合として厚生労働大臣が定める添加物と同一である場合 (2) 当該物質について，5, 6, 7, 8又は9において成分規格が定められている場合 (3) 当該食品が，5, 6, 7, 8又は9において定める成分規格に適合する食品を原材料として製造され，又は加工されたものである場合（5, 6, 7, 8又は9において成分規格が定められていない抗生物質又は化学的合成品たる抗菌性物質を含有する場合を除く．） 2 食品が組換えDNA技術*によって得られた生物の全部もしくは一部であり，又は当該生物の全部もしくは一部を含む場合は，厚生労働大臣が定める安全性審査の手続きを経た旨の公表がなされたものでなければならない． 3 食品が組換えDNA技術によって得られた微生物を利用して製造された物であり，又は当該物を含む場合は，厚生労働大臣が定める安全性審査の手続きを経た旨の公表がなされたものでなければならない． 4 削除 5 (1) の表に掲げる農薬等*の成分である物質（その物質が化学的に変化して生成した物質を含む．以下同じ．）は，食品に含有されるものであってはならない．*2 (1)　食品において「不検出」とされる農薬等の成分である物質 　　　1　2, 4, 5-T 　　　2　アゾシクロチン及びシヘキサチン 　　　3　アミトロール 　　　4　カプタホール 　　　5　カルバドックス 　　　6　クマホス 　　　7　クロラムフェニコール 　　　8　クロルプロマジン 　　　9　ジエチルスチルベストロール 　　10　ジメトリダゾール 　　11　ダミノジッド 　　12　ニトロフラゾン 　　13　ニトロフラントイン 　　14　フラゾリドン 　　15　フラルタドン 　　16　プロファム 　　17　マラカイトグリーン 　　18　メトロニダゾール 　　19　ロニダゾール 以下5〜11において残留基準は本書2. 農薬等（農薬，動物用医薬品および飼料添加物）の残留基準を参照のこと 6 5の規定にかかわらず，6の表（ただし表は省略）に掲げる農薬等の成分である物質は，同表に掲げる食品の区分に応じ，それぞれ同表の定める量を超えて当該食品に含有されるものであってはならない．*3 7 6に定めるもののほか，7の表（ただし表は省略）に掲げる農薬等の成分である物質は，同表の食品の区分に応じ，それぞれ同表に定める量を超えて当該食品に含有されるものであってはならない．*3 8 5から7までにおいて成分規格が定められていない場合であって，農薬等の成分である物質*が自然に食品に含まれる物質と同一であるとき，当該食品において当該物質が含まれる量は，通常含まれる量を超えてはならない．ただし，通常含まれる量をもって人の健康を損なうおそれのある物質を含む食品については，この限りでない． 9 9の表（ただし表は省略）に掲げる農薬等の成分である物質は，同表の食品の区分に応じ，それぞれ同表の定める量を超えて当該食品に含有されるものであってはならない． 10 6又は9に定めるもののほか，6から9までにおいて成分規格が定められている食品を原材料として製造され，又は加工される食品については，その原材料たる食品が，それぞれ6から	*化学的合成品 化学的手段により元素又は化合物に分解反応以外の化学的反応を起こさせて得られた物質をいう *組換えDNA技術 酵素等を用いた切断及び再結合の操作によって，DNAをつなぎ合わせた組換えDNA分子を作製し，それを生細胞に移入しかつ，増殖させる技術をいう *農薬等 ●農薬取締法に規定する農薬 ●飼料の安全性の確保及び品質の改善に関する法律に基づき飼料に添加・混和・浸潤その他の方法によって用いられるもの ●薬事法に規定する医薬品であって動物のために使用するもの *2定義された食品の指定された部位を検体として，規定する試験法によって試験した場合に検出されるものであってはならない *3定義された食品の指定された部位を検体として試験しなければならず，農薬等の成分である物質について「不検出」と定めている食品については規定する試験法によって試験した場合に検出されるものであってはならない． *農薬等の成分である物質 法第11条第3項の規定により人の健康を損なうおそれのないことが明らかであるものとして厚生労働大臣が定める物質を除く．

区　分		規　格　基　準	備　考
		9までに定める成分規格に適合するものでなくてはならない.	
		11 6又は9に定めるもののほか，5から9までにおいて成分規格が定められていない食品を原材料として製造され，又は加工される食品については，当該製造され，又は加工される食品の原材料たる食品が，法第11条第3項の規定により人の健康を損なうおそれのない量として厚生労働大臣が定める量を超えて，農薬等の成分である物質を含有するものであってはならない.	
	製造，加工，調理基準	• 食品を製造し，又は加工する場合：食品に放射線[*]を照射してはならない．ただし，食品の製造工程，又は加工工程の管理のために照射する場合であって，食品の吸収線量が0.10グレイ以下のとき，及び食品各条の項で特別に定めた場合を除く	[*]放射線 原子力基本法第3条第5号に規定するもの
		• 生乳又は生山羊乳を使用して食品を製造する場合：その食品の製造工程中において，生乳又は生山羊乳を63℃，30分間加熱殺菌するか，又はこれと同等以上の殺菌効果を有する方法で加熱殺菌しなければならない．食品に添加し，又は食品の調理に使用する乳は，牛乳，特別牛乳，殺菌山羊乳，成分調整牛乳，低脂肪牛乳，無脂肪牛乳又は加工乳でなければならない	
		• 血液，血球又は血漿（獣畜のものに限る）を使用して食品を製造，加工又は調理する場合：その食品の製造，加工又は調理の工程中で，血液，血球，血漿を63℃，30分加熱又はこれと同等以上の殺菌効果を有する方法で加熱殺菌しなければならない	
		• 食品の製造，加工又は調理に使用する鶏の殻付き卵は，食用不適卵であってはならない．鶏卵を使用して食品を製造，加工又は調理する場合は，その工程中において70℃で1分以上加熱するか，又はこれと同等以上の殺菌効果を有する方法で加熱殺菌しなければならない．ただし，賞味期限内の生食用の正常卵を使用する場合にあっては，この限りではない.	
		• 魚介類を生食用に調理する場合：飲用適の水で十分に洗浄し，製品を汚染するおそれのあるものを除去しなければならない	
		• 組換えDNA技術によって得られた微生物を利用して食品を製造する場合：厚生労働大臣が定める基準に適合する旨の確認を得た方法で行わなければならない.	
		• 食品を製造し，又は加工する場合：添加物の成分規格・保存基準又は製造基準に適合しない添加物を使用してはならない.	
		• 牛海綿状脳症（BSE）の発生国・地域において飼養された牛（特定牛）を直接一般消費者に販売する場合は，せき柱を除去しなければならない. 　食品を製造，加工，調理する場合：特定牛のせき柱を原材料として使用してはならない．ただし，特定牛のせき柱に由来する油脂を，高温かつ高圧の下で，加水分解，けん化又はエステル交換したものを使用する場合は，この限りでない.	
	保存基準	• 飲食用以外で直接接触させることにより食品を保存する場合の氷雪：大腸菌群（融解水中）陰性（11.111 mL中，L.B.培地法）	
		• 食品を保存する場合：抗生物質を使用しないこと．ただし，法第10条の規定により人の健康を損なうおそれのない場合として厚生労働大臣が定める添加物についてはこの限りでない.	
		• 食品保存の目的で，食品に放射線を照射しないこと	
清涼飲料水	成分規格	①混濁[*1]：認めない	別に調理基準（清涼飲料水全自動調理機で調理されるもの）あり
		②沈殿物[*1]又は固形異物[*2]：認めない	[*1]混濁，沈殿物 原材料，着香もしくは着色の目的に使用される添加物又は一般に人の健康を損なうおそれがないと認められる死滅した微生物（製品原材料に混入することがやむを得ないものに限る）に起因するものを除く.
		③ヒ素，鉛，カドミウム：検出しない	
		④スズ：150.0 ppm以下	
		⑤大腸菌群：陰性（11.1 mL中，L.B.培地法）	
		• ミネラルウォーター類（水のみを原料とする清涼飲料水）のうち，容器包装内の二酸化炭素圧力が98 kPa（20℃）未満で，かつ，殺菌又は除菌を行わないもの	[*2]固形異物 原材料としての植物性固形物で，その容量百分率が30％以下であるものを除く.
		①～⑤：同上 ⑥腸球菌：陰性（11 mL中，AC培地法） ⑦緑膿菌：陰性（11 mL中，アスパラギンブイヨン法） （注）二酸化炭素圧力が98 kPa（20℃）以上で殺菌又は除菌を行わないものは①～⑤	
		• りんごの搾汁及び搾汁された果汁のみを原料とするもの	
		①～⑤：同上 ⑧パツリン：0.050 ppm以下	

区　　分	規　　格　　基　　準	備　　考
製造基準	（下記参照）	

製造基準

1. 原　料
   1) 清涼飲料水（ミネラルウォーター類，冷凍果実飲料，原料用果汁以外）
      製造に使用する果実・野菜等の原料は，鮮度その他の品質が良好なものであり，必要に応じて十分洗浄したものでなければならない
   2) 冷凍果実飲料
      原料用果実
      ① 傷果，腐敗果，病害果等でない健全なものを用いる
      ② 水，洗浄剤等に浸して果皮の付着物に膨潤させ，ブラッシングその他の適当な方法で洗浄し，十分な水洗した後，次亜塩素酸ナトリウム液その他の適当な殺菌剤を用いて殺菌し，十分に水洗いする
      ③ 殺菌したものは，汚染しないように衛生的に取り扱う
   3) 原料用果汁
      製造に使用する果実は，鮮度その他の品質が良好なものであり，必要に応じて十分洗浄したものでなければならない

2. 原　水
   1) 清涼飲料水
      原水は飲用適の水（①又は②）でなければならない
      ① 水道事業による水道，専用水道，簡易専用水道により供給される水（水道水）又は
      ② 清涼飲料水の原水の基準（26項目）に適合する水：表参照
   2) ミネラルウォーター類
      ① 1) の①に同じ　又は
      ② ミネラルウォーター類の原水の基準（18項目）に適合する水：表参照
      ③ ミネラルウォーター類のうち，二酸化炭素圧力が 98 kPa（20℃）未満で，かつ，殺菌又は除菌を行わないものの原水に追加される条件
         a. 原水は鉱水のみとする
         b. 病原微生物に汚染されたもの又は汚染を疑わせるような生物，物質を含まない
         c. ・芽胞形成亜硫酸還元嫌気性菌：陰性（亜硫酸–鉄加寒天培地法）
            ・腸球菌：陰性（KF レンサ球菌寒天培地法）
            ・緑膿菌：陰性（mPA-B 寒天培地法）
            ・細菌数：5 以下/mL（標準寒天培地法）

項　　目	清涼飲料水	ミネラルウォーター類
一 般 細 菌	100/mL 以下（標準寒天培地法）	
大 腸 菌 群	陰性（50 mL 中，L.B., B.G.L.B. 培地法）	
カ ド ミ ウ ム	0.01 mg/L 以下	
水　　銀	0.0005 mg/L 以下	
セ レ ン	—	0.01 mg/L 以下
鉛	0.1 mg/L 以下	0.05 mg/L 以下
バ リ ウ ム	—	1 mg/L 以下
ヒ　素	0.05 mg/L 以下	
六 価 ク ロ ム	0.05 mg/L 以下	
シ ア ン	0.01 mg/L 以下	
NO_3-N 及び NO_2-N	10 mg/L 以下	
フ ッ 素	0.8 mg/L 以下	2 mg/L 以下
ホ ウ 素	—	30 mg/L 以下（H_3BO_3 として）
有 機 リ ン	0.1 mg/L 以下	—
亜　鉛	1.0 mg/L 以下	5 mg/L 以下
鉄	0.3 mg/L 以下	—
銅	1.0 mg/L 以下	
マ ン ガ ン	0.3 mg/L 以下	2 mg/L 以下
塩 素 イ オ ン	200 mg/L 以下	—
Ca, Mg 等（硬度）	300 mg/L 以下	—

区　分	規　格　基　準		備　　考
	蒸発残留物	500 mg/L 以下	―	
	陰イオン界面活性剤	0.5 mg/L 以下	―	
	フェノール類	0.005 mg/L 以下 （フェノールとして）	―	
	有機物等 （KMnO₄ 消費量）	10 mg/L 以下	12 mg/L 以下	
	pH 値	5.8 以上 8.6 以下	―	
	味	異常でないこと	―	
	臭　　気	異常でないこと	―	
	硫　化　物	―	0.05 mg/L 以下 （H₂S として）	
	色　　　度	5 度以下	―	
	濁　　　度	2 度以下	―	

3. 殺菌・除菌の方法等
　1) 清涼飲料水
　　(1) 殺菌又は除菌を要するもの
　容器包装に充てんし，密栓もしくは密封した後殺菌する．又は自記温度計をつけた殺菌器等で殺菌したものもしくはろ過器等で除菌したものを自動的に容器包装に充てんした後，密栓もしくは密封しなければならない

殺菌	a pH 4.0 未満	中心部の温度を 65℃ で 10 分間加熱する方法，又はこれと同等以上の効力を有する方法で行う
	b pH 4.0 以上 （pH 4.6 以上，水分活性が 0.94 を超えるものを除く）	中心部の温度を 85℃ で 30 分間加熱する方法，又はこれと同等以上の効力を有する方法で行う
	c pH 4.6 以上で水分活性が 0.94 を超えるもの	原材料等に由来して当該食品中に存在し，発育し得る微生物を死滅させるのに十分な効力を有する方法，又は b に定める方法で行う
除菌	原材料等を由来して当該食品中に存在し，発育し得る微生物を除去するのに十分な効力を有する方法で行う	

　　(2) 殺菌又は除菌を要しないもの
　容器包装内の二酸化炭素圧力が 98 kPa (20℃) 以上であり，植物または動物の組織成分を含有しないもの

　2) ミネラルウォーター類
　　(1) 殺菌又は除菌を要するもの
　　● 容器包装に充てんし，密栓もしくは密封した後殺菌する．又は自記温度計をつけた殺菌器等で殺菌したものもしくはろ過器等で除菌したものを自動的に容器包装に充てんした後，密栓もしくは密封しなければならない
　　● 中心部 85℃，30 分加熱，又は原水等に由来し製品中に存在し，かつ，発育し得る微生物を死滅又は除去するのに十分な効力を有する方法で行う

　　(2) 殺菌又は除菌を要しないもの
　　　① 二酸化炭素圧力が 98 kPa (20℃) 以上のもの
　　　② 二酸化炭素圧力が 98 kPa (20℃) 未満のものであって，次の条件を満たすもの
　　● 泉源（鉱水）から直接採水したものを，自動的に充てんし，密栓又は密封する
　　● 沈殿，ろ過，曝気又は二酸化炭素の注入もしくは脱気以外の操作を施さない
　　● 容器包装詰め直後の細菌数： 20/mL 以下
　　● 採水から容器包装詰めまでを行う施設・設備： 原水を汚染するおそれのないよう清潔・衛生的に保持されたもの
　　● 採水から容器包装詰めまでの作業： 清潔かつ衛生的に行わなければならない

区　分		規　格　基　準	備　考
		3）　冷凍果実飲料 　搾汁された果汁（密閉型全自動搾汁機により搾汁されたものを除く）	
		殺菌　pH 4.0未満　中心部の温度を65℃で10分間加熱する方法，又はこれと同等以上の効力を有する方法で行う	
		殺菌　pH 4.0以上　中心部の温度を85℃で30分間加熱する方法，又はこれと同等以上の効力を有する方法で行う	
		除菌　原材料等を由来して当該食品中に存在し，発育し得る微生物を除去するのに十分な効力を有する方法で行う	
		4．製造に使用する器具及び容器包装 　適当な方法で洗浄し，殺菌したもの 　（未使用の容器包装で，殺菌又は殺菌効果を有する製造方法で製造され，使用されるまでに汚染されるおそれのないように取り扱われたものを除く） 5．その他 　1）清涼飲料水 　　・紙栓により打栓する場合，打栓機械で行う 　2）冷凍果実飲料 　　・搾汁及び搾汁された果汁の加工は，衛生的に行う 　　・搾汁された果汁は，自動的に容器包装に充てんし，密封する 　　・化学的合成品たる添加物（酸化防止剤を除く）を使用しない 　3）原料用果汁 　　・搾汁及び搾汁された果汁の加工は，衛生的に行う	
	保存基準	・紙栓をつけたガラス瓶に収められたもの：10℃以下．冷凍果実飲料，冷凍した原料用果汁：−15℃以下．原料用果汁：清潔で衛生的な容器包装で保存 ・ミネラルウォーター類，冷凍果実飲料，原料用果汁以外の清涼飲料のうち，pH 4.6以上で，かつ，水分活性が0.94を超えるものであって，原材料等に由来して当該食品中に存在し，かつ，発育し得る微生物を死滅させるのに十分な効力を有する方法で殺菌していないもの：10℃以下	
粉末清涼飲料	成分規格	・混濁・沈殿物：飲用時の倍数の水で溶解した液が「清涼飲料水」の成分規格混濁及び沈殿物の項に適合すること ・ヒ素，鉛，カドミウム：検出しない ・スズ：150.0 ppm以下 〔乳酸菌を加えないもの〕 ・大腸菌群：陰性（1.11 g中，L.B. 培地法） ・細菌数：3,000/g以下（標準平板培養法） 〔乳酸菌を加えたもの〕 ・大腸菌群：陰性（1.11 g中，L.B. 培地法） ・細菌数（乳酸菌を除く）：3,000/g以下	別に製造基準，及び保存基準（コップ販売式自動販売機に収めたもの）あり
氷　　雪	成分規格	・大腸菌群（融解水）：陰性（11.111 mL中，L.B. 培地法） ・細菌数（融解水）：100/mL以下（標準平板培養法）	
	製造基準	・原水：飲用適の水	
氷　　菓	成分規格	・細菌数（融解水）：10,000/mL以下（標準平板培養法） ・大腸菌群（融解水）：陰性（0.1 mL×2中，デソキシコーレイト培地法）	はっ酵乳又は乳酸菌飲料を原料として使用したものにあっては，細菌数の中に乳酸菌及び酵母を含めない
	保存基準	・保存する場合に使用する容器は適当な方法で殺菌したものであること ・原料及び製品は，有蓋の容器に貯蔵し，取扱中手指を直接原料及び製品に接触させないこと	別に製造基準あり
食肉・鯨肉 （生食用冷凍鯨肉を除く）	保存基準	・10℃以下保存．ただし，容器包装に入れられた，細切りした食肉，鯨肉の凍結品は−15℃以下 ・清潔で衛生的な有蓋の容器に収めるか，清潔で衛生的な合成樹脂フィルム，合成樹脂加工紙，パラフィン紙，硫酸紙，布で包装，運搬のこと	
	調理基準	・衛生的な場所で，清潔で衛生的な器具を用いて行わなければならない	
食　鳥　卵	成分規格	〔殺菌液卵（鶏卵）〕 ・サルモネラ属菌：陰性（25 g中）	別に製造基準，表示基準あり

区　分		規　格　基　準	備　考
		〔未殺菌液卵（鶏卵）〕 • 細菌数 1,000,000/g 以下	
	保存基準 （鶏の液卵 に限る）	• 8℃以下（冷凍したもの：−15℃以下） • 製品の運搬に使用する器具は，洗浄，殺菌，乾燥したもの • 製品の運搬に使用するタンクは，ステンレス製，かつ，定置洗浄装置により洗浄，殺菌する方法又は同等以上の効果を有する方法で洗浄，殺菌したもの	
	使用基準	• 鶏の殻付き卵を加熱殺菌せずに飲食に供する場合：賞味期限を経過していない生食用の正常卵を使用すること	
血液・血球・血漿	保存基準	• 4℃以下保存 • 冷凍したもの：−18℃以下保存 • 清潔で衛生的な容器包装に収めて保存のこと	別に加工基準あり

食 肉 製 品　成分規格

(1) 一般規格
• 亜硝酸根：0.070 g/kg 以下

(2) 個別規格

	乾燥 食肉製品	非加熱 食肉製品	特定加熱 食肉製品	加熱食肉製品	
				包装後 加熱殺菌	加熱 殺菌後包装
E. coli（EC 培地法）	陰性	100/g 以下	100/g 以下	—	陰性
黄色ブドウ球菌 （卵黄加マンニット食塩寒天 培地法）	—	1,000/g 以下	1,000/g 以下	—	1,000/g 以下
サルモネラ属菌 （25 g 中，EEM ブイヨン増菌法 ＋MLCB 又は DHL 培地法）	—	陰性	陰性	—	陰性
クロストリジウム属菌 （クロストリジウム培地法）	—	—	1,000/g 以下	1,000/g 以下	—
大腸菌群 （1 g×3 中，B. G. L. B. 培地法）	—	—	—	陰性	—
水分活性	0.87 未満	—	—	—	—

乾 燥 食 肉 製 品：乾燥させた食肉製品であり，乾燥食肉製品として販売するもの
　　　　　　　　　（ビーフジャーキー，ドライドビーフ，サラミソーセージ等）
非加熱食肉製品：食肉を塩漬けした後，くん煙・乾燥，その中心部の温度を 63℃ で 30 分間加熱又はこれと同等以上の効力を有する加熱殺菌を行っていない食肉製品で，非加熱食肉製品として販売するもの（乾燥食肉製品を除く）
　　　　　　　　　（水分活性 0.95 以上：パルマハム，ラックスシンケン，コッパ，カントリーハム等，水分活性 0.95 未満：ラックスハム，セミドライソーセージ等）
特定加熱食肉製品：その中心部の温度を 63℃ で 30 分間加熱又はこれと同等以上の効力を有する方法以外の方法による加熱殺菌を行った食肉製品（乾燥食肉製品及び非加熱食肉製品を除く）（ウエスタンタイプベーコン，ローストビーフ等）
加 熱 食 肉 製 品：乾燥食肉製品，非加熱食肉製品，特定加熱食肉製品以外の食肉製品
　　　　　　　　　（ボンレスハム，ロースハム，プレスハム，ウインナーソーセージ，フランクフルトソーセージ，ベーコン等）
E. coli：大腸菌群のうち，44.5℃ で 24 時間培養したときに，乳糖を分解し，酸及びガスを生ずるもの
サルモネラ属菌：グラム陰性の無芽胞性の桿菌で，アセトイン陰性，リジン陽性，硫化水素陽性，オルトニトロフェニル-β-D-ガラクトピラノシド (ONPG) 陰性で，ブドウ糖を分解し，乳糖及び白糖を分解しない運動性を有する通性嫌気性の菌
クロストリジウム属菌：グラム陽性の芽胞形成桿菌で亜硫酸を還元する嫌気性の菌

保存基準

(1) 一般基準
• 冷凍食肉製品：−15℃以下
• 製品は清潔で衛生的な容器に収めて密封又は，ケーシングする．又は清潔で衛生的な合成樹脂フィルム，合成樹脂加工紙，硫酸紙もしくはパラフィン紙で包装，運搬のこと．

(2) 個別基準

非加熱食肉製品	4℃以下	肉塊のみを原料食肉とする場合で水分活性が 0.95 以上のもの
	10℃以下	肉塊のみを原料食肉とする場合以外で，pH が 4.6 未満又は pH が 5.1 未満かつ水分活性が 0.93 未満のものを除く
特定加熱食肉製品	4℃以下	水分活性が 0.95 以上のもの
	10℃以下	水分活性が 0.95 未満のもの

区　　分		規　格　基　準			備　　考
		加熱食肉製品	10℃以下	気密性のある容器包装に充てんした後，製品の中心部の温度を120℃で4分間加熱する方法又はこれと同等以上の効力を有する方法により殺菌したものを除く	
		別に製造基準あり			
鯨 肉 製 品	成 分 規 格	●大腸菌群：陰性（1 g×3中，B.G.L.B. 培地法） ●亜硝酸根：0.070 g/kg 以下（鯨肉ベーコン）			別に製造基準あり
	保 存 基 準	●10℃以下保存（冷凍製品は−15℃以下）．ただし，気密性の容器包装に充てん後，製品の中心部の温度を120℃，4分加熱（同等以上の方法も含む）した製品を除く ●清潔で衛生的な容器に密封又はケーシングする．又は清潔で衛生的な合成樹脂フィルム，同加工紙，硫酸紙もしくはパラフィン紙で包装，運搬のこと			
魚肉ねり製品	成 分 規 格	●大腸菌群：陰性（魚肉すり身を除く）（1 g×3中，B.G.L.B. 培地法） ●亜硝酸根：0.050 g/kg 以下（ただし，魚肉ソーセージ，魚肉ハム）			別に製造基準あり
	保 存 基 準	●10℃以下保存（魚肉ソーセージ，魚肉ハム，特殊包装かまぼこ）．ただし，気密性の容器包装に充てん後，製品の中心部の温度を120℃，4分加熱（同等以上の方法を含む）した製品及びpH 4.6 以下又は水分活性 0.94 以下のものを除く． ●冷凍製品：−15℃以下保存 ●清潔で衛生的にケーシングするか，清潔で衛生的な有蓋の容器に収めるか，又は清潔な合成樹脂フィルム，同加工紙，硫酸紙もしくはパラフィン紙で包装，運搬のこと			
いくら，すじこ，たらこ	成 分 規 格	●亜硝酸根：0.005 g/kg 以下			
ゆ で だ こ	成 分 規 格	●腸炎ビブリオ：陰性（TCBS 寒天培地法） ［冷凍ゆでだこ］ ●細菌数：100,000/g 以下（標準平板培養法） ●大腸菌群：陰性（0.01 g×2中，デソキシコレート培地法） ●腸炎ビブリオ：陰性（TCBS 寒天培地法）			別に加工基準あり
	保 存 基 準	●10℃以下保存． ●冷凍ゆでだこ：−15℃以下保存 ●清潔で衛生的な有蓋の容器又は清潔で衛生的な合成樹脂フィルム，合成樹脂加工紙，硫酸紙もしくはパラフィン紙で包装運搬			
ゆ で が に	成 分 規 格	飲食に供する際に加熱を要しないものに限る 　1)［凍結していないもの］ 　　●腸炎ビブリオ：陰性（TCBS 培地法） 　2)［冷凍ゆでがに］ 　　●細菌数：100,000/g 以下（標準平板培養法） 　　●大腸菌群：陰性（0.01 g×2中，デソキシコレート培地法） 　　●腸炎ビブリオ：陰性（TCBS 培地法）			別に加工基準あり ※凍結していない加熱調理・加工用のものについては規格基準は適用されない
	保 存 基 準	●10℃以下保存（飲食に供する際に加熱を要しないものであって，凍結させていないものに限る） ●冷凍ゆでがに：−15℃以下保存 ●清潔で衛生的な容器包装に入れ保存，ただし二次汚染防止措置を講じて，販売用に陳列する場合はこの限りではない			
生食用鮮魚介類	成 分 規 格	●腸炎ビブリオ最確数：100/g 以下（アルカリペプトン水，TCBS 寒天培地法）			切り身又はむき身にした鮮魚介類（生かきを除く）であって，生食用のもの（凍結させたものを除く）に限る（凍結させたものは冷凍食品［生食用冷凍鮮魚介類］の項を参照）
	保 存 基 準	●清潔で衛生的な容器包装に入れ，10℃以下で保存			別に加工基準あり
生 食 用 か き	成 分 規 格	●細菌数：50,000/g 以下（標準平板培養法） ●E. coli 最確数：230/100 g 以下（EC 培地法）			別に加工基準あり 容器包装に採取された海域又は湖沼を表示すること

区　　分		規　格　基　準	備　　　考
		［むき身のもの］ ● 腸炎ビブリオ最確数: 100/g 以下（アルカリペプトン水，TCBS 寒天培地法）	
	保存基準	● 10℃以下保存. ● 生食用冷凍かき: －15℃以下保存. 清潔で衛生的な合成樹脂，アルミニウム箔又は耐水性加工紙で包装保存すること ● 冷凍品を除く生食用かきは上記のほか，清潔で衛生的な有蓋容器に収めて保存してもよい	
寒　　　　　天	成分規格	● ホウ素化合物: 1 g/kg 以下（H_3BO_3 として）	
穀　　　　　類 米 （玄米及び精米）	成分規格	● カドミウム及びその化合物: 0.4 ppm 以下（Cd として）	
豆　　　　　類	成分規格	● シアン化合物: 不検出（ただし，サルタニ豆，サルタピア豆，バター豆，ペギア豆，ホワイト豆，ライマ豆にあっては HCN として 500 ppm 以下）	
	使用基準	● シアン化合物を検出する豆類の使用は生あんの原料に限る	
野　　　　　菜 ばれいしょ	加工基準	● 発芽防止の目的で放射線を照射する場合は，次の方法による （イ）放射線源の種類: コバルト 60 のガンマ線 （ロ）ばれいしょの吸収線量: 150 グレイ以下 （ハ）照射加工したばれいしょには再照射しないこと	
生　あ　ん	成分規格	● シアン化合物: 不検出	別に製造基準あり
豆　　　　　腐	保存基準	● 冷蔵保存，又は，十分に洗浄，殺菌した水槽内で，飲用適の冷水で絶えず換水しながら保存（移動販売用及び，成型後水さらしせずに直ちに販売されるものを除く） ● 移動販売用のものは十分に洗浄，殺菌した器具で保冷	別に製造基準あり
即席めん類	成分規格	● 含有油脂: 酸価 3 以下，又は過酸化物価 30 以下	めんを油脂で処理したものに限る
	保存基準	● 直射日光を避けて保存	
冷凍食品	成分規格	（下表参照）	

冷凍食品 / 成分規格:

	無加熱摂取 冷凍食品	加熱後摂取冷凍食品		生食用冷凍 鮮魚介類
		凍結直前加熱	凍結直前 加熱以外	
細菌数（標準平板培養法）	100,000/g 以下	100,000/g 以下	3,000,000/g 以下	100,000/g 以下
大腸菌群 （0.01 g×2 中，デソキシコレート培地法）	陰性	陰性	―	陰性
E. coli （0.01 g×3 中，EC 培地法）	―	―	陰性*	―
腸炎ビブリオ最確数 （アルカリペプトン水，TCBS 寒天培地法）	―	―	―	100/g 以下

冷　凍　食　品: 製造又は加工した食品（清涼飲料水，食肉製品，鯨肉製品，魚肉ねり製品，ゆでだこ及びゆでがに以外）及び切り身，むき身にした鮮魚介類（生かき以外）を凍結させたもので，容器包装に入れられたもの

無加熱摂取冷凍食品: 冷凍食品のうち製造又は加工した食品を凍結させたもので，飲食に供する際に加熱を要しないとされているもの

加熱後摂取冷凍食品: 冷凍食品のうち製造又は加工した食品を凍結させたもので，無加熱摂取冷凍食品以外のもの

生食用冷凍鮮魚介類: 冷凍食品のうち切り身又はむき身にした鮮魚介類であり，生食用のものを凍結させたもの

* ただし，小麦粉を主たる原材料とし，摂食前に加熱工程が必要な冷凍パン生地様食品については，*E. coli* が陰性であることを要しない.
（冷凍食品の成分規格の細菌数に係る部分は，微生物の働きを利用して製造された食品，例えば，生地パン，納豆，ナチュラルチーズ入りパイ等を凍結させたものであって容器包装に入れられたものについては適用しない）

区　分		規　格　基　準	備　考
冷凍食品	保存基準	● －15℃以下保存 ● 清潔で衛生的な合成樹脂，アルミニウム箔又は耐水性の加工紙で包装し保存	別に加工基準あり

区　分		規　格　基　準	備　考
容器包装詰加圧加熱殺菌食品	成分規格	• 当該容器包装詰加圧加熱殺菌食品中で発育しうる微生物：陰性 (1) 恒温試験：容器包装を35.0℃で14日間保持し，膨張又は漏れを認めない. (2) 細菌試験：陰性（1 mL×5中，TGC培地法，恒温試験済みのものを検体とする）	容器包装詰加圧加熱殺菌食品とは，食品（清涼飲料水，食肉製品，鯨肉製品，魚肉ねり製品を除く）を気密性のある容器包装に入れ，密封した後，加圧加熱殺菌したものをいう 別に製造基準あり
油脂で処理した菓子（指導要領）	製品の管理	• 製品中に含まれる油脂の酸価が3を超え，かつ過酸化物価が30を超えないこと • 製品中に含まれる油脂の酸価が5を超え，又は過酸化物価が50を超えないこと	製造過程において油脂で揚げる，炒める，吹き付ける，又は塗布する等の処理を施した菓子をいう．粗脂肪として10%（w/w）以上を含むもの

4. 食品の暫定的規制値等

規　制　項　目	対　象　食　品	規　制　値
PCBの暫定的規制値	魚介類 　遠洋沖合魚介類（可食部） 　内海内湾（内水面を含む）魚介類（可食部） 牛乳（全乳中） 乳製品（全量中） 育児用粉乳（全量中） 肉類（全量中） 卵類（全量中） 容器包装	（単位：ppm） 0.5 3 0.1 1 0.2 0.5 0.2 5
水銀の暫定的規制値 　・総水銀 　・メチル水銀	魚介類 　ただしマグロ類（マグロ，カジキ及びカツオ）及び内水面水域の河川産の魚介類（湖沼産の魚介類は含まない），並びに深海性魚介類等（メヌケ類，キンメダイ，ギンダラ，ベニズワイガニ，エッチュウバイガイ及びサメ類）については適用しない	（単位：ppm） 0.4　かつ 0.3（水銀として）
デオキシニバレノールの暫定的な基準値	小麦	（単位：ppm） 1.1
アフラトキシンの規制値	食品全般	10 µg/kgを超えてはならない（アフラトキシン B_1, B_2, G_1 及び G_2 の総和）
貝毒の規制値 　・麻痺性貝毒	貝類全般（可食部）及び二枚貝等捕食生物（可食部）	4 MU/g以下（1 MU（マウスユニット）は体重20 gのマウスを麻痺性貝毒の場合は15分で，下痢性貝毒の場合は24時間で死亡させる毒量）
・下痢性貝毒	貝類全般（可食部）	0.05 MU/g以下
放射能規制値	ミネラルウォーター類（水のみを原料とする清涼飲料水をいう.） 原料に茶を含む清涼飲料水 飲用に供する茶 乳　及び　乳飲料 乳児の飲食に供することを目的として販売する食品 上記以外の食品	（単位：Bq/kg） 　10（放射性セシウム） 　10（放射性セシウム） 　10（放射性セシウム）＊ 　50（放射性セシウム） 　50（放射性セシウム） 100（放射性セシウム）＊
	放射性セシウム：セシウム134及びセシウム137の総和 ＊濃度の測定については，飲用に供する茶にあっては飲用に供する状態で，食用植物油脂品質表示基準平成12年農林水産省告示第1672号）第2条に規定する食用サフラワー油，食用綿実油，食用こめ油及び食用なたね油にあっては油脂の状態で，加工食品品質表示基準（平成12年農林水産省告示第513号）別表2に規定する乾燥きのこ類及び乾燥野菜類並びに乾燥させた海藻類及び乾燥させた魚介類等にあっては飲食に供する状態で行わなければならない.	

5. 遺伝子組換え食品及びアレルギー食品の表示

　食品衛生法施行規則及び乳及び乳製品の成分規格等に関する省令の一部を改正する省令が一部改正（平成13年厚生労働省令第23号，平成20年厚生労働省令第112号（最新改正））され，遺伝子組換え食品に関する表示と特定原材料を原材料として含む食品に係る表示（アレルギー物質を含む食品に係る表示）が必要になっている。（食品衛生法施行規則第21条に規定する表示基準に関しては平成23年2月に内閣府令として新たに制定される予定）

1. 遺伝子組換え食品に係る表示の基準（食品衛生法施行規則第21条関係）
　①組換えDNA技術応用作物（以下「遺伝子組換え作物」という。）である食品及びその加工食品については，以下の区分により表示を行うことにしている。
　　イ　分別生産流通管理が行われたことを確認した遺伝子組換え作物である食品又はこれを原材料とする加工食品（当該加工食品を原材料とするものを含む。）については，「遺伝子組換え」の記載を行う。
　　ロ　生産，流通又は加工のいずれかの段階で遺伝子組換え作物及び非遺伝子組換え作物が分別されていない作物である食品又はこれを原材料とする加工食品については，「遺伝子組換え不分別」の記載を行う。
　　ハ　分別生産流通管理が行われたことを確認した非遺伝子組換え作物である食品又はこれを原材料とする加工食品（当該加工食品を原材料とするものを含む。）については，任意表示として，「遺伝子組換えでないものを分別」，「遺伝子組換えでない」の記載を行うができる。
　②以下に掲げる食品については，遺伝子組換え作物である旨又は遺伝子組換え作物及び非遺伝子組換え作物が分別されていない旨の表示を省略することができる。
　　イ　規則別表第7の左欄に掲げる作物又はこれを原材料とする加工食品を主な原材料（原材料の重量に占める割合の高い原材料の上位3位までのもので，かつ，原材料の重量に占める割合が5％以上のものをいう。）としない加工食品
　　ロ　加工工程後も組み換えられたDNA又はこれによって生じたたんぱく質が残存するものとして規則別表第7の右欄に掲げる加工食品以外の加工食品
　　ハ　直接一般消費者に販売されない食品
　③分別生産流通管理を行ったにもかかわらず，意図せざる遺伝子組換え作物又は非遺伝子組換え作物の一定の混入があった場合においても，分別生産流通管理が行われていることの確認が適切に行われている場合にあっては，分別生産流通管理が行われたものとみなすこと。ここでいう「一定の混入」とは，遺伝子組換え大豆及びとうもろこしの混入が5％以下であること。
2. アレルギー物質を含む食品に係る表示について（食品衛生法施行規則第21条関係）
　(1)　特定原材料を原材料として含む食品に係る表示の基準
　　①特定アレルギー症状を引き起こすことが明らかになった食品のうち，特に発症数，重篤度から勘案して表示する必要性の高い「えび」，「かに」，「小麦」，「そば」，「卵」，「乳」及び「落花生」の7品目（以下「特定原材料」という。）を含む加工食品については，食品衛生法施行規則第21条に定めるところにより当該特定原材料を含む旨を記載しなければならない。
　　②アレルギー物質に関する表示の基準は，遺伝子組換え食品に係る表示と異なり，一般消費者に直接販売されない食品の原材料も含め，食品流通の全ての段階において，表示が義務づけられる。
　　③特定原材料に由来する添加物にあっては，「食品添加物」の文字及び当該添加物が特定原材料に由来する旨を表示すること。
　　④特定原材料に由来する添加物を含む食品にあっては，当該添加物を含む旨及び「添加物名（〇〇由来）」等当該食品に含まれる添加物が特定原材料に由来する旨を表示すること。
　(2)　特定原材料に準ずるものを原材料として含む食品に係る表示の基準
　　アレルギー物質を含む食品として，規則では7品目が列挙されているが，食物アレルギーの実態及びアレルギー誘発物質の解明に関する研究から，「アーモンド」，「カシューナッツ」，「ごま」，「あわび」，「いか」，「いくら」，「オレンジ」，「キウイフルーツ」，「牛肉」，「くるみ」，「さけ」，「さば」，「大豆」，「鶏肉」，「豚肉」，「バナナ」，「まつたけ」，「もも」，「やまいも」，「りんご」，「ゼラチン」の21品目についても，過去に一定の頻度で重篤な健康危害が見られていることから，これらを原材料として含む加工食品については，当該食品を原材料として含む旨を可能な限り表示するよう努めること。

別表第7

作　　　物	加　工　食　品
大豆（枝豆及び大豆もやしを含む.）	1. 豆腐類及び油揚げ類 2. 凍豆腐，おから及びゆば 3. 納豆 4. 豆乳類 5. みそ 6. 大豆煮豆 7. 大豆缶詰及び大豆瓶詰 8. きな粉 9. 大豆いり豆 10. 第1号から前号までに掲げるものを主な原材料とするもの 11. 調理用の大豆を主な原材料とするもの 12. 大豆粉を主な原材料とするもの 13. 大豆たんぱくを主な原材料とするもの 14. 枝豆を主な原材料とするもの 15. 大豆もやしを主な原材料とするもの
とうもろこし	1. コーンスナック菓子 2. コーンスターチ 3. ポップコーン 4. 冷凍とうもろこし 5. とうもろこし缶詰及びとうもろこし瓶詰 6. コーンフラワーを主な原材料とするもの 7. コーングリッツを主な原材料とするもの（コーンフレークを除く.） 8. 調理用のとうもろこしを主な原材料とするもの 9. 第1号から第5号までに掲げるものを主な原材料とするもの
ばれいしょ	1. ポテトスナック菓子 2. 乾燥ばれいしょ 3. 冷凍ばれいしょ 4. ばれいしょでん粉 5. 調理用のばれいしょを主な原材料とするもの 6. 第1号から第4号までに掲げるものを主な原材料とするもの
菜種	
綿実	
アルファルファ	アルファルファを主な原材料とするもの
てん菜	調理用のてん菜を主な原材料とするもの
パパイヤ	パパイヤを主な原材料とするもの

Ⅱ. 乳[*5]・乳製品

1. 原料乳・飲用乳・乳飲料

	原料乳[*1]		飲　用　乳				乳[*1][*3][*4]		加工乳	乳飲料[*3][*4]
	生乳	生山羊乳	牛乳[*2]	特別牛乳	殺菌山羊乳	成分調整牛乳	低脂肪牛乳	無脂肪牛乳	加工乳	乳飲料
比　重 (15°)	1.028 以上	1.030〜1.034	1.028〜1.034[a] / 1.028〜1.036[b]	1.028〜1.034[a] / 1.028〜1.036[b]	1.030〜1.034	—	1.030〜1.036	1.032 以上	—	—
酸　度 (乳酸%)	0.18 以下[a] / 0.20 以下[b]	0.20 以下	0.18 以下[a] / 0.20 以下[b]	0.17 以下[a] / 0.19 以下[b]	0.20 以下	0.21 以下	0.21 以下	0.21 以下	0.18 以下	—
無脂乳固形分 (%)	—	—	8.0 以上	8.5 以上	7.5 以上	8.0 以上	8.0 以上	8.0 以上	8.0 以上	—
乳　脂　肪　分 (%)	—	—	3.0 以上	3.3 以上	2.5 以上	—	0.5 以上 1.5 以下	0.5 未満	—	—
細　菌　数 (1 mL 当たり)	400 万以下（直接個体鏡検法）	400 万以下（直接個体鏡検法）	5 万以下[f]（標準平板培養法）	3 万以下[f]（標準平板培養法）	5 万以下[f]（標準平板培養法）	5 万以下[f]（標準平板培養法）	5 万以下[f]（標準平板培養法）	5 万以下[f]（標準平板培養法）	5 万以下[f]（標準平板培養法）	3 万以下[f]（標準平板培養法）
大　腸　菌　群	—	—	陰　性[g]	陰　性[g]	陰　性[g]	陰　性[g]	陰　性[g]	陰　性[g]	陰　性[g]	陰　性[g]
製造の方法の基準	殺菌法:保持式により63℃30分またはこれと同等以上の殺菌効果を有する方法で加熱殺菌	—	殺菌法:保持式による場合は63℃30分またはこれと同等以上の殺菌効果を有する方法で加熱殺菌	殺菌法:殺菌する場合は保持式により63〜65℃30分殺菌	牛乳に同じ	牛乳に同じ	牛乳に同じ	牛乳に同じ	牛乳に同じ	殺菌法:原料は殺菌の過程において破壊されるものを除き、62℃、30分又はこれと同等以上の殺菌効果を有する方法で殺菌
保存の方法の基準	殺菌後直ちに10℃以下に冷却して保存のこと（常温保存可能品を除く）常温保存可能品は常温を超えない温度で保存	—	殺菌後直ちに10℃以下に冷却して保存のこと（常温保存可能品を除く）常温保存可能品は常温を超えない温度で保存	処理後（殺菌した場合にあっては殺菌後）直ちに10℃以下に冷却して保存すること	牛乳に同じ	牛乳に同じ	牛乳に同じ	牛乳に同じ	牛乳に同じ	原料は（保存性のある容器に入れ、かつ120℃で4分間の加熱殺菌又はこれと同等以上の加熱殺菌したものを除く）

注[a] ジャージー種の牛の乳のみを原料とするもの以外のもの。生乳にあっては、ジャージー種の牛以外の牛から搾取したもの。
[b] ジャージー種の牛の乳のみを原料とするもの。生乳にあっては、ジャージー種の牛から搾取したもの。
[c] 常温保存可能品にあっては、29〜31℃14日又は54〜56℃7日間保存後のものにあっては0.02%以内
[d] 常温保存可能品にあっては、29〜31℃14日又は54〜56℃7日間保存後のもの
[e] 常温保存可能品にあっては牛乳に同じ
[f] 常温保存可能品にあっては、29〜31℃14日又は54〜56℃7日間保存後のものについて0
[g] 1.11 mL×2中、B.G.L.B. 培地法

*1 農薬等の残留基準については I.2 参照
*2 PCB の暫定的規制値については I.4 参照
*3 容器包装については IV.5 参照
*4 総合衛生管理製造過程の承認対象品目、食品衛生上の危害の原因となる物質については I.6 参照
*5 アレルギー食品の表示については I.3 参照

Ⅲ．食品添加物

1．使用基準のあるもの

物　質　名	対象食品	使　用　量	使　用　制　限	備　考 (他の主な用途名)
イ ー ス ト フ ー ド				
炭酸カルシウム				(栄養強化剤，ガムベース，膨脹剤)
硫酸カルシウム		Caとして食品の1.0%以下(特別用途食品を除く)	食品の製造又は加工上必要不可欠な場合及び栄養の目的で使用する場合に限る	(栄養強化剤，豆腐用凝固剤，膨脹剤)
リン酸三カルシウム				(栄養強化剤，ガムベース，乳化剤，膨脹剤)
リン酸一水素カルシウム				
リン酸二水素カルシウム				(栄養強化剤，乳化剤，膨脹剤)
栄 養 強 化 剤				
亜鉛塩類				
グルコン酸亜鉛	母乳代替食品	標準調乳濃度においてZnとして6.0 mg/L以下		厚生労働大臣の承認を得て調製粉乳に使用する場合を除く
	保健機能食品	当該食品の1日当たりの摂取目安量に含まれるZnの量が15 mgを超えてはならない		
硫酸亜鉛	母乳代替食品	標準調乳濃度においてZnとして6.0 mg/L以下		
β-カロテン 　イモカロテン*1 　デュナリエラカロテン*1 　ニンジンカロテン*1 　パーム油カロテン*1			こんぶ類，食肉，鮮魚介類（鯨肉を含む），茶，のり類，豆類，野菜，わかめ類に使用しないこと	(着色料)
グルコン酸第一鉄	母乳代替食品，離乳食品，妊産婦・授乳婦用粉乳			(色調調整剤)
L-システイン塩酸塩	パン，天然果汁			(品質改良剤)
クエン酸カルシウム				(乳化剤，調味料，膨脹剤)
グリセロリン酸カルシウム			栄養の目的で使用する場合に限る	
グルコン酸カルシウム				
L-グルタミン酸カルシウム				(調味料)
乳酸カルシウム				(調味料，膨脹剤)
パントテン酸カルシウム				
塩化カルシウム				(豆腐用凝固剤)
水酸化カルシウム		Caとして食品の1.0%以下(特別用途食品を除く)		
炭酸カルシウム				(イーストフード，ガムベース，膨脹剤)
ピロリン酸二水素カルシウム			食品の製造又は加工上必要不可欠な場合及び栄養の目的で使用する場合に限る	(乳化剤，膨脹剤)
硫酸カルシウム				(イーストフード，乳化剤，膨脹剤)
リン酸三カルシウム				(イーストフード，ガムベース，乳化剤，膨脹剤)
リン酸一水素カルシウム				
リン酸二水素カルシウム				
銅塩類				
グルコン酸銅	母乳代替食品	標準調乳濃度においてCuとして0.60 mg/L以下		厚生労働大臣の承認を得て調製粉乳に使用する場合を除く
	保健機能食品	当該食品の1日当たりの摂取目安量に含まれるCuの量が5 mgを超えてはならない		
硫酸銅	母乳代替食品	標準調乳濃度においてCuとして0.60 mg/L以下		

† 物質名のうち，*1 印は既存添加物名簿収載品

物　質　名	対象食品	使　用　量	使　用　制　限	備　考 (他の主な用途名)
ニコチン酸 ニコチン酸アミド			食肉及び鮮魚介類（鯨肉を含む）に使用してはならない	（色調調整剤）
トコフェロール酢酸エステル d-α-トコフェロール酢酸エステル ビチオン	保健機能食品			

ガ　ム　ベ　ー　ス

物　質　名	対象食品	使　用　量	使　用　制　限	備　考 (他の主な用途名)
エステルガム タルク*1 酢酸ビニル樹脂		5.0% 以下	ガムベース及び果実又は野菜の表皮の被膜剤以外に使用してはならない	（製造用剤） （被膜剤）
炭酸カルシウム	チューインガム	10% 以下 （Ca として）		（イーストフード，栄養強化剤，膨脹剤）
ポリイソブチレン ポリブテン				
リン酸三カルシウム リン酸一水素カルシウム		1.0% 以下 （Ca として）	食品の製造又は加工上必要不可欠な場合及び栄養の目的で使用する場合に限る	（イーストフード，栄養強化剤，乳化剤，膨脹剤）

甘　味　料

物　質　名	対象食品	使　用　量	使　用　制　限	備　考 (他の主な用途名)
アセスルファムカリウム	あん類 菓子，生菓子	2.5 g/kg 以下		
	チューインガム	5.0 g/kg 以下		
	アイスクリーム類 ジャム類 たれ 漬け物 氷菓 フラワーペースト	1.0 g/kg 以下		
	果実酒 雑酒 清涼飲料水 乳飲料 乳酸菌飲料 はっ酵乳（希釈して飲用に供する飲料水にあっては，希釈後の飲料水）	0.50 g/kg 以下		
	砂糖代替食品（コーヒー，紅茶等に直接加え，砂糖に代替する食品として用いられるもの）	15 g/kg 以下		
	その他の食品	0.35 g/kg 以下		
	特別用途食品の許可を受けたもの	許可量		
	栄養機能食品（錠剤）	6.0 g/kg		
グリチルリチン酸二ナトリウム	しょう油，みそ			
サッカリン	チューインガム	0.050 g/kg 以下 （サッカリンとして）		
サッカリンナトリウム	こうじ漬，酢漬，たくあん漬	2.0 g/kg 未満 （サッカリンナトリウムとしての残存量）		
	粉末清涼飲料	1.5 g/kg 未満（〃）		
	かす漬，みそ漬，しょう油漬の漬物，魚介加工品（魚肉ねり製品，つくだ煮，漬物，缶詰又は瓶詰食品を除く）	1.2 g/kg 未満（〃）		
	海藻加工品，しょう油，つくだ煮，煮豆	0.50 g/kg 未満（〃）		

物　質　名	対象食品	使　用　量	使用制限	備　　考 (他の主な用途名)
スクラロース	魚肉ねり製品, 酢, 清涼飲料水, シロップ, ソース, 乳飲料, 乳酸菌飲料, 氷菓	0.30 g/kg 未満 （5倍以上に希釈して用いる清涼飲料水及び乳酸菌飲料の原料に供する乳酸菌飲料又ははっ酵乳にあっては 1.5 g/kg 未満, 3倍以上に希釈して用いる酢にあっては 0.90 g/kg 未満）(〃)		アイスクリーム類, 菓子, 氷菓は原料である液状ミックス及びミックスパウダーを含む
	アイスクリーム類, あん類, ジャム, 漬物（かす漬, こうじ漬, しょう油漬, 酢漬, たくあん漬, みそ漬を除く）, はっ酵乳（乳酸菌飲料の原料に供するはっ酵乳を除く）, フラワーペースト類, みそ	0.20 g/kg 未満(〃)		
	菓子	0.10 g/kg 未満(〃)		
	上記食品以外の食品及び魚介加工品の缶詰又は瓶詰	0.20 g/kg 未満(〃)		
	特別用途食品の許可を受けたもの	許可量		
	菓子, 生菓子	1.8 g/kg 以下		
	チューインガム	2.6 g/kg 以下		
	ジャム	1.0 g/kg 以下		
	清酒, 合成清酒, 果実酒, 雑酒, 清涼飲料水, 乳飲料, 乳酸菌飲料（希釈して飲用に供する飲料水にあっては, 希釈後の飲料水）	0.40 g/kg 以下		
	砂糖代替食品（コーヒー, 紅茶等に直接加え, 砂糖に代替する食品として用いられるもの）	12 g/kg 以下		
	その他の食品	0.58 g/kg 以下		
	特別用途食品の許可を受けたもの	許可量		

香　　　料				
アセトアルデヒド			ここに収載した香料は別段の規定があるもののほか着香の目的以外に使用してはならない	イソチオシアネート類, インドール及びその誘導体, エステル類, エーテル類, ケトン類, 脂肪酸類, 脂肪族高級アルコール類, 脂肪族高級アルデヒド類, 脂肪族高級炭化水素類, チオエーテル類, チオール類, テルペン系炭化水素類, フェノールエーテル類, フェノール類, フルフラール及びその誘導体, 芳香族アルコール類, 芳香族アルデヒド類, ラクトン類の18項目については類又は誘導体として指定されています. これらに属する具体的品目については平成21年2月9日食安基発第0209001号により示されています.
アセト酢酸エチル				
アセトフェノン				
アニスアルデヒド				
アミルアルコール				
α-アミルシンナムアルデヒド				
アントラニル酸メチル				
イオノン				
イソアミルアルコール				
イソオイゲノール				
イソ吉草酸イソアミル				
イソ吉草酸エチル				
イソチオシアネート類（毒性が激しいと一般に認められるものを除く）				
イソチオシアン酸アリル				
イソバレルアルデヒド				
イソブタノール				
イソブチルアルデヒド				
イソプロパノール				
イソペンチルアミン				
インドール及びその誘導体				
γ-ウンデカラクトン				

物　質　名	対象食品	使　用　量	使　用　制　限	備　　考 (他の主な用途名)
エステル類				
2-エチル-3,5-ジメチルピラジン及び 　2-エチル-3,6-ジメチルピラジンの 　混合物				
2-エチルピラジン				
2-エチル-3-メチルピラジン				
2-エチル-5-メチルピラジン				
エチルバニリン				
エーテル類				
オイゲノール				
オクタナール				
オクタン酸エチル				
ギ酸イソアミル				
ギ酸ゲラニル				
ギ酸シトロネリル				
ケイ皮酸				
ケイ皮酸エチル				
ケイ皮酸メチル				
ケトン類				
ゲラニオール				
酢酸イソアミル				
酢酸エチル				(製造用剤)
酢酸ゲラニル				
酢酸シクロヘキシル				
酢酸シトロネリル				
酢酸シンナミル				
酢酸テルピニル				
酢酸フェネチル				
酢酸ブチル				
酢酸ベンジル				
酢酸 l-メンチル				
酢酸リナリル				
サリチル酸メチル				
シクロヘキシルプロピオン酸アリル				
シトラール				
シトロネラール				
シトロネロール				
1,8-シネオール				
脂肪酸類				
脂肪族高級アルコール類				
脂肪族高級アルデヒド類(毒性が激し 　いと一般に認められるものを除く)				
脂肪族高級炭化水素類（〃）				
2,3-ジメチルピラジン				
2,5-ジメチルピラジン				
2,6-ジメチルピラジン				
シンナミルアルコール				
シンナムアルデヒド				
チオエーテル類（毒性が激しいと一 　般に認められるものを除く）				
チオール類（〃）				
デカナール				
デカノール				
デカン酸エチル				
2,3,5,6-テトラメチルピラジン				
5,6,7,8-テトラヒドロキノキサリン				
テルピネオール				

物　質　名	対象食品	使　用　量	使　用　制　限	備　　考 （他の主な用途名）
テルペン系炭化水素類				
2,3,5-トリメチルピラジン				
γ-ノナラクトン				
バニリン				
パラメチルアセトフェノン				
バレルアルデヒド				
ヒドロキシシトロネラール				
ヒドロキシシトロネラールジメチル 　アセタール				
ピペリジン				
ピペロナール				
ピロリジン				
フェニル酢酸イソアミル				
フェニル酢酸イソブチル				
フェニル酢酸エチル				
フェネチルアミン				
フェノールエーテル類（毒性が激し 　いと一般に認められるものを除く）				
フェノール類（〃）				
ブタノール				
ブチルアミン				
ブチルアルデヒド				
フルフラール及びその誘導体（〃）				
プロパノール				
プロピオンアルデヒド				
プロピオン酸				（保存料）
プロピオン酸イソアミル				
プロピオン酸エチル				
プロピオン酸ベンジル				
ヘキサン酸				
ヘキサン酸アリル				
ヘキサン酸エチル				
ヘプタン酸エチル				
l-ペリルアルデヒド				
ベンジルアルコール				
ベンズアルデヒド				
ペンタノール				
芳香族アルコール類				
芳香族アルデヒド類（毒性が激しい 　と一般に認められるものを除く）				
d-ボルネオール				
マルトール				
N-メチルアントラニル酸メチル				
5-メチルキノキサリン				
6-メチルキノリン				
メチル-β-ナフチルケトン				
2-メチルピラジン				
2-メチルブタノール				
3-メチル-2-ブタノール				
2-メチルブチルアルデヒド				
dl-メントール				
l-メントール				
酪酸				
酪酸イソアミル				
酪酸エチル				
酪酸シクロヘキシル				
酪酸ブチル				

物　質　名	対象食品	使　用　量	使　用　制　限	備　考 (他の主な用途名)
ラクトン類（毒性が激しいと一般に認められるものを除く） リナロオール				
固　結　防　止　剤				
ケイ酸カルシウム		食品の 2.0% 以下（微粒二酸化ケイ素と併用の場合はその合計量）		
二酸化ケイ素（微粒二酸化ケイ素のみ）		二酸化ケイ素として食品の 2.0% 以下（ケイ酸カルシウムと併用の場合はその合計量）	母乳代替食品及び離乳食品を除く	
フェロシアン化物 　フェロシアン化カリウム 　フェロシアン化カルシウム 　フェロシアン化ナトリウム	食塩	0.020 g/kg 以下（無水フェロシアン化ナトリウムとして）フェロシアン化物 2 種以上を併用する場合はその合計量		
小　麦　粉　処　理　剤				
過硫酸アンモニウム 過酸化ベンゾイル	小麦粉	0.30 g/kg 以下	硫酸アルミニウムカリウム，リン酸のカルシウム塩類，硫酸カルシウム，炭酸カルシウム，炭酸マグネシウム及びデンプンのうち 1 種又は 2 種以上を配合して希釈過酸化ベンゾイルとして使用する場合以外に使用してはならない.	
希釈過酸化ベンゾイル 二酸化塩素	小麦粉 小麦粉	0.30 g/kg 以下		
殺　菌　料				
亜塩素酸ナトリウム 過酸化水素	漂白剤の項参照		漂白剤の項参照 最終食品の完成前に分解又は除去すること	（漂白剤）
次亜塩素酸水 　強酸性次亜塩素酸水 　微酸性次亜塩素酸水			最終食品の完成前に分解又は除去すること	
次亜塩素酸ナトリウム			ごまに使用してはならない	
酸　化　防　止　剤				
亜硫酸ナトリウム 次亜硫酸ナトリウム 二酸化硫黄 ピロ亜硫酸カリウム ピロ亜硫酸ナトリウム	漂白剤の項参照	漂白剤の項参照	漂白剤の項参照	漂白剤の項参照
エチレンジアミン四酢酸カルシウム二ナトリウム（EDTA・CaNa₂）	缶，瓶詰清涼飲料水	0.035 g/kg 以下（EDTA・CaNa₂ として）		
エチレンジアミン四酢酸二ナトリウム（EDTA・Na₂）	その他の缶，瓶詰	0.25 g/kg 以下（〃）	EDTA・Na₂ は最終食品完成前に EDTA・CaNa₂ にすること	
エリソルビン酸 エリソルビン酸ナトリウム			酸化防止の目的に限る（魚肉ねり製品（魚肉すり身を除く），パンを除く）	（品質改良剤）
グアヤク脂[*1]	油脂，バター	1.0 g/kg 以下		
クエン酸イソプロピル	油脂，バター	0.10 g/kg 以下（クエン酸モノイソプロピルとして）		
ジブチルヒドロキシトルエン（BHT）	魚介冷凍品（生食用冷凍鮮魚介類及び生食用冷凍かきを除く），鯨冷凍品（生食用冷凍鯨肉を除く）	1 g/kg 以下（浸漬液に対し；ブチルヒドロキシアニソールと併用の場合はその合計量）		

物　質　名	対　象　食　品	使　用　量	使　用　制　限	備　　考 (他の主な用途名)
dl-α-トコフェロール	油脂, バター, 魚介乾製品, 魚介塩蔵品, 乾燥裏ごしいも	0.2 g/kg 以下 (ブチルヒドロキシアニソールと併用の場合はその合計量)	酸化防止の目的に限る (*β-カロテン*, ビタミンA, ビタミンA脂肪酸エステル及び流動パラフィンの製剤中に含まれる場合を除く)	
	チューインガム	0.75 g/kg 以下		
ブチルヒドロキシアニソール (BHA)	魚介冷凍品(生食用冷凍鮮魚介類及び生食用冷凍かきを除く), 鯨冷凍品(生食用冷凍鯨肉を除く)	1 g/kg 以下 (浸漬液に対し; ジブチルヒドロキシトルエンと併用の場合はその合計量)		
	油脂, バター, 魚介乾製品, 魚介塩蔵品, 乾燥裏ごしいも	0.2 g/kg 以下 (ジブチルヒドロキシトルエンと併用の場合はその合計量)		
没食子酸プロピル	油脂	0.20 g/kg 以下		
	バター	0.10 g/kg 以下		

色　調　調　整　剤

物　質　名	対　象　食　品	使　用　量	使　用　制　限	備　　考 (他の主な用途名)
グルコン酸第一鉄	オリーブ	0.15 g/kg 以下 (Fe として)		
ニコチン酸			食肉及び鮮魚介類(鯨肉を含む)に使用してはならない	(栄養強化剤)
ニコチン酸アミド				

消　　泡　　剤

物　質　名	対　象　食　品	使　用　量	使　用　制　限	備　　考 (他の主な用途名)
シリコーン樹脂		0.050 g/kg 以下	消泡以外の目的に使用しないこと	

製　　造　　用　　剤

物　質　名	対　象　食　品	使　用　量	使　用　制　限	備　　考 (他の主な用途名)
アセトン			ガラナ飲料を製造する際のガラナ豆の成分抽出及び油脂の成分を分別する場合に限る. 最終食品の完成前に除去すること	
イオン交換樹脂			最終食品の完成前に中和又は除去すること	
塩酸				
シュウ酸				
水酸化カリウム				
水酸化ナトリウム				
硫酸				
カラメル I*[1]			こんぶ類, 食肉, 鮮魚介類(鯨肉を含む), 茶, のり類, 豆類, 野菜, わかめ類に使用しないことただし, 金をのり類に使用する場合はこの限りではない	(着色料)
カラメル II*[1]				
カラメル III*[1]				
カラメル IV*[1]				
金*[1]				
酢酸エチル			酢酸エチルは, 着香の目的以外に使用してはならない. ただし, 酢酸エチルを柿の脱渋に使用するアルコール, 結晶果糖の製造に使用するアルコール, 香辛料の顆粒若しくは錠剤の製造に使用するアルコール, コンニャク粉の製造に使用するアルコール, ジブチルヒドロキシトルエン若しくは, ブチルヒドロキシアニソールの溶剤として使用するアルコール又は	(香料)

物　質　名	対象食品	使　用　量	使　用　制　限	備　　考 （他の主な用途名）
			食酢の醸造原料として使用するアルコールを変性する目的で使用する場合，酵母エキス（酵母の自己消化により得られた水溶性の成分をいう．以下この目的において同じ.）の製造の際の酵母の自己消化を促進する目的で使用する場合及び酢酸ビニル樹脂の溶剤の用途に使用する場合はこの限りではない．なお酵母エキスの製造に使用した酢酸エチルは，最終食品の完成前にこれを除去すること	
ステアリン酸マグネシウム	保健機能食品（カプセル及び錠剤）			
カオリン*¹ ケイソウ土*¹ 酸性白土*¹ タルク*¹ パーライト*¹ ベントナイト*¹ 上記6種に類似する不溶性の鉱物性物質*¹		食品中の残存量0.50%以下（二物質以上使用の場合も同じ）チューインガムにタルクのみを使用する場合は5.0%以下	食品の製造又は加工上必要不可欠の場合に限る	
ナトリウムメトキシド			最終食品の完成前に分解し，生成するメタノールを除去すること	
二酸化ケイ素（微粒二酸化ケイ素を除く）			ろ過助剤として使用する場合に限る．最終食品の完成前に除去すること	
ポリビニルポリピロリドン				
ケイ酸マグネシウム			油脂のろ過助剤以外の用途に使用してはならない．最終食品の完成前に除去すること．	
ヘキサン*¹			食用油脂製造の際の油脂の抽出に限る．最終食品の完成前に除去すること	
硫酸アルミニウムアンモニウム			みそに使用しないこと	（膨脹剤）
硫酸アルミニウムカリウム				

増　　粘　　剤（安定剤・ゲル化剤又は糊料）

物　質　名	対象食品	使　用　量	使　用　制　限	備　　考
アルギン酸プロピレングリコールエステル		1.0%以下	カルボキシメチルセルロースカルシウム，カルボキシメチルセルロースナトリウム，デンプングリコール酸ナトリウム，メチルセルロースの2種以上を併用する場合はそれぞれの使用量の和が食品の2.0%以下であること	
カルボキシメチルセルロースカルシウム		2.0%以下		
カルボキシメチルセルロースナトリウム		〃		
デンプングリコール酸ナトリウム		〃		
メチルセルロース		〃		
ポリアクリル酸ナトリウム		0.20%以下		

着　　色　　料

物　質　名	対象食品	使　用　量	使　用　制　限	備　　考
β-カロテン			こんぶ類，食肉，鮮魚介類（鯨肉を含む），茶，のり類，豆類，野菜，わかめ類に使用しないこと	（栄養強化剤）
三二酸化鉄	バナナ（果柄の部分に限る），コンニャク			
食用赤色2号				
食用赤色2号アルミニウムレーキ				
食用赤色3号				
食用赤色3号アルミニウムレーキ				
食用赤色40号				

物　質　名	対　象　食　品	使　用　量	使　用　制　限	備　　考 (他の主な用途名)
食用赤色40号アルミニウムレーキ 食用赤色102号 食用赤色104号 食用赤色105号 食用赤色106号 食用黄色4号 食用黄色4号アルミニウムレーキ 食用黄色5号 食用黄色5号アルミニウムレーキ 食用緑色3号 食用緑色3号アルミニウムレーキ 食用青色1号 食用青色1号アルミニウムレーキ 食用青色2号 食用青色2号アルミニウムレーキ			カステラ, きなこ, 魚肉漬物, 鯨肉漬物, こんぶ類, しょう油, 食肉, 食肉漬物, スポンジケーキ, 鮮魚介類(鯨肉を含む), 茶, のり類, マーマレード, 豆類, みそ, めん類(ワンタンを含む), 野菜及びわかめ類には使用しないこと	
二酸化チタン			着色の目的以外に使用しないこと	
水溶性アナトー 　ノルビキシンカリウム 　ノルビキシンナトリウム 鉄クロロフィリンナトリウム			こんぶ類, 食肉, 鮮魚介類(鯨肉を含む), 茶, のり類, 豆類, 野菜, わかめ類に使用しないこと	
銅クロロフィリンナトリウム	こんぶ	0.15 g/kg 以下(無水物中: Cu として)		
	果実類, 野菜類の貯蔵品	0.10 g/kg 以下(Cu として)		
	シロップ	0.064 g/kg 以下(〃)		
	チューインガム	0.050 g/kg 以下(〃)		
	魚肉ねり製品(魚肉すり身を除く)	0.040 g/kg 以下(〃)		
	あめ類	0.020 g/kg 以下(〃)		
	チョコレート, 生菓子(菓子パンを除く)	0.0064 g/kg 以下(〃)	チョコレートへの使用はチョコレート生地への着色をいうもので, 着色したシロップによりチョコレート生地をコーティングすることも含む	生菓子は昭和34年6月23日衛発第580号公衆衛生局長通知にいう生菓子のうち, アンパン, クリームパン等の菓子パンを除く
	みつ豆缶詰又はみつ豆合成樹脂製容器包装詰中の寒天	0.0004 g/kg 以下(〃)		
銅クロロフィル	こんぶ	0.15 g/kg 以下(無水物中: Cu として)		
	果実類, 野菜類の貯蔵品	0.10 g/kg 以下(Cu として)		
	果実類, 野菜類の貯蔵品	0.10 g/kg 以下(Cu として)		
	チューインガム	0.050 g/kg 以下(〃)		
	魚肉ねり製品(魚肉すり身を除く)	0.030 g/kg 以下(〃)		
	生菓子(菓子パンを除く)	0.0064 g/kg 以下(〃)		
	チョコレート	0.0010 g/kg 以下(〃)	チョコレートへの使用はチョコレート生地への着色をいうもので, 着色したシロップによりチョコレート生地をコーティングすることも含む	
	みつ豆の缶詰又はみつ豆合成樹脂製容器包装詰中の寒天	0.0004 g/kg 以下(〃)		
既存添加物名簿収載の着色料[*1]及び一般に食品として飲食に供されている物であって添加物として使用されている着色料			こんぶ類, 食肉, 鮮魚介類(鯨肉を含む), 茶, のり類, 豆類, 野菜, わかめ類に使用しないことただし, 金をのり類に使用する場合はこの限りではない	

物　質　名	対象食品	使　用　量	使　用　制　限	備　　考（他の主な用途名）

〔品　名〕*1

アナトー色素	カロブ色素（製）	シアナット色素	ペカンナッツ色素
アルカネット色素	魚鱗箔	シコン色素	ベニコウジ黄色素
アルミニウム	金（製）	シタン色素	ベニコウジ色素
イモカロテン（栄）	銀	植物炭末色素	ベニノキ末色素
ウコン色素	クチナシ青色素	スピルリナ色素	ベニバナ赤色素
オキアミ色素	クチナシ赤色素	タマネギ色素	ベニバナ黄色素
オレンジ色素	クチナシ黄色素	タマリンド色素	ヘマトコッカス藻色素
カカオ色素	クーロー色素	デュナリエラカロテン（栄）	マリーゴールド色素
カカオ炭末色素	クロロフィリン	トウガラシ色素	ムラサキイモ色素
カキ色素	クロロフィル	トマト色素	ムラサキトウモロコシ色素
カニ色素	酵素処理ルチン（抽出物）（栄，酸防）	ニンジンカロテン（栄）	ムラサキヤマイモ色素
カラメルI（製）	コウリャン色素	パーム油カロテン（栄）	油煙色素
カラメルII（製）	コチニール色素	ビートレッド	ラック色素
カラメルIII（製）	骨炭色素	ファフィア色素	ルチン（抽出物）（酸防）
カラメルIV（製）	ササ色素	ブドウ果皮色素	ログウッド色素

チューインガム軟化剤

物質名	対象食品	使用量	使用制限	備考
プロピレングリコール	チューインガム	0.60%以下		（品質保持剤）

調　味　料

物質名	対象食品	使用量	使用制限	備考
〔アミノ酸〕 L-グルタミン酸カルシウム		Caとして食品の1.0%以下（特別用途食品を除く）		（栄養強化剤）
〔有機酸〕 クエン酸カルシウム		Caとして食品の1.0%以下 （特別用途食品を除く）		（栄養強化剤，乳化剤，膨脹剤）
乳酸カルシウム				（栄養強化剤，膨脹剤）
D-マンニトール	つくだ煮（こんぶを原料とするものに限る）	25%以下（残存量）	塩化カリウム及びグルタミン酸塩を配合して調味の目的で使用する場合は，D-マンニトールが塩化カリウム，グルタミン酸塩及びD-マンニトールの合計量の80%以下である場合に限る	（品質改良剤）

豆腐用凝固剤

物質名	対象食品	使用量	使用制限	備考
塩化カルシウム		Caとして食品の1.0%以下 （特別用途食品を除く）	食品の製造上必要不可欠な場合に限る	（栄養強化剤）
硫酸カルシウム				（イーストフード，栄養強化剤，膨脹剤）

乳　化　剤

物質名	対象食品	使用量	使用制限	備考
ステアロイル乳酸カルシウム ステアロイル乳酸ナトリウム	ミックスパウダー 生菓子製造用 スポンジケーキ，バターケーキ，蒸しパン製造用 菓子（油脂で処理したもの），パン製造用 菓子（スポンジケーキ及びバターケーキを除く，ばい焼したもの，ばい焼し，かつ，油脂で処理したもの）製造用 蒸しまんじゅう製造用 生菓子 スポンジケーキ，バターケーキ，蒸しパン めん類（マカロニ類を除く）	10 g/kg以下 8.0 g/kg以下 5.5 g/kg 5.0 g/kg以下 2.5 g/kg以下 6.0 g/kg以下 5.5 g/kg以下 4.5 g/kg以下 （ゆでめんとして）	ステアロイル乳酸カルシウムとステアロイル乳酸ナトリウムを併用する場合にはそれぞれの使用量の和がステアロイル乳酸カルシウムとしての基準値以下でなければならない	生菓子は米を原料としたものに限る バターケーキとはスコッチケーキ，フルーツケーキ等をいう 菓子とは小麦粉を原料とし，ばい焼若しくは油脂で処理したものに限る 蒸しパンは小麦粉を原料とし，蒸したパンをいう 蒸しまんじゅうは小麦粉を原料とし，蒸したまんじゅうをいう めん類は即席めん又はマカロニ類以外の乾めんを除く

物　質　名	対　象　食　品	使　用　量	使　用　制　限	備　考 (他の主な用途名)
ポリソルベート 20 ポリソルベート 60 ポリソルベート 65 ポリソルベート 80	菓子（スポンジケーキ及びバターケーキを除く，ばい焼したもの及び油脂で処理したもの），パン マカロニ類	4.0 g/kg 以下 （マカロニ類にあっては乾めんとして） マカロニ類にあっては，水分含量 12% として適用すること		マカロニ類はマカロニ，スパゲッティ，バーミセリー，ヌードル，ラザニア等をいう
	蒸しまんじゅう	2.0 g/kg 以下		
	カプセル・錠剤等通常の食品形態でない食品	25 g/kg 以下 （ポリソルベート 80 として）		
	ココア及びチョコレート製品，ショートニング，即席麺の添付調味料，ソース類，チューインガム並びに乳脂肪代替食品	5.0 g/kg 以下 （　　〃　　）		
	アイスクリーム類，菓子類の製造に用いる装飾品（糖を主成分とするものに限る），加糖ヨーグルト，ドレッシング，マヨネーズ，ミックスパウダー（焼菓子及び洋生菓子の製造に用いるものに限る），焼菓子（洋菓子に限る），及び洋生菓子	3.0 g/kg 以下 （　　〃　　）		
	あめ類，スープ，フラワーペースト（ココア及びチョコレートを主要原料とし，これに砂糖，油脂，粉乳，卵，小麦粉等を加え，加熱殺菌してペースト状とし，パン又は菓子に充てん又は塗布して食用に供するものに限る）及び氷菓	1.0 g/kg 以下 （　　〃　　）		
	海藻の漬物，チョコレートドリンク及び野菜の漬物	0.50 g/kg 以下 （　　〃　　）		
	非熟成チーズ	0.080 g/kg 以下 （　　〃　　）		
	海藻の缶詰及び瓶詰並びに野菜の缶詰及び瓶詰	0.030 g/kg 以下 （　　〃　　）		
	その他の食品	0.020 g/kg 以下 （　　〃　　）		
クエン酸カルシウム	プロセスチーズ，チーズフード，プロセスチーズ加工品	Ca として食品の 1.0% 以下（特別用途食品を除く）		（栄養強化剤，調味料，膨脹剤）
リン酸三カルシウム				（イーストフード，栄養強化剤，ガムベース，膨脹剤）
リン酸一水素カルシウム				（イーストフード，栄養強化剤，ガムベース，膨脹剤）
リン酸二水素カルシウム				（イーストフード，栄養強化剤，膨脹剤）
ピロリン酸二水素カルシウム				（栄養強化剤，膨脹剤）

発　酵　調　整　剤

硝酸カリウム 硝酸ナトリウム	チーズ	原料乳につき 0.20 g/L 以下（カリウム塩又はナトリウム塩として）		（発色剤）
	清酒	酒母に対し 0.10 g/L 以下（同上）		

物　質　名	対象食品	使　用　量	使　用　制　限	備　考 (他の主な用途名)
発　色　剤				
亜硝酸ナトリウム	食肉製品, 鯨肉ベーコン	0.070 g/kg 以下 (亜硝酸根としての残存量)		
	魚肉ソーセージ, 魚肉ハム	0.050 g/kg 以下 (〃)		
	いくら, すじこ, たらこ	0.0050 g/kg 以下 (〃)		たらことはスケトウダラの卵巣を塩蔵したものをいう
硝酸カリウム 硝酸ナトリウム	食肉製品, 鯨肉ベーコン	0.070 g/kg 未満 (亜硝酸根としての残存量)		} (発酵調整剤)
被　膜　剤				
オレイン酸ナトリウム モルホリン脂肪酸塩 酢酸ビニル樹脂	} 果実, 果菜の表皮		被膜剤以外の用途に使用してはならない ガムベース及び果実又は果菜の表皮の被膜剤以外に使用してはならない	(ガムベース)
漂　白　剤				
亜塩素酸ナトリウム	かずのこの加工品（干しかずのこ及び冷凍かずのこを除く）, かんきつ類果皮（菓子製造に用いるものに限る）, さくらんぼ, 生食用野菜類及び卵類（卵殻の部分に限る）, ふき, ぶどう, もも		かずのこの加工品（干しかずのこ及び冷凍かずのこを除く）, 生食用野菜類及び卵類に対する使用量は, 浸漬液1kgにつき, 0.50 g 以下とすること 最終食品の完成前に分解又は除去すること	(殺菌料)
亜硫酸ナトリウム 次亜硫酸ナトリウム 二酸化硫黄 ピロ亜硫酸カリウム ピロ亜硫酸ナトリウム	かんぴょう	5.0 g/kg 未満（二酸化硫黄としての残存量）		(保存料, 酸化防止剤)
	乾燥果実（干しぶどうを除く）	2.0 g/kg 未満 (〃)	ごま, 豆類及び野菜に使用してはならない	
	干しぶどう	1.5 g/kg 未満 (〃)		
	コンニャク粉	0.90 g/kg 未満 (〃)		
	乾燥じゃがいも ゼラチン ディジョンマスタード	} 0.50 g/kg 未満 (〃)		ディジョンマスタードとは, 黒ガラシ和ガラシ等の種だけ, または油分を除いていない黄ガラシの種を粉砕, ろ過して得られた調整マスタードをいう。
	果実酒, 雑酒	0.35 g/kg 未満 (〃)		果実酒は果実酒の製造に用いる酒精分1 v/v% 以上を含有する果実搾汁及びこれを濃縮したものを除く
	糖蜜, キャンデッドチェリー	0.30 g/kg 未満 (〃)		キャンデッドチェリーとは除核したさくらんぼを砂糖漬にしたもの, またはこれに砂糖の結晶を付けたものもしくはこれをシロップ漬にしたものをいう
	糖化用タピオカでんぷん	0.25 g/kg 未満 (〃)		糖化用タピオカでんぷんとは, そのまま食用に用いることはせず, でんぷんの分解, 水素添加などによって, 水あめをつくるために用いられているでんぷんをいう
	水あめ	0.20 g/kg 未満 (〃)		

物　質　名	対　象　食　品	使　用　量	使　用　制　限	備　　考 （他の主な用途名）
	天然果汁	0.15 g/kg 未満 （　〃　）		天然果汁は5倍以上に希釈して飲用に供するもの
	甘納豆，煮豆，えびのむきみ，冷凍生かに（むきみ）	0.10 g/kg 未満 （　〃　）		
	その他の食品（キャンデッドチェリーの製造に用いるさくらんぼ及びビールの製造に用いるホップ並びに果実酒の製造に用いる果汁，酒精分1 v/v%以上を含有する果実搾汁及びこれを濃縮したものを除く）	0.030 g/kg 未満 （　〃　） ただし，添加物一般の使用基準の表の亜硫酸塩等の項に掲げる場合であって，かつ，同表の第3欄に掲げる食品（コンニャクを除く）1 kg中に同表の第1欄に掲げる添加物が，二酸化硫黄として，0.030 g以上残存する場合は，その残存量未満		

表　面　処　理　剤

物　質　名	対　象　食　品	使　用　量	使　用　制　限	備　　考 （他の主な用途名）
ナタマイシン	ナチュラルチーズ（ハード及びセミハードの表面部分に限る）	0.020 g/kg 未満		ハードチーズとはMFFB（%Moisture on Fat-Free-Basis）49〜56% のものをいう．セミハードチーズとはMFFB 54〜69% のものをいう．

品　質　改　良　剤

物　質　名	対　象　食　品	使　用　量	使　用　制　限	備　　考 （他の主な用途名）
エリソルビン酸 エリソルビン酸ナトリウム	｝パン，魚肉ねり製品（魚肉すり身を除く）		栄養の目的に使用してはならない	（酸化防止剤）
L-システイン塩酸塩	パン，天然果汁			（栄養強化剤）
臭素酸カリウム	パン（小麦粉を原料として使用するものに限る）	0.030 g/kg 以下（小麦粉に対し臭素酸として）	最終食品の完成前に分解又は除去すること	
D-マンニトール	ふりかけ類（顆粒を含むものに限る）	顆粒部分に対して 50% 以下		ふりかけ類には茶漬を含む （調味料）
	あめ類	40% 以下		
	らくがん	30% 以下		
	チューインガム	20% 以下		

品　質　保　持　剤

物　質　名	対　象　食　品	使　用　量	使　用　制　限	備　　考 （他の主な用途名）
プロピレングリコール	生めん いかくん製品	｝2.0%以下（プロピレングリコールとして）		（チューインガム軟化剤）
	ギョウザ，シュウマイ，ワンタン及び春巻の皮	｝1.2% 以下（〃）		
	その他の食品	0.60% 以下（〃）		

噴　射　剤（プロペラント）

物　質　名	対　象　食　品	使　用　量	使　用　制　限	備　　考 （他の主な用途名）
亜酸化窒素	ホイップクリーム類			ホイップクリーム類とは乳脂肪分を主成分とする食品又は乳脂肪代替食品を主原料として泡立てたものをいう

防　か　び　剤

物　質　名	対　象　食　品	使　用　量	使　用　制　限	備　　考 （他の主な用途名）
イマザリル	かんきつ類（みかんを除く）	0.0050 g/kg 以下（残存量）		農産物の残留基準の項参照
	バナナ	0.0020 g/kg 以下（　〃　）		
オルトフェニルフェノール オルトフェニルフェノールナトリウム	｝かんきつ類	0.010 g/kg 以下（オルトフェニルフェノールとしての残存量）		
ジフェニル	｛グレープフルーツ レモン オレンジ類	｝0.070 g/kg 未満（残存量）	貯蔵又は運搬の用に供する容器の中に入れる紙片に浸潤させて使用する場合に限る	

物　質　名	対象食品	使　用　量	使　用　制　限	備　考 (他の主な用途名)
チアベンダゾール	かんきつ類	0.010 g/kg 以下 (残存量)		
	バナナ	0.0030 g/kg 以下 (〃)		
	バナナ（果肉）	0.0004 g/kg 以下 (〃)		

防　虫　剤

物質名	対象食品	使用量		
ピペロニルブトキシド	穀類	0.024 g/kg 以下		

膨　脹　剤（膨張剤，ベーキングパウダー又はふくらし粉）

物質名	対象食品	使用量	使用制限	備考
クエン酸カルシウム				（栄養強化剤, 調味料, 乳化剤）
炭酸カルシウム				（イーストフード, 栄養強化剤, ガムベース）
乳酸カルシウム				（栄養強化剤, 調味料）
ピロリン酸二水素カルシウム		Caとして食品1.0%以下(特別用途食品を除く)		（栄養強化剤, 乳化剤）
硫酸カルシウム				（イーストフード, 栄養強化剤, 豆腐用凝固剤）
リン酸三カルシウム リン酸一水素カルシウム				（イーストフード, 栄養強化剤, ガムベース, 乳化剤）
リン酸二水素カルシウム				（イーストフード, 栄養強化剤の乳化剤）
硫酸アルミニウムアンモニウム 硫酸アルミニウムカリウム			みそに使用しないこと	（製造用剤）

保　水　乳　化　安　定　剤

物質名	対象食品	使用量		
コンドロイチン硫酸ナトリウム	マヨネーズ ドレッシング	20 g/kg以下		
	魚肉ソーセージ	3.0 g/kg以下		

保　存　料

物質名	対象食品	使用量	使用制限	備考
亜硫酸ナトリウム 次亜硫酸ナトリウム 二酸化硫黄 ピロ亜硫酸カリウム ピロ亜硫酸ナトリウム	漂白剤の項参照	漂白剤の項参照	漂白剤の項参照	漂白剤の項参照
安息香酸 安息香酸ナトリウム	キャビア	2.5 g/kg 以下 (安息香酸として)	マーガリンにあってはソルビン酸, ソルビン酸カリウム又はソルビン酸カルシウムと併用する場合は安息香酸及びソルビン酸としての使用量の合計量が 1.0 g/kgを超えないこと 菓子の製造に用いる果実ペースト及び果汁に対しては安息香酸ナトリウムに限る	キャビアとはチョウザメの卵を缶詰又は瓶詰にしたもので，生食を原則とし，加熱殺菌することができない 果実ペーストとは，果実をすり潰し，又は裏ごししてペースト状にしたものをいう
	菓子の製造に用いる果実ペースト及び果汁（濃縮果汁を含む） マーガリン	1.0 g/kg 以下 (〃)		
	清涼飲料水, シロップ, しょう油	0.60 g/kg 以下 (〃)		
ソルビン酸	チーズ	3.0 g/kg 以下 (ソルビン酸として)	チーズにあってはプロピオン酸, プロピオン酸カルシウム又はプロピオン酸ナトリウムと併用する場合はソルビン酸としての使用量とプロピオン酸としての使用量の合計量が 3.0 g/kgを超えないこと	フラワーペースト類とは小麦粉，でんぷん，ナッツ類もしくはその加工品，ココア, チョコレート, コーヒー, 果肉, 果汁, いも類, 豆類, 又は野菜類を主原料とし，これに砂糖, 油脂, 粉乳, 卵,
ソルビン酸カリウム ソルビン酸カルシウム	魚肉ねり製品（魚肉すり身を除く）, 鯨肉製品, 食肉製品, うに	2.0 g/kg 以下 (〃)		
	いかくん製品 たこくん製品	1.5 g/kg 以下 (〃)		

物　質　名	対　象　食　品	使　用　量	使　用　制　限	備　考 (他の主な用途名)
	あん類，菓子の製造に用いる果実ペースト及び果汁(濃縮果汁を含む)，かす漬，こうじ漬，塩漬，しょう油漬及びみそ漬の漬物，キャンデッドチェリー，魚介乾製品(いかくん製品及びたこくん製品を除く)，ジャム，シロップ，たくあん漬，つくだ煮，煮豆，ニョッキ，フラワーペースト類，マーガリン，みそ	1.0 g/kg 以下 (　〃　)	マーガリンにあっては，安息香酸又は安息香酸ナトリウムと併用する場合は，ソルビン酸及び安息香酸としての使用量の合計量が 1.0 g/kg を超えないこと 菓子の製造用果汁，濃縮果汁，果実ペーストはソルビン酸カリウム，ソルビン酸カルシウムに限る	小麦粉等を加え，加熱殺菌してペースト状とし，パン又は菓子に充てん又は塗布して食用に供するものをいう キャンデッドチェリーについては漂白剤の項参照 たくあん漬とは，生大根，又は干大根を塩漬けにした後，これを調味料，香辛料，色素などを加えたぬか又はふすまで漬けたものをいう．ただし一丁漬たくあん漬及び早漬たくあんを除く
	ケチャップ，酢漬の漬物，スープ(ポタージュスープを除く)，たれ，つゆ，干しすもも	0.50 g/kg 以下 (　〃　)		ニョッキとは，ゆでたじゃがいもを主原料とし，これをすりつぶして団子状にした後，再度ゆでたものをいう
	甘酒(3倍以上に希釈して飲用するものに限る)，はっ酵乳(乳酸菌飲料の原料に供するものに限る)	0.30 g/kg 以下 (　〃　)		果実酒とはぶどう酒，りんご酒，なし酒等果実を主原料として発酵させた酒類をいう
	果実酒，雑酒	0.20 g/kg 以下 (　〃　)		
	乳酸菌飲料(殺菌したものを除く)	0.050 g/kg 以下 (　〃　) (ただし，乳酸菌飲料原料に供するときは 0.30 g/kg 以下(〃))		
デヒドロ酢酸ナトリウム	チーズ，バター，マーガリン	0.50 g/kg 以下 (デヒドロ酢酸として)		
ナイシン	食肉製品，チーズ(プロセスチーズを除く)，ホイップクリーム類	0.0125 g/kg 以下 (ナイシンAを含む抗菌性ポリペプチドとして)	特別用途表示の許可又は承認を受けた場合を除く	ホイップクリーム類とは乳脂肪を主成分とする食品を主原料として泡立てたものをいう．ソース類は果実ソース，チーズソース等の他，ケチャップも含む．フルーツソースは含まれない．穀類及びでん粉を主原料とする洋生菓子とはライスプディングやタピオカプディングをいう．
	ソース類，ドレッシング，マヨネーズ	0.010 g/kg 以下 (　〃　)		
	プロセスチーズ，洋菓子	0.00625 g/kg 以下 (　〃　)		
	卵加工品，味噌	0.0050 g/kg 以下 (　〃　)		
	穀類及びでん粉を主原料とする洋生菓子	0.0030 g/kg 以下 (　〃　)		
パラオキシ安息香酸イソブチル パラオキシ安息香酸イソプロピル パラオキシ安息香酸エチル パラオキシ安息香酸ブチル パラオキシ安息香酸プロピル	しょう油	0.25 g/L 以下 (パラオキシ安息香酸として)		
	果実ソース	0.20 g/kg 以下 (　〃　)		
	酢	0.10 g/L 以下 (　〃　)		
	清涼飲料水，シロップ	0.10 g/kg 以下 (　〃　)		
	果実又は果菜(いずれも表皮の部分に限る)	0.012 g/kg 以下 (　〃　)		
プロピオン酸 プロピオン酸カルシウム プロピオン酸ナトリウム	チーズ	3.0 g/kg以下 (プロピオン酸として)	チーズにあってはソルビン酸，ソルビン酸カリウム又はこれらのいずれかを含む製剤を併用する場合は，プロピオン酸としての使用量とソルビン酸としての使用量の合計量が 3.0 g/kg を超えないこと	(香料)
	パン，洋菓子	2.5 g/kg以下 (　〃　)		

物　質　名	対象食品	使　用　量	使　用　制　限	備　　考 （他の主な用途名）
離　型　剤				
流動パラフィン*1	パン	0.10% 未満 （パン中の残存量）	パンの製造に際してパン生地を自動分割機で分割する際及びばい焼する際の離型を目的とする場合に限る	

索　引

栄養管理と生命科学シリーズ
食品衛生学 第2版

2024 年 1 月 16 日　第 2 版第 1 刷発行

	後　藤　政　幸
編著者	熊　田　　　薫
	熊　谷　優　子

発行者　柴　山　斐呂子

発行所　**理工図書株式会社**

〒102-0082　東京都千代田区一番町 27-2
電話 03（3230）0221（代表）
ＦＡＸ03（3262）8247
振替口座　00180-3-36087 番
http://www.rikohtosho.co.jp

© 後藤政幸　2024　Printed in Japan　ISBN978-4-8446-0941-4
印刷・製本　丸井工文社